REPETITORIUM

DER

BOTANIK

FÜR

MEDIZINER,

PHARMAZEUTEN, LEHRAMTS-KANDIDATEN UND STUDIERENDE DER FORST- UND LANDWIRTSCHAFT

VON

† Dr. ADOLPH HANSEN

PROFESSOR DER BOTANIK AN DER UNIVERSITÄT GIESSEN

MIT 39 TEXTABBILDUNGEN
UND 8 TAFELN IM ANHANG

11. STARK ERWEITERTE AUFLAGE

VERLAG VON ALFRED TÖPELMANN IN GIESSEN

1921

Inhalts-Verzeichnis

---

1. Auflage 1884
2. „ 1887
3. „ 1890
4. „ 1892
5. Doppelauflage 1896
6. Auflage 1. Ausgabe . . . 1901
6. „ 2. „ . . . 1902
7. Doppelauflage 1906
8. „ 1910
9. „ 1914
10. „ 1919
11. „ 1921

Vorwort zur neunten Auflage.

Zur Einführung dieser neuen Auflage, welche sorgfältig auf Grund der neuen Literatur durchgesehen wurde, gestatte ich mir, aus den früheren Vorreden einige Erläuterungen zu wiederholen.

Der vorliegende Grundriß ist nicht bestimmt, ein Lehrbuch der Botanik zu ersetzen, noch viel weniger, Vorlesungen über diesen Gegenstand überflüssig zu machen; er soll denjenigen, welche die Botanik nicht als Fachstudium betreiben, als Leitfaden dienen und als Hilfsbuch neben den Vorlesungen benützt werden, um das Gerippe dieser Wissenschaft zur Hand zu haben. Besonders soll es den Studierenden an feste Begriffe gewöhnen. Sie bilden die Grundlage der Wissenschaft, und ohne sie bleibt die Ausdrucksweise des Anfängers unsicher und schwankend.

Auf unseren Hochschulen wird eine Reihe von Lehrbüchern der Botanik benutzt, welche das Ziel des wissenschaftlich-botanischen Unterrichts in etwas verschiedener Form verfolgen; die Lehrbücher von Strasburger, Giesenhagen, Prantl-Pax. Jedes hat seine Eigentümlichkeit. Die allgemeinste Verbreitung hat sich das von Strasburger und seinen Mitarbeitern verfaßte Buch errungen. Vollständigkeit in der Beschränkung, wissenschaftliche Höhe bei didaktischem Streben, bilden seine Vorzüge. Es ist auch zur Einführung in die Spezialliteratur geeignet. Die beiden anderen Bücher sind besonders wegen ihrer guten, lehrreichen Abbildungen zu empfehlen. Es hätte wenig Wert, diesen Lehrbüchern ein weiteres zuzufügen. Ein literarisches Bedürfnis liegt dagegen anderswo. Daß die Studierenden einen kürzeren Auszug aus dem Gesamtwissen nötig haben, beweisen die Kollegienhefte, welche bekanntlich auch für die Prüfungen wieder hervorgeholt zu werden pflegen. Aber diese Aufzeichnungen sind meist lückenhaft, unübersichtlich und auch vielfach unrichtig. Das vorliegende Hilfsbuch hat von Anfang an das Ziel verfolgt, im Anschluß an gehörte Vorlesungen dem Studierenden eine kurze und richtige Übersicht von dem, was er unbedingt im Kopfe haben muß, um tiefer in die Wissenschaft eindringen zu können, zu bieten. Daß es auch nach dem Studium dem Lehrer als sehr brauchbarer Leitfaden dienen kann, wurde mir vielfach versichert. Dementsprechend ist alle Mühe auch bei der neuen Auflage darauf verwendet worden, das Buch dem Fortschritt der Wissenschaft gemäß zu ergänzen, damit es mit den größeren Lehrbüchern, bei äußerer Bescheidenheit, an innerem Wert Schritt hält.

Die Abschnitte der allgemeinen Botanik schließen sich an die auf Seite 2 genannten grundlegenden Handbücher an. Über den systematischen Teil ist etwas mehr zu sagen. Das System, besonders das der Blütenpflanzen, bildet noch, wie ehedem, wegen seiner in der Natur der Sache liegenden

Bewegung und Umgestaltung, eine Schwierigkeit für den Anfänger. Gegenwärtig hat man sich allgemein dem Engler'schen System, wie es in dessen „Syllabus der Pflanzenfamilien" 7. Auflage 1912 aufgestellt ist, angeschlossen.

Dem Anfänger, der sich zunächst im Trennen übt, erscheint die enge Zusammenfassung mancher Familien, wie z. B. in den Engler'schen Reihen der Rosales und Tubifloren, erschwerend, ebenso, wie die Auflösung anderer Reihen in zahlreiche kleine Abteilungen. Pädagogisch scheint mir daher richtiger, zuerst mit einem einfacheren System zu beginnen, welches sich mehr an das Eichler'sche System anlehnt. Ich durfte dies um so mehr vorziehen, als der deutsche Meister der Systematik A. Engler in einem früheren Vorwort zu seinem Syllabus ebenfalls das Eichler'sche System als das für den Anfänger leichter faßliche bezeichnete. Über sein eigenes System fügt er hinzu: „Es weicht mehrfach von dem des Eichler'schen Syllabus ab, es liegt aber auch ihm, sowie den Systemen von A. Braun und Eichler das System von A. Brongniart zugrunde." Um dem Anfänger einen Vergleich beider Systeme zu ermöglichen und seinen Blick zu erweitern, habe ich das Engler'sche System der Phanerogamenfamilien in Tabellenform aufgenommen.

Im systematischen Teil habe ich, der heutigen Auffassung gemäß, die Dicotylen vor die Monocotylen gestellt, was sowohl theoretisch als pädagogisch von Vorteil ist.

Gießen, März 1914.

A. Hansen.

Vorwort zur zehnten Auflage.

Die neue Auflage des Repetitoriums erscheint in etwas verändertem typographischen Gewande, d. h. in etwas kleinerem Druck, um den Umfang zu verringern. Das ist nötig geworden, da durch das gottlose Bemühen des unversöhnlichen Teils unserer Widersacher: nicht bloß unsere Waffen, sondern unsere ganze deutsche Kultur zu vernichten — auch der Herstellung unserer Bücher und Lehrmittel unerhörte Schwierigkeiten und Kosten erwachsen. Wenn sich der Verleger bereit erklärte, trotz der harten Zeit eine neue Auflage zu veranstalten, so verdient er dafür den Dank der Benutzer des Buches. Raum wurde auch gewonnen durch Herausnahme der Tafeln aus dem Text, was sogar ein Vorteil für deren leichteres Auffinden ist. Der Text ist, wie gewöhnlich, genau durchgesehen, er ist aber auch in nicht unwichtiger Weise durch Hinzufügung des Abschnittes „Pflanzengeographie" vermehrt worden. Die größeren Lehrbücher müssen dies Kapitel meist ausschließen, weil es zuviel Raum erfordert. Bei der kurzen Fassung des Repetitoriums ließ sich der Abschnitt leichter eingliedern und wird den Studierenden nicht unwillkommen sein, weil manche Prüfungsordnungen einige Kenntnis dieses Gebietes fordern.

Gießen, April 1919.

A. Hansen.

I. Teil.

Allgemeine Botanik.

Organographie, Anatomie, Physiologie.

Einteilung der Botanik.

1. Die Botanik hat die Aufgabe, die Pflanzen nach allen Richtungen kennen zu lernen. Man kann die Pflanzen von verschiedenen Gesichtspunkten wissenschaftlich betrachten, im allgemeinen oder im besonderen, wodurch sich von selbst eine Teilung der Pflanzenkunde in allgemeine und spezielle Botanik ergibt.

2. Die allgemeine Botanik beschäftigt sich mit der Pflanze als besonders organisiertem Lebewesen und stellt durch vergleichende Untersuchungen der verschiedenen Pflanzenformen fest, was man allgemein an ihren Organen beobachten und von deren Form und Tätigkeit aussagen kann. Die beobachteten Tatsachen pflegt man nach ihrer Zusammengehörigkeit zusammenzustellen, wodurch verschiedene Kapitel der allgemeinen Botanik entstehen, die Organographie, welche sich mit der Beschreibung der äußeren Gestalt, mit der Bedeutung der Organe und ihrer Entwickelung beschäftigt, die Anatomie, welche mit Hilfe des Mikroskops den inneren Bau der Pflanze erforscht, und die Physiologie, welche die Lebensbedingungen und Lebenserscheinungen der Pflanze schildert und mit Hilfe des Experiments ursächlich zu erklären sucht.

3. Die spezielle Botanik dagegen betrachtet und beschreibt die Form und Lebensweise (Ökologie, Biologie) der einzelnen Pflanzenarten, faßt sie auf Grund der Deszendenztheorie nach ihrer Verwandtschaft zu kleineren und größeren Abteilungen (Gattungen, Familien usw.) zusammen und gruppiert sie zu einem System, eine wissenschaftliche Arbeit, welche man als Systematik bezeichnet. Mit der Verbreitung der Pflanzen auf der Erde befaßt sich die Pflanzengeographie, welche jedoch nicht mehr den rein geographischen Gesichtspunkt walten läßt, sondern unter Zuhilfenahme der Paläontologie, Systematik, Floristik und Physiologie versucht, Ursachen zur Erklärung der heutigen Verbreitung der Pflanzenarten und Pflanzengenossenschaften aufzufinden.

Diese Einteilung der Botanik gibt nur einen Überblick über ihren Hauptinhalt. Durch besondere Forschungsmethoden und wachsende Spezialliteratur haben sich eine Menge Zweige der Wissenschaft gebildet, z. B. die Zellenlehre, die Vererbungslehre, die experimentelle Morphologie, in der Systematik sind die Mykologie und andere Teile der Kryptogamenkunde mehr oder weniger selbständig geworden, ebenso die Bacteriologie. Als wichtig für das Verständnis der Regeln der Formbildung ist auch die Beobachtung pathologischer Tatsachen erkannt worden.

Jedes dieser Kapitel umfaßt eine umfangreiche Literatur. Als für tiefere Studien unentbehrliche, zusammenfassende Darstellungen der Hauptdisziplinen sind hervorzuheben:

Goebel, Organographie.
Goebel, Biologische Schilderungen.
Goebel, Experimentelle Morphologie.
Vöchting, Organbildung.
Hansen, Die Pflanze (Sammlung Göschen).
de Bary, Vergleichende Anatomie.
Schwendener, Das mechanische Prinzip im anatomischen Bau der Monocotylen.
Haberlandt, Physiologische Pflanzenanatomie.
Küster, Pathologische Anatomie der Pflanzen.
Pfeffer, Pflanzenphysiologie.
Sachs, Vorlesungen über Pflanzenphysiologie.
Jost, Vorlesungen über Pflanzenphysiologie.
Hansen, Die Ernährung der Pflanzen.
Czapek, Biochemie.
v. Wettstein, Systematische Botanik.
Engler, Natürliche Pflanzenfamilien.
Solms-Laubach, Paläophytologie.
Engler, Entwicklungsgeschichte der Pflanzenwelt.
Schimper, Pflanzengeographie.
Grisebach, Die Vegetation der Erde.
Drude, Ökologie der Pflanzen.
Garcke, Flora von Deutschland.
Kerner, Pflanzenleben.
Hegi, Illustrierte Flora von Mitteleuropa.
Darwin, Entstehung der Arten.
de Vries, Die Mutationstheorie.
Baur, Einführung in die Entwickelungslehre.
Johannsen, Elemente der exakten Erblichkeitslehre.
Sachs, Geschichte der Botanik.

Organographie.

Organe

1. Es gibt mehrere Abteilungen der Pflanzen, welche gar keine äußere Gliederung zeigen und nur aus einer einzigen oder mehreren Zellen bestehen. Zu ihnen gehören die mikroskopischen Bacterien, Algen und Pilze mit verschiedener Umrißform ihres einfachen Körpers. Die meisten Pflanzen besitzen jedoch wie die Tiere äußerlich sich abgliedernde Organe, unterscheiden sich aber von den Tieren dadurch, daß sie nicht nur die aus der Keimzelle auswachsenden oder die im Embryo angelegten Organe ausbilden, sondern während ihres ganzen Lebens immer neue Organe (Sprosse, Wurzeln, Blätter, Fortpflanzungsorgane) erzeugen können. Während bei den Tieren die wichtigsten Organe in den Körperhöhlen liegen, sind bei den Pflanzen die Hauptorgane äußere Glieder des Pflanzenkörpers, wie beispielsweise die Blätter, Wurzeln und Blüten der höheren Pflanzen. Dieser Unterschied begreift sich

am besten durch die Voraussetzung, daß die Pflanzenorgane sich ganz vorwiegend der äußeren Umgebung, also dem Medium der Luft, des Wassers und dem Boden gemäß entwickelt (angepaßt) haben. Darum das allgemeine Hervortreten eines Organes für den Boden (Wurzel) und von Organen (Sprosse) für Luft oder Wasserumgebung.

2. Man kann die Formverhältnisse der Pflanzenglieder (Umriß, Stellung, Symmetrie usw.) ohne die Frage nach ihrem Zweck betrachten und nennt diese Art der bloßen Formvergleichung Morphologie, welcher Ausdruck von *Goethe* herrührt. Nachdem man aber erkannte, daß die Pflanzenteile eine Tätigkeit (Funktion) ausüben, nennt man sie Organe. Form und Arbeitsleistung hängen so innig zusammen, daß am besten eins aus dem andern verstanden wird, daher behandelt man besser beide zusammen in der Organographie.

3. Die Organographie geht von sehr einfachen und verständlichen Einteilungen aus. Sie teilt die Organe der Pflanzen nach ihrer Aufgabe in zwei Abteilungen: 1. Vegetationsorgane, 2. Fortpflanzungsorgane. Vegetations- und Fortpflanzungsorgane

4. Als Vegetationsorgane bezeichnet man diejenigen Organe, welche man an den Pflanzen zuerst unmittelbar wahrnimmt, die also ihren eigentlichen Körper ausmachen, z. B. die grünen, meist blättertragenden Laubsprosse und die Wurzeln. Die Vegetationsorgane sind wesentlich Ernährungsorgane, seltener erst mittelbar diesem Zwecke dienstbar, wie z. B. die Ranken, welche Greiforgane sind, mit denen die Pflanzen klettern, um günstiges Licht und damit die beste Bedingung der Ernährung zu erlangen. Das Vorhandensein verschieden geformter Organe beruht auf einer Arbeitsteilung, indem jedes Organ einen Teil der Lebensaufgaben übernimmt. Vegetationsorgane

5. In der Regel erhebt sich ein Teil der Vegetationsorgane, welche dann gewöhnlich Chlorophyll enthalten, also grün sind, über das Substrat, während ein anderer Teil in ein Substrat eindringt. Das wird am besten erläutert durch die Keimung eines beliebigen Samens. In diesem steckt ein Embryo, bestehend aus einem kurzen Körper (Achse) mit Keimblättern am einen und einer Wurzelanlage am andern Ende. Bei der Keimung dringt die wachsende Wurzel in den Boden ein, während sich der grüne Keimstengel über dem Boden erhebt. Die Form der Keimwurzel ist bei allen Samenpflanzen gleich. Oberirdisch erhebt sich durch Wachstum der embryonalen Achse ein kurzer Stengel (Keimblattstengel, Hypocotyl), welcher die Keimblätter (Cotyledonen) trägt. Selten bleiben diese unterirdisch, z. B. bei den Leguminosen, der Eiche u. a. Über den Keimblättern verlängert sich die Achse weiter zum Laubsproß. In der Form zeigt der Keimstengel große Verschiedenheiten (z. B. bei einer Tanne, einer Getreidepflanze, einem Cactus, einer Bohne). Da es sich aber in allen Fällen um den gleichen, aus dem Embryo erwachsenen Teil handelt, hat die Botanik dafür den allgemeinen Namen Sproß eingeführt. So unterscheidet man denn an der jungen Pflanze bloß zweierlei Vegetationsorgane (Grundorgane): Wurzeln und Sprosse. (Taf. 7 Fig. 1)

6. Wenn eine Keimpflanze heranwächst, so entstehen an dieser Pflanze Metamorphosen
zunächst neue Sprosse und Wurzeln. Häufig entstehen aber später noch Organe von ganz anderer Form und Funktion: Dornen, Ranken, Flachsprosse, Ausläufer, Zwiebeln, Rhizome, Knollen, Blüten usw. Diese sind jedoch nicht Organe ganz neuer Art, sondern weiter nichts als Umwandlungen von Spros-

sen, Blättern oder von Wurzeln. Mit Übernahme neuer Funktionen wandeln die Grundorgane ihre Form oft bis zur Unkenntlichkeit um. Man nennt diesen Vorgang Metamorphose (*Goethe* 1790) und bezeichnet auch die abgeänderten Organe selbst als Metamorphosen. Organe, die dabei von dem gleichen Grundorgan abstammen, heißen homolog, Organe ungleicher Abstammung, aber gleicher Funktion, heißen analoge Organe.

Niedere und höh. Pflanzen

7. Je nachdem die Vegetations- und Fortpflanzungsorgane unvollkommener oder vollkommener sind, spricht man auch von niederen Pflanzen (Algen, Pilze, Moose) und höheren Pflanzen (Farne, Nadelhölzer, Blütenpflanzen). Diese Unterscheidung ist jedoch keine scharfe. Vielmehr ist hervorzuheben, daß auch bei vielen niederen Pflanzen in den Vegetationsorganen der Gegensatz von Sproß und Wurzel erkennbar bleibt, so daß wir, trotz der Formverschiedenheit in den verschiedenen Klassen, die Organisation aller Pflanzen auf das eine Schema mit Sproß- und Wurzelpol beziehen können. Wir sind überzeugt, daß die verschiedenen Pflanzenformen sich einmal vorzeiten auseinander entwickelt haben und wirklich miteinander verwandt sind (Deszendenzlehre). Daraus versteht sich die trotz aller äußeren Verschiedenheit doch unverkennbare Familienähnlichkeit aller Pflanzen von den niedersten Algen bis zu den Blütenpflanzen. Auch die Umgestaltung unvollkommener Organe zu vollkommenen, wodurch höhere Pflanzenformen aus niederen hervorgingen, kann nur durch Metamorphose des anfangs Vorhandenen erklärt werden (phylogenetische Metamorphose).

Fortpflanzungsorgane

8. Die Fortpflanzungsorgane erscheinen immer später wie die Vegetationsorgane, weil sie erst an diesen entstehen. Sie sind meist kleiner, aber durch auffallende Formen von den Vegetationsorganen unterschieden. Durch Form und Farben hervortretend sind die Fortpflanzungsorgane der meisten höheren Pflanzen, welche wir Blüten nennen. Im wesentlichen sind alle Fortpflanzungsorgane Behälter für die mikroskopischen Zellen (Keimzellen), durch welche die Zeugung geschieht (Pollenkörner, Eizellen, Spermatozoiden, Sporen).

Organbildung

9. Alle Pflanzen, niedere wie höhere, nehmen ihren Anfang aus einer einzigen Zelle (Keimzelle) oder aus einfachen Zellkörpern (Brutknospen, Ableger). Auch alle Organe einer Pflanze nehmen ihren Anfang entweder aus einer Zelle oder gewöhnlicher aus mikroskopisch kleinen Massen von embryonalem Zellgewebe, welche man Vegetationspunkte nennt. Diese finden sich nur an ganz bestimmten Stellen einer Pflanze — bei den höheren Pflanzen zunächst in der Endknospe und an der Wurzelspitze der Keimpflanze. (Taf. 1) Aber die Pflanze erzeugt bei ihrem Wachstum weitere Vegetationspunkte, und wir finden diese später auch in jeder Achselknospe der Blätter und innerhalb des Wurzelgewebes. Aus diesen sekundären Vegetationspunkten gehen Seitensprosse und Seitenwurzeln hervor, und man sieht ein, daß der ganze Aufbau einer Pflanze durch ihre Vegetationspunkte bedingt ist. Der Entdecker der Orte der Organentstehung an der Pflanze ist *Casp. Fr. Wolff*, der diese Orte 1759 mit dem Namen puncta vel superficies vegetationis belegte.

1. Vegetationsorgane.

Wurzel

10. Die Wurzel ist derjenige Teil einer Pflanze, welcher auf oder in einem Substrat, gewöhnlich dem Boden, befestigt, 1) als Haftorgan und

2) als Organ zur Aufnahme von Nahrung (Wasser und Salze, seltener organische Stoffe) aus dem Substrate dient. Jedoch ist nicht in allen Fällen der unterirdische Teil einer Pflanze bloß Wurzel, sondern häufig ist auch der Stamm selbst unterirdisch, was man wohl unterscheiden muß. (Vgl. S. 16 Rhizome)

11. Die typische Form der Wurzel ist die eines langen zylindrischen Fadens mit konischer Spitze, was am besten die aus dem Samen hervorbrechende erste Wurzel einer Pflanze (die Keimwurzel) zur Anschauung bringt. (Taf. 7 Fig. 1)

12. Aus der Keimwurzel entstehen seitlich Wurzeln von gleicher Gestalt (Nebenwurzeln), welche sich wieder verzweigen und ebenfalls Nebenwurzeln bilden können. (Taf. 1) **Nebenwurzeln**

Durch diese Verzweigung der Wurzeln entsteht das komplizierte Wurzelsystem einer Pflanze, welches populär gewöhnlich „die Wurzel“ genannt wird. Das ist jedoch wissenschaftlich ungenau, da jeder Faden des Systems eine vollständige Wurzel ist. **Wurzelsystem**

13. Die an Gestalt ganz gleichen Haupt- und Nebenwurzeln unterscheiden sich voneinander besonders durch ihre verschiedene Reizbarkeit gegen die Schwerkraft (Geotropismus). Unter dem Einfluß der Schwerkraft wachsen nämlich die Hauptwurzeln vollkommen senkrecht abwärts in den Boden hinein, während die Nebenwurzeln in anderen Richtungen, geneigt abwärts oder horizontal fortwachsen. Indem so die Nebenwurzeln nach entgegengesetzten Richtungen von der Hauptwurzel ausstrahlen, findet eine allseitige Ausnützung des Nährbodens statt.

14. Eine Wurzel besteht aus weichem Zellgewebe (Parenchym), welches von einem zentralen Gefäßbündelzylinder (Zentralzylinder) durchzogen wird. Der Gefäßbündelzylinder endigt nahe an der Wurzelspitze und verbindet sich nach oben mit den Gefäßbündeln der Sprosse und Blätter. (Taf. 1) **Anatomie der Wurzel**

15. Jede Wurzel besitzt an der Spitze ihren Vegetationspunkt, ein embryonales Gewebe, welches die Zellmasse der Wurzel bei ihrem Wachstum vermehrt. Der Vegetationspunkt ist von einer Kappe, der Wurzelhaube, bedeckt, welche einerseits als Schutzorgan der Spitze dient, andererseits bei Landpflanzen durch ihre schlüpfrige Oberfläche das Eindringen der Wurzel in den Boden begünstigt. Das Gewebe der Wurzelhaube stirbt an ihrer Oberfläche ab, wird aber von innen her durch den Vegetationspunkt stetig regeneriert. **Wurzelhaube**

16. Eine besondere Wichtigkeit besitzen die Oberflächenzellen der Wurzeln, da dieselben zu dünnen, einige Millimeter langen Schläuchen auswachsen, welche Wurzelhaare genannt werden. Sie haben die Bestimmung, Wasser und lösliche Nährstoffe des Bodens aufzunehmen, und sind also an den Wurzeln die eigentlichen Organe der Nahrungsaufnahme. Mit ihrer ganzen Oberfläche Nahrung aufzunehmen, ist die Wurzel schon deshalb nicht imstande, weil die Oberfläche, wenn sie älter wird, mit einer undurchlässigen Korkhaut bedeckt ist, und daß die Wurzelspitze nicht zur Nahrungsaufnahme dienen kann, ergibt sich aus dem Vorhandensein der Haube. Die Wurzelhaare finden sich nur an jungen Wurzeln, weil alte, namentlich verholzte Wurzeln sich nicht direkt an der Nahrungsaufnahme aus dem Boden beteiligen, sondern die Nährstoffe nur in den Stamm leiten. Auch an jungen Wurzeln bedecken **Wurzelhaare**

die Wurzelhaare immer nur eine kurze Strecke hinter der Spitze, sie erscheint dem bloßen Auge daher wie mit weichem Sammet bekleidet. Die Wurzelhaare funktionieren nur einige Tage, sterben dann ab und verschwinden durch Vertrocknen völlig, während die fortwachsende Wurzelspitze wieder neue Wurzelhaare erzeugt. Bei relativ wenigen Pflanzen, z. B. vielen Nadelhölzern, fehlen Wurzelhaare.

Entstehung der Nebenwurzeln

17. Da alle Organe aus Vegetationspunkten hervorgehen, so bilden sich auch alle Nebenwurzeln aus Vegetationspunkten in folgender Weise. Dicht hinter dem Vegetationspunkt der Hauptwurzel entstehen endogen, d. h. innerhalb des Wurzelgewebes, neue Vegetationspunkte, welche wahrscheinlich ebenso von dem Hauptvegetationspunkt abstammen, wie die Vegetationspunkte der Seitensprosse von dem der Hauptknospe. Nur ist das bei den Wurzeln schwieriger zu verfolgen. Aus den seitlichen Vegetationspunkten entwickeln sich die Nebenwurzeln. Da die Anlage einer jungen Nebenwurzel anfangs ganz im Gewebe der Hauptwurzel eingeschlossen ist, muß sie dasselbe bei ihrem Heranwachsen durchbrechen.

18. Die jüngsten Nebenwurzeln liegen naturgemäß immer der Spitze ihrer Mutterwurzel am nächsten, oder, wie man dies auch ausdrückt, die Wurzeln entstehen in akropetaler Reihenfolge. Die Anlagen der Nebenwurzeln entstehen außerdem gewöhnlich auch in einer bestimmten Ordnung um die Peripherie des zentralen Gefäßbündelstranges herum, so daß sie später zwei, drei, vier oder mehr senkrechte Reihen an der Hauptwurzel bilden. In allen Fällen, wo die Keimwurzel durch Wachstum sich mächtiger in die Länge und Dicke entwickelt als ihre Nebenwurzeln, z. B. bei vielen Bäumen, der Eiche, Buche, Weißtanne u. a., nennt man sie dann Pfahlwurzel. Bei anderen Bäumen, wie auch bei den Monocotylen, fehlt eine solche Pfahlwurzel, weil die Hauptwurzel später von ihren Nebenwurzeln überholt wird und oft ganz verkümmert, z. B. bei der Pappel, Fichte, den Palmen u. a.

Abgeänderte Wurzelformen, Wurzel-Metamorphosen

19. Nicht immer behalten die Wurzeln die typische Form des zylindrischen Fadens, sondern zeigen bei vielen Pflanzen nach ihrer ersten Ausbildung ein starkes Dickenwachstum, wodurch Formen, wie die rübenförmige und knollenförmige Wurzel entstehen (Rübe, Knollen der Georgine, Corydalis solida, Orchideen u. a.). Diese abgeänderten Formen von Wurzeln dienen nicht mehr der Nahrungsaufnahme, sondern sind Speicherräume (Reservestoffbehälter), in welchen sich Nährstoffe (Stärke, Rohrzucker, Inulin, Schleim) im Laufe des Sommers anhäufen, um dort überwintert und im nächsten Frühjahr zur Ernährung der neuen Sprosse und Wurzeln verwendet zu werden. Bleiben solche in größerer Anzahl gebildeten knollenförmigen Wurzeln beim Absterben der oberirdischen Pflanze im Boden liegen, so dienen sie auch der vegetativen Vermehrung der Pflanze (Ficaria ranunculoides u. a.). Bei den Bäumen verholzen die älteren Wurzeln und tragen dazu bei, den Stamm im Boden zu befestigen.

Adventivwurzeln

20. Nicht selten entstehen auch Wurzeln nicht an Hauptwurzeln, sondern an anderen Organen, an Stämmen, Stengeln, auf Blattflächen, in den Blattwinkeln. Solche an beliebigen Stellen hervorbrechende Wurzeln nennt man Adventivwurzeln. Sie entstehen zu besonderen Bedürfnissen der betreffenden Pflanze und können eine sehr verschiedene Funktion haben.

Luftwurzeln

21. Von solchen Wurzeln sind diejenigen am wichtigsten, die aus den

oberirdischen Stammteilen, oft hoch über dem Boden, entspringen (Luftwurzeln). Sie dienen dazu, kletternde Sprosse (z. B. beim Efeu) an ihrer senkrechten Unterlage zu befestigen. Diese Luftwurzeln sind also Klammerorgane. Namentlich die tropischen Orchideen, welche als Epiphyten auf Stämmen anderer Pflanzen sich ansiedeln, haben solche Luftwurzeln, mit denen sie sich an ihrer Unterlage festhalten. Oft bilden Epiphyten außer den Klammerwurzeln noch andere Luftwurzeln (z. B. Ficus, tropische Aroideen, Philodendron, Monstera), welche dick oder tauförmig sind, langsam abwärts wachsen und endlich in den Boden eindringen, wo sie sich wie gewöhnliche Wurzeln verzweigen und nun nicht nur zur Befestigung des Stammes beitragen, sondern auch als Ernährungsorgane fungieren. Einige an der zeitweilig überfluteten Meeresküste wachsende Tropenpflanzen (Pandanus, die Mangrovebäume) erzeugen am unteren Ende des Stammes schräg abwärts wachsende feste Wurzeln, auf denen dann der Stamm sich wie auf einem Gestell erhebt (Stelzwurzeln). Bei manchen tropischen, in luftarmen Sumpfböden wurzelnden Pflanzen (Palmen, Taxodium distichum, Sonneratia) bildet sich ein Teil der Wurzeln zu Atmungsorganen um. Sie wachsen mit den Spitzen nach oben, also umgekehrt wie normale Wurzeln, treten über den Boden im Umkreis der Stämme hervor und nehmen aus der Luft Sauerstoff auf, welcher dem im Schlamme wachsenden Wurzelsystem zugeführt wird. Bei einigen Palmen bilden sich über die Erde emporwachsende Wurzeln zu scharfen Dornen um, welche als Schutz gegen tierische Angriffe dienen. In ungeheurer Menge bilden sich Luftwurzeln auf der Oberfläche von Baumfarnstämmen, sie nehmen die Feuchtigkeit auf und schützen den Stamm vor dem Austrocknen. Am weitesten entfernen sich von der gewöhnlichen Wurzelfunktion die Wurzeln einiger epiphytischen Orchideen (Angraecum, Taeniophyllum, Campylocentrum) und der Podostemaceen, welche grün werden und Assimilationsorgane sind. Selten bilden sich Wurzeln vollständig in Sprosse um, z. B. bei der Orchidee Neottia Nidus avis. Über die Mycorrhizen vgl. S. 76.

22. Die Wurzeln der Wasserpflanzen besitzen dieselbe Form wie die der Landpflanzen, doch sind sie gewöhnlich unverzweigt, und ihre Anzahl ist geringer. Bei den Wasserpflanzen, welche untergetaucht leben, findet gar keine Verdunstung statt, und dementsprechend ist die große Anzahl wasserzuführender Organe, wie sie die Landpflanzen in ihrem reichen Wurzelsystem besitzen, nicht notwendig. Bei den meisten Wasserpflanzen hat die Wurzel daher eine größere Bedeutung als Haftorgan. Bei manchen Wasserpflanzen fehlen auch Wurzelhaare ganz. Dagegen wandeln manche Wasserpflanzen, z. B. Jussieua-Arten, einen Teil ihrer Wurzeln in dicke schwammige Atmungsorgane um.

Wurzeln der Wasserpflanzen

23. Die Wurzeln der phanerogamen Schmarotzerpflanzen (Saprophyten und Parasiten) sind entweder sehr spärlich vorhanden oder auch zu besonderen Saugorganen (Haustorien) umgestaltet, welche zwar meistens mit den typischen Wurzeln keine äußere Ähnlichkeit mehr haben (reduzierte Formen), jedoch mit ihnen darin übereinstimmen, daß sie aus dem Substrat Nahrung aufnehmen.

Wurzeln der Schmarotzerpflanzen

24. Die Wurzelorgane der einfacher gebauten Pflanzen, der Pilze, Algen und Moose, haben ebenfalls mit den vollkommenen Wurzeln der Mono- und

Wurzeln der Pilze, Algen und Moose

Dicotyledonen keine Ähnlichkeit im anatomischen Bau. Es sind einfache oder verzweigte Zellfäden, die den Wurzelhaaren ähnlich sind, aber auch in das Substrat eindringen, um Nährstoffe aus demselben aufzunehmen. Eine größere Vollkommenheit besitzen nur die Wurzeln der großen Meeresalgen (Tange), welche nicht bloße Zellfäden, sondern dickere Gewebekörper darstellen, die sich verzweigen und sich als Haftorgane mit großer Festigkeit an Felsen festklammern. Man nennt Organe von noch unvollkommenem Bau rudimentäre Organe.

Wurzellose Pflanzen

25. Sehen wir überall im Pflanzenreich das Wurzelorgan den einen Pol bilden, so sind um so mehr die seltenen Ausnahmen zu nennen, wo Wurzeln ganz fehlen. Völlig wurzellos sind die Orchideen Coralliorrhiza innata und Epipogon Gmelini, die tropische Bromeliacee Tillandsia, die Utricularien, Genlisea ornata, unter den Wasserlinsen Wolffia arrhiza. Von Farnen fehlen manchen Hymenophyllaceen und Salvinia natans die Wurzeln.

Sproß

26. Sproß nennt man denjenigen Teil einer Pflanze, der sich aus dem Sproßvegetationspunkt des Embryo entwickelt. In der Regel wird er oberirdisch oder erhebt sich über sein Substrat, aus dem Keimsproß erwachsende Stämme können aber auch unterirdisch bleiben (Rhizom- und Zwiebelpflanzen). Bei den höheren Pflanzen (Farnen, Phanerogamen) trägt der Sproß meistens chlorophyllhaltige Blätter (Laubblätter), welche die Bildung der organischen Substanz (Zucker oder Stärke) aus Kohlensäure und Wasser besorgen. Außer diesen Ernährungsorganen bildet der Sproß später die Fortpflanzungsorgane, welche niemals an einer Wurzel entstehen.

27. Am Sproß unterscheidet man die Sproßachse und die Seitenorgane (Blätter). (Taf. 1) Die Achse ist meistens radiär gebaut, zylindrisch oder prismatisch, von verschiedenem Durchmesser, Querschnitt usw. Form, Größe, Ansatz der Blätter sind ebenfalls äußerst verschieden.

Sprosse mit und ohne Internodien

28. Gewöhnlich erfahren die zwischen zwei Blättern liegenden Sproßteile, welche in der Knospe sehr kurz sind, später eine bedeutende Streckung durch Längenwachstum, wodurch die Blätter mit ihren zugehörigen Achselsprossen weit auseinander gerückt werden. Die zwischen zwei Blattansätzen (Knoten) liegenden Sproßstrecken nennt man Internodien. Seltener kommt es vor, daß ein einziges Internodium sich zu so bedeutender Länge entwickelt, daß es allein den ganzen Stengel der Pflanze darstellt. Beispiele dafür bieten viele Cyperaceen, z. B. die Papyruspflanze, die Carexarten, Binsen und Juncaceen.

29. Bei anderen Pflanzen ist dagegen das Längenwachstum des Sprosses auch später gering, und die Blätter stehen dann auch am älteren Sproß noch dicht beisammen. Dies ist der Fall bei Pflanzen mit Wurzelrosetten, z. B. bei Taraxacum, den Agaven, bei den Echeverien und anderen Crassulaceen, namentlich auch bei vielen Alpenpflanzen, bei denen man keine deutlichen Internodien wahrnimmt. Auch bei manchen stammbildenden Pflanzen, z. B. den Baumfarnen, Palmen, Dracaenen, manchen Crassulaceen, bleiben die Internodien zwischen den Blättern ganz kurz, so daß eine Gipfelkrone entsteht. Die Bildung des Stammes beruht hier darauf, daß bei seinem langsamen Wachstum die Blätter nach und nach abfallen, wodurch eine blattfreie Stammoberfläche entsteht. Zuweilen erscheint aber auch ein gestreckter Sproß ohne

Internodien, weil die Blattbasen mitwachsen, so daß die Sproßachse ganz von den Blättern verdeckt wird, z. B. bei Thuja und anderen Cupressineen mit schuppenförmigen Blättern. Manche Pflanzen, z. B. die Kiefer, die Lärche, die Zeder, besitzen Sprosse mit und ohne Internodien, die man als Lang- und Kurztriebe unterscheidet.

Blattstellung

30. Die Stellung der Blätter am Sproß ist auffallend regelmäßig. Die Blätter stehen entweder zu zwei oder mehreren an einem Knoten (Quirlstellung), oder sie stehen einzeln, und man kann sie dann von unten nach oben durch eine Spirallinie verbinden (Spiralstellung). Bei der Spiralstellung ist der Abstand zweier Blätter am Stengelumfang gleich und kann ausgedrückt werden durch die Beziehung auf den Stengelumfang ($^1/_3$, $^1/_2$, $^2/_5$, $^3/_8$ Stellung usw.). Die regelmäßige Stellung der Blätter hat zur Aufstellung von Theorien Veranlassung gegeben, von denen die frühere *Braun-Schimper*sche Blattstellungslehre durch *Hofmeister* und *Schwendeners* mechanische Theorie der Blattstellung verdrängt wurde. Doch bietet die Erklärung noch große Schwierigkeiten.

31. Die Form der Sprosse ist sehr mannigfaltig bei den verschiedenen Pflanzen und vorwiegend durch die besondere Sproßform ist auch die Tracht (der Habitus) der Pflanze bestimmt. Der beblätterte Stamm einer Sonnenrose, der schlingende Stengel des Hopfens, der Palmenstamm mit seiner Blätterkrone, der Grashalm usw. sind entwickelte Sproßformen, welche das verschiedene Aussehen der betreffenden Pflanzen bedingen. Für den erwachsenen oberirdischen Sproß benutzt man auch in der Botanik in manchen Fällen verschiedene Bezeichnungen je nach der Dauer, Konsistenz, Dicke: Stamm, Stengel, Halm, Schaft u. a. Das Aussehen hängt auch mit der Dauer der Pflanzen zusammen. Ein Teil der Pflanzen ist einjährig ⊙, d. h. sie brauchen zur vollen Entwickelung von der Keimung bis zur Erzeugung von Früchten mit keimfähigen Samen höchstens ein Jahr. Die zweijährigen Pflanzen ⚇ entwickeln im ersten Jahre nur einen meist kurz bleibenden Blattsproß und erst im folgenden Jahre Blütensprosse und Früchte, worauf sie dann vollständig absterben. Die ausdauernden (perennierenden) Pflanzen ♃ endlich leben viele Jahre lang und bilden entweder nur einmal im Leben Blüten und Früchte, worauf sie absterben (Agave, einige Palmen, z. B. Corypha umbraculifera), oder erzeugen meist periodisch (alljährlich) neue Vegetationsorgane und Blüten wie die Bäume und Sträucher. Zuweilen ist im Anfang der Entwicklung der Habitus ein anderer als später, z. B. bei Coniferen, Acacien usw. Man nennt diese Gestaltung Jugendform *(Goebel)*.

32. Der Sproß kann sich wie die Wurzel verzweigen, indem er Seitensprosse erzeugt: dadurch entsteht ein Sproßsystem (z. B. eine Baumkrone mit Ästen und Zweigen). Das biologische Ziel dieser Verzweigung ist, die Blattmenge, d. h. die Menge der Ernährungsorgane vermehren und nach möglichst vielen Richtungen dem Lichte entgegenbreiten zu können. Die Verzweigung der Blütensprosse zielt auf Vermehrung und günstige Orientierung der Blüten. Man kann wesentlich zwei Arten von Verzweigungssystemen unterscheiden. Entweder entsteht die Verzweigung durch Gabelung (Dichotomie) oder durch seitliche Sprossung (Monopodium). Letzterer Fall ist der weitaus verbreitetere. Zwei äußerlich sehr verschiedene Arten von Monopodien kommen dadurch zustande, daß die Seitensprosse an Länge hinter

der Hauptachse zurückbleiben, oder daß jeder Seitenzweig über seine Tragachse hinauswächst. Bei der Tanne, Fichte, Lärche kommt durch solch dauerndes stärkeres Wachstum des Hauptstammes bei schwächerem Wachstum aller Seitenäste die Pyramidenform zustande, während bei den meisten Laubbäumen die Hauptachse ihr Wachstum aufgibt und von mehreren Ästen gleicher Stärke überholt wird, die das Höhenwachstum fortsetzen, während deren Auszweigungen die Kronen in die Breite bauen. Die Strauchform kommt zustande, wenn frühzeitig alle Seitenäste sich in gleicher Stärke wie die Hauptachse entwickeln und kein Seitentrieb den Höhenwuchs übernimmt. Besonders häufig verzweigen sich auch die Blütensprosse; man nennt ein solches Verzweigungssystem der Blütensprosse einen Blütenstand oder Infloreszenz. Beispiele: 1) Ähre, Traube, Blütenkolben, Blütenköpfchen, einfache Dolde, Rispe, zusammengesetzte Dolde (racemöse Blütenstände). — 2) Spirre, cymöse Dolde, Dichasium, Schraubel, Wickel (cymöse Blütenstände).

33. Haupt- und Seitensprosse unterscheiden sich unter anderm durch ihren verschiedenen Geotropismus, indem in der Regel der Hauptsproß unter dem Einfluß der Schwerkraft senkrecht aufwärts wächst, während die Seitensprosse eine horizontale oder zum Horizont geneigte Lage annehmen. Dadurch wird vor allem die Ausbreitung der Blattorgane gegen das Licht unterstützt. Seltener wachsen auch die Hauptsprosse horizontal, wie bei den ober- oder unterirdisch kriechenden Pflanzen.

Jede Sproßachse trägt an ihrer Spitze den mit bloßem Auge nicht sichtbaren, von den jüngsten Blättern umhüllten Vegetationspunkt. Aus ihm gehen alle Blätter des Sprosses hervor und ferner sekundäre Vegetationspunkte, die zu seitlichen Laub- oder Blütensprossen werden können. Aus den Sproßvegetationspunkten entstehen also nicht nur einerlei Organe, wie bei der Wurzel, sondern Blätter, Sprosse und Fortpflanzungsorgane.

Entstehung der Blätter

34. Die Blätter entstehen als einfache Protuberanzen des Vegetationspunktes; sie durchbrechen also das Gewebe des Sprosses nicht, sondern sind einfache Auswüchse desselben (exogene Entstehung) und besitzen anfangs die Form eines gerundeten Zellhügels. Dieser stellt den Anfang der Blattfläche vor. Erst allmählich schreitet ihr Längenwachstum fort und endlich erfolgt auch die Ausbreitung der Fläche. (Taf. 1) Wo ein Blattstiel entsteht, wird er nachträglich zwischen der jungen Spreite und dem Blattgrund eingeschoben. Auch die Blätter können sich verzweigen, wodurch die geteilten und gefiederten Blätter entstehen, Bei manchen Pflanzen vorkommende Anhängsel an der Basis der Blätter heißen Nebenblätter (Stipulae). Sie dienen dem Schutz der Knospen und fallen meist später ab.

Entstehung der Seitensprosse

35. Sobald am Vegetationspunkt ein Blatt gebildet ist, entsteht exogen in dessen Achsel, d. h. in dem Winkel an der Basis des jungen Blattes ein sekundärer Vegetationspunkt, aus dem später ein Seitensproß (Achselsproß) hervorgeht. Die Seitensprosse werden also gleichzeitig mit den Blättern angelegt, bleiben aber zunächst im Wachstum hinter ihnen zurück. Viel seltener erfolgt die Verzweigung nicht aus der Blattachsel (dorsiventrale Sprosse).

Adventivsprosse

36. Bei einer kleinen Anzahl Pflanzen entstehen außer den normalen Achselsprossen auch an anderen Orten, z. B. auf Blättern und Wurzeln, Sprosse, welche man Adventivsprosse nennt. Sie entstehen meist exogen, wie gewöhnliche Sprosse, nur der Ort ist ein abweichender. Der Schein,

daß alle Adventivsprosse endogen entstünden, wird bei Sträuchern und Bäumen dadurch hervorgerufen, daß manchmal exogene Sproßvegetationspunkte nach ihrer Entstehung von Rindengewebe überwachsen werden und viele Jahre lang als sogenannte schlafende Augen ruhen können, ehe sie aus der alten Rinde hervorbrechen. Aus solchen schlafenden Augen entstehen bei einigen Pflanzen auch Blüten, die dann aus dem Stamm oder älteren Ästen hervorbrechen (Cauliflorie beim Cacaobaum, Brownea).

37. Die Blätter entstehen am Vegetationspunkt in dichter Reihenfolge, und da sie rascher in die Länge wachsen als der Vegetationspunkt selbst, so umhüllen sie denselben; dadurch entsteht die Knospe. Zur Knospenbildung trägt das stärkere Wachstum der jungen Blätter auf ihrer Unterseite bei, wodurch sie konkav werden und den Vegetationspunkt überwölben. Jede Knospe ist also ein von seinen Blättern umgebener Vegetationspunkt, also auch die Winterknospen, welche nur deshalb anders aussehen wie gewöhnliche Knospen, weil ihre äußersten Blätter braune Schuppen sind, die als Schutzhüllen des eingeschlossenen Vegetationspunktes während des Winters fungieren. Die Knospen enthalten entweder nur einen mit Blättern versehenen kurzen Sproß (Coniferen, Linde) oder auch schon Anlagen der Blüten (Kern- und Steinobstbäume, Roßkastanie). Die im Frühling aus den Winterknospen herauskommenden Triebe stecken also schon in der Knospe und wurden im Sommer vorher ausgebildet. Die Stellung der Laubknospen, aus denen Seitensprosse hervorgehen, ist für die Verzweigungsform der Pflanzen von Wichtigkeit. Ferner ist die regelmäßige, bei ausdauernden Pflanzen jährlich wiederkehrende Sproßfolge von großer Bedeutung. Knospe

38. Wie die Wurzeln bestehen die Sprosse aus parenchymatischem Grundgewebe, welches von fadenförmigen Strängen, Gefäßbündeln oder Fibrovasalsträngen, zuweilen auch außerdem von Sklerenchymsträngen, durchzogen wird, wie sich leicht an Längsschnitten durch saftige Stengel ersehen läßt. Außen bekleidet die Oberhaut den Stengel. Die Gefäßbündel verlaufen in größerer Anzahl ungefähr parallel der Sproßachse nach unten, wobei sie in mannigfacher Weise miteinander verwachsen und sich zu einem zusammenhängenden System verbinden. Unten vereinigen sich die Gefäßbündel des Stengels mit dem Gefäßbündelzylinder der Wurzel. Bei den Monocotyledonen, namentlich den Palmen, durchlaufen die von dicken Sklerenchymscheiden umgebenen Gefäßbündel in sehr großer Anzahl in bogigem Verlaufe das Grundgewebe. Stehen einerseits die Gefäßbündel der Sprosse nach unten mit dem Wurzelstrang in Verbindung, so endigen sie oben in den Blättern, indem sie durch den Blattstiel in das Blatt einbiegen, wo sie sich meistens aufs feinste verzweigen und das Gefäßbündelnetz des Blattes bilden, welches man gewöhnlich die Blattnervatur nennt. Da die Gefäßbündel auch der Wasserleitung dienen, so ist dadurch ermöglicht, daß das von der Wurzel aufgenommene Wasser durch das Gefäßbündelsystem bis in die letzte Spitze jedes Blattes gelangen kann. Wasserpflanzen, besonders solche, welche untergetaucht leben, bei denen also der Transport von Wasser auf weitere Strecken wegfällt, haben nur wenige oder schwache Gefäßbündel. Bei den aufrechten Stengeln, die tragfähig sein sollen und einer Verbiegung durch äußere Einflüsse (Wind) widerstehen müssen, sind durch die Sklerenchymstränge Festigkeitseinrichtungen getroffen. Bisweilen bilden die Sklerenchymbündel isolierte Anatomie der Sprosse

im Stengel herablaufende Stränge oder ringförmige Zylinder, oder es entstehen durch Verbindung der Sklerenchymstränge mit den Gefäßbündeln „trägerähnliche“ Anordnungen, wobei die Sklerenchymteile (Stereome) mit den „Gurtungen“, die Gefäßbündel (Mestome) mit den „Füllungen“ eines Trägers der Bautechnik verglichen werden können und in ähnlicher Weise gegen Verbiegungen des Stengels wirksam sind *(Schwendener)*. Auch die Blattnerven tragen zur Festigkeit des Blattes bei, indem durch die Spannung zwischen Mesophyll und Nervatur das Blatt flach ausgespannt wird. Der Verlauf der Blattnerven bis zum Rande schützt das Blatt vor dem Einreißen durch Winde.

Holz 39. Bei den Holzpflanzen, also z. B. bei unseren Bäumen, wachsen durch die Tätigkeit des Cambiums die Gefäßbündel mächtig in die Dicke, sie verlieren dann das Aussehen von isolierten Strängen und stellen einen einzigen Körper dar, den man Holz nennt.

Blatt 40. Die Form der Blätter ist sehr verschieden, und sie ist im wesentlichen den ganz verschiedenen Feuchtigkeitsverhältnissen der verschiedenen Klimate angepaßt. Es gibt flache, ausgebreitete Blätter und solche, die fast gar keine Fläche besitzen, z. B. Coniferennadeln u. a., ferner fleischige prismatische oder zugespitzte Gestalten (Agave, Aloë, Mesembryanthemum). Die Form des flachen Laubblattes ist gewöhnlich die einer dünnen Lamelle, welche meistens durch einen Stiel mit dem Sproß zusammenhängt. Der Blattstiel ist länger oder kürzer, kann auch fehlen. Gewöhnlich läuft ein stärkerer Mittelnerv von der Basis zur Spitze des Blattes, die Blattfläche symmetrisch teilend, nur selten ist die Blattfläche unsymmetrisch (Begonia). Die Spitze der Blätter ist namentlich bei Tropenbäumen besonders entwickelt, was den Zweck hat, daß der Regen schneller von der Blattfläche wieder abtropft (Träufelspitze, *Stahl*). Zuweilen, z. B. bei Gramineen, Umbelliferen u. a., bildet der Blattstiel eine den Stengel umfassende flache Verbreiterung, die Blattscheide. Die Form der Blattlamelle (Blattspreite, Lamina) ist bekanntlich sehr verschieden bezüglich der Größe, des Umrisses und der Randbildung (gezähnte, gelappte, gefiederte Blätter usw.). Auch die Konsistenz der Blätter ist eine sehr verschiedene.

41. Der wichtigste Teil des Blattes ist die Blattspreite, sie stellt gewöhnlich eine dünne, nur einige zehntel Millimeter dicke Lamelle aus chlorophyllhaltigem Parenchym (Mesophyll) dar, welches durch die Blattnerven flach ausgespannt wird. Durch diese Einrichtung wird es ermöglicht, daß die Chlorophyllkörner des Mesophylls vom Tageslicht genügend beleuchtet werden, denn nur bei intensiver Beleuchtung bilden die Chlorophyllkörner aus Kohlensäure und Wasser Zucker oder Stärke. Die Blattnervatur hat also eine zweifache Aufgabe: 1) die Zuführung und Ableitung von Nährstoffen; 2) diejenige, ein festes Gerüst für das dünne chlorophyllhaltige Blattgewebe zu bilden.

42. Das chlorophyllhaltige Blattparenchym ist beiderseits von der Epidermis überzogen, deren dicht aneinander schließende Zellen einen festen Überzug der Blätter bilden. Die Epidermiszellen enthalten in der Regel kein Chlorophyll. Die Epidermis hat den Zweck, die Blätter vor zu starker Verdunstung (vor dem Welken) zu schützen und ist deshalb noch außerdem mit einem mehr oder weniger dicken Überzug von Cutin, einer für Wasser

undurchlässigen Substanz, bedeckt. Zur Regelung des Aus- und Eintrittes von Wasserdampf und Luft ist die Epidermis mit zahlreichen Spaltöffnungen versehen, welche sich öffnen und schließen können. Die Spaltöffnungen sind die Mündungen eines Systems von Luftkanälen (Intercellularräumen), welche zwischen dem Blattparenchym verlaufen. Bei flachen Blättern ist gewöhnlich die Blattoberseite ärmer an Intercellularräumen, weil hier das Chlorophyllparenchym aus prismatischen, parallel angeordneten Zellen (Palisadenparenchym) besteht. Das Parenchym der Blattunterseite besteht dagegen aus kugelförmigen oder unregelmäßig geformten Zellen, welche nicht ohne Zwischenräume aneinander schließen und größere Intercellularräume zwischen sich lassen (Schwammparenchym). Wegen des lockeren Baues der Blattunterseite sieht diese bei den meisten Blättern heller grün aus als die Oberseite. Die Oberfläche der Blätter ist häufig mit Haaren bedeckt, welche die Blätter vor zu starker Verdunstung, gegen zu starkes Sonnenlicht usw. schützen.

43. Die Blätter vieler Pflanzen weichen in ihrer Gestalt von der Form der gewöhnlichen Laubblätter wesentlich ab. Bei zahlreichen Monocotylen finden wir lange schmale Blätter, die nicht horizontal ausgebreitet, sondern senkrecht aufwärts gerichtet sind (Typha, Sparganium u. a.). Bemerkenswert sind die schwertförmigen Blätter der Schwertlilien, welche mit kielförmig gefalteter Basis einander umfassend, auf beiden Seiten gleich (isolateral) gebaut sind. Auch die Blätter unserer Nadelbäume sind nicht flächenförmig verbreitert, sondern nadelförmig (Fichtennadeln). Bei anderen Pflanzenfamilien finden wir gleichfalls nadelförmige oder schmale und kleine Blätter (Ericaceen, Proteaceen). Gewöhnlich sind solche verschmälerten Blätter auch lederartig oder hart (Hartlaub). Es sind das alles Anpassungen an klimatische Verhältnisse. Die Verkleinerung der Blattflächen in Verbindung mit der festen Konsistenz setzt die Verdunstung herab. Die Klein- und Hartblättrigkeit ist ein Ausdruck zeitweilig trockenen Klimas (Mittelmeerländer, Neuholland, Chile, Kap). Ausnahmsweise findet sogar eine vollständige Verkümmerung der Blattspreite statt. Dann kann sich der Blattstiel flächenförmig ausbreiten, und es entsteht ein blattähnliches Organ, welches man als Phyllodium bezeichnet (bei neuholländischen Acacien u. a.).

Metamorphosierte Blätter

Abweichende Blattformen besitzen ferner viele fleischige Pflanzen, z. B. die Agaven, Aloëarten, Crassulaceen, Mesembryanthemeen. Die Blätter dieser Pflanzen sind dicke, fleischige und wasserreiche Körper. Diese Blätter, welche so gut wie die flachen Laubblätter das chlorophyllhaltige Gewebe tragen, übernehmen noch die zweite Funktion, als Wasserspeicher zu dienen, da diese Pflanzen Bewohner sehr trockener, steppenartiger Gebiete sind. Bei den fleischigen Blättern ist nicht die gesamte Blattmasse mit Chlorophyll versehen, wie es den Anschein haben könnte, sondern nur die den Lichtstrahlen zugänglichen Oberflächenschichten der Blätter enthalten Chlorophyll. Das innere Blattgewebe ist farbloses Parenchym und dient als Wasserspeicher.

44. Es kommen noch verschiedene Umbildungen der Blattgestalt vor, wodurch die Blätter befähigt werden, andere als ihre gewöhnlichen Lebensaufgaben (Ernährung und Transpiration) zu übernehmen. Bei Kletterpflanzen werden die Blattspreiten ganz oder zum Teil fadenförmig und stellen dann Ranken dar, mit denen die Pflanzen Stützen umwickeln, um sich festzuhalten.

Beispiele bieten die Leguminosen, Erbsen, Wicken usw. In Dornen, also zu Schutzwaffen, wandeln sich bei manchen Pflanzen die ganzen Blätter oder die Nebenblätter um (Berberis, Robinia, Acacia, Cacteen), auch die Hochblätter bei Cnicus benedictus. Bei den Insektivoren Nepenthes, Sarracenia, Darlingtonia, Utricularia bilden sich die Blätter zu kannen-, trichter- oder blasenförmigen Behältern um, zum Zweck des Insektenfanges. Als Schutzorgane fungieren die schuppenförmigen, meist braungefärbten Knospenschuppen (Niederblätter), sowie die vielfach an Blütensprossen auftretenden, oft buntgefärbten Bracteen (Hochblätter).

45. Ausnahmsweise beobachtet man bei Wasserpflanzen, die mit einem Teil ihrer Blätter untergetaucht sind, einen anderen Teil über das Wasser erheben, z. B. bei Ranunculus aquatilis, Sagittaria u. a., zweierlei ganz verschiedene Blattformen an derselben Pflanze; die untergetauchten Blätter sind schmal oder fadenförmig, die Luftblätter flächenförmig. Doch sind die Blattformen nicht eigentlich vom Medium verursacht, sondern es sind Primärblätter (Jugendformen) der Pflanzen *(Goebel)*. Auch einige Landpflanzen zeigen Heterophyllie, d. h. verschiedene Blattformen, einfache und geteilte nebeneinander (Scabiosa columbaria, Broussonetia papyrifera, Sassafras officinale).

Sproß-Metamorphosen

46. Man kann es als Regel bezeichnen, daß zum Zwecke der Ernährung der Sproß besondere chlorophyllhaltige Organe (die Blätter) trägt. Es gibt aber Ausnahmen, wo die klimatischen Verhältnisse die Existenz dünner leicht verdunstender Blätter nicht zulassen. Die Blätter fehlen dann auch ganz oder sind zu unscheinbaren Schuppen oder Stacheln reduziert. In diesen Fällen muß das chlorophyllhaltige Gewebe in anderer Weise ausgebreitet werden und befindet sich daher auf der Sproßachse selbst. Beispiele sind die Sprosse der Schachtelhalme, deren eigentliche Blätter kleine gezähnte Scheiden um die Sprosse bilden, dafür sind die Sprosse selbst grün und assimilieren. Ebenso fehlen den fleischigen Sprossen der Cactusarten und der ähnlich gestalteten Euphorbiaceen die Blätter, und das chlorophyllhaltige Gewebe bildet die Oberflächenschicht auf den Sprossen selbst. In manchen Fällen nehmen derartige blattlose Sprosse aber blattartige Formen an, so daß man sie leicht für wirkliche Blätter hält, z. B. die Sprosse von Ruscus, die Sprosse von Phyllocladus u. a. Man nennt solch blattähnliche Sproßformen Cladodien oder Phyllocladien. In den meisten Fällen sind die Sproßformen Ausdruck besonders trockener Standorte.

47. Der Sproß ist somit gewöhnlich zunächst der Träger der chlorophyllhaltigen Organe oder des chlorophyllhaltigen Gewebes und dient der Ernährung. In manchen Fällen dienen jedoch die Sprosse entweder nebenbei oder ausschließlich anderen biologischen Zwecken und besitzen demgemäß eine andere Organisation als die gewöhnlichen Sprosse.

Windende Sprosse

48. Die Sprosse der Schlingpflanzen, z. B. des Hopfens, der Winden, der Bohne, haben die Eigenschaft, sich um aufrechte Stützen herumzuschlingen, um dadurch eine aufrechte Stellung zu erlangen, welche der schwache Stengel ohne weiteres nicht erreichen kann.

Ranken

Bei einer anderen Kategorie von Kletterpflanzen (den Rankenpflanzen) bilden sich Sprosse zu besonderen Greiforganen (Ranken) um, mit denen die Pflanzen sich festhalten, z. B. bei den Cucurbitaceen, dem Wein, Passifloren. In anderen Fällen sind jedoch die Ranken keine Sprosse, sondern wie oben § 44 gesagt, umgebildete Blätter, z. B. bei den Wicken, der Erbse.

49. Eine andere Umbildung der Sprosse ist diejenige zu Dornen, indem zunächst an solchen Sprossen die Blattbildung unterbleibt, das Ende spitz wird, und der ganze Sproß mit Einschluß des Vegetationspunktes verholzt. Solche Dornen gehen meist aus Achselprossen hervor (Ononis, Prunus spinosa, Crataegus, Gleditschia), aus Hauptsprossen bei Rhamnus cathartica, Colletia. Die Dornen sind nicht zu verwechseln mit den physiologisch ganz gleichbedeutenden Stacheln, welche an beliebigen Stellen der Sprosse oder Blätter hervorwachsen, z. B. bei den Rosen, Brombeeren u. a. m. Diese Stacheln sind keine metamorphosierten Sprosse, sondern Auswüchse der Epidermis oder der unter der Epidermis liegenden Gewebe. Daß in anderen Fällen die Dornen umgewandelte Blätter sind, wurde schon gesagt. (Analoge Organe) Dornen

50. Eine Umbildung erfahren die Sprosse mancher Pflanzen, um der vegetativen Vermehrung und gewöhnlich zugleich als Reservestoffbehälter zu dienen. Solche Sproßformen sind die Knollen, Ausläufer, Zwiebeln und Rhizome, die oft fälschlich für Wurzeln gehalten werden, weil sie unterirdisch sind.

Knolle nennt man eine kurzbleibende, verdickte, mehr oder weniger kugelige Sproßachse, welche unterirdisch bleibt und daher eine unterdrückte Blattbildung zeigt. Die Sproßachse ist fleischig ausgebildet, die Blätter bleiben klein und schuppenförmig oder umhüllen die Knolle schalenförmig (Crocus, Colchicum, Corydalis cava), wodurch die Knolle zuweilen zwiebelähnlich aussieht. Ein Durchschnitt läßt sie leicht von der aus Blättern zusammengesetzten Zwiebel unterscheiden. Die Knollen sind Reservestoffbehälter und stecken voller Nährstoffe für die aus ihren Knospen entstehenden oberirdischen Triebe. Mittels der Knollen überwintern mehrjährige Pflanzen oder schützen sich in winterlosen Klimaten vor der periodischen Trockenheit. Doch dienen die Knollen auch der vegetativen Vermehrung, indem, gewöhnlich jährlich, die alte Knolle langsam abstirbt und dabei aus einer Knospe eine neue Knolle sich bildet, ein Vorgang, der wegen der Verschiedenheit bei den Knollenpflanzen großes morphologisches Interesse besitzt. Seltener sind Stammknollen oberirdisch, z. B. beim Kohlrabi und vielen tropischen Orchideen. Knolle

51. Ausläufer (Stolonen) sind an der Basis aufrechter Sprosse entspringende Seitensprosse mit langen Internodien und reduzierten Blättern, welche, auf oder unter dem Erdboden hinkriechend, sich bewurzeln und dann aufrechte Laubsprosse erzeugen (Erdbeere, Ajuga und Potentilla reptans, Adoxa moschatellina usw.). Ausläufer

52. Unterirdische Ausläufer schwellen bei einer Anzahl Pflanzen an ihrem Ende zu einer fleischigen Knolle an, z. B. bei der Kartoffel, bei Helianthus tuberosus usw. Die Kartoffelknolle ist das abgeänderte Sproßende, dessen Achse dick und fleischig wird, während die Blätter zu kaum sichtbaren Schuppen reduziert sind. In der Achsel dieser Blätter stehen Achselsprosse (Augen der Kartoffel), welche im nächsten Sommer als Laubsprosse über den Boden treten und dabei die Stärke, welche in der Knolle angehäuft ist, zur Ernährung benutzen. Die Knollen haben also die physiologische

Bedeutung eines Reservestoffbehälters und Vermehrungsorgans. Der oberirdische Laubsproß ernährt im Laufe des Sommers die von ihm erzeugten neuen Ausläufer mit ihren Knollen.

Zwiebel

53. Die Zwiebel ist ebenfalls ein als Reservestoffbehälter dienender Sproß, dessen Achse sehr kurz ist, während die Blätter (die Zwiebelschuppen) zu fleischigen Organen umgebildet sind. Im Gewebe der Zwiebelschuppen werden die Reservestoffe (Zucker) aufgespeichert. Innerhalb der Zwiebelschuppen befindet sich der Vegetationspunkt, der anfangs nur Blätter erzeugt, endlich als Blütensproß über die Erde tritt und dabei die alte Zwiebel entleert, während ein Achselsproß der Zwiebelschuppen sich für das nächste Jahr zur Ersatzzwiebel ausbildet. Oft wachsen mehrere Achselknospen zu neuen Zwiebeln (Brutzwiebeln) unterirdisch heran. Beispiele für diese Zwiebelform sind die Küchenzwiebel Allium Cepa, Hyacinthus, Muscari, Scilla, Tulipa. Es gibt jedoch auch Zwiebeln, deren Vegetationspunkt dauernd fortwächst und deren Blütensprosse Achselsprosse sind, Schneeglöckchen, Narcisse und andere Amaryllideen. In seltenen Fällen sind die Zwiebeln durch Anschwellung eines einzigen Laubblattes gebildet — z. B. bei Allium ursinum, Gagea lutea. Auch können sich an Rhizomzweigen kleine Zwiebeln entwickeln, z. B. bei Saxifraga granulata. Bei einigen Pflanzen werden auch oberirdische Achselsprosse zu Zwiebeln, welche abgeworfen werden und der Vermehrung dienen. (Brutzwiebeln bei Dentaria bulbifera u. a.)

Rhizome

54. Als Rhizome bezeichnet man Sprosse oder Sproßsysteme, welche stets unterirdisch fortwachsen, Wurzeln im Boden treiben und nur ihre Laubblätter oder Laub- und Blütensprosse über die Erde schicken. Beispiele von Pflanzen mit Rhizomen sind der Adlerfarn (Pteris aquilina), das Maiglöckchen (Convallaria majalis), die Schwertlilien (Iris), der Kalmus (Acorus Calamus), Gräser u. a. Die Rhizome dienen wie Zwiebeln und Knollen auch als Reservestoffbehälter. Die Form und Verzweigung der Rhizome sind verschieden, manche sind ganz kurz und knollenförmig (Arum), andere sehr lang (Carex, Nymphaea, Typha), und ihre Dicke wechselt. Bemerkenswert ist das gekammerte Rhizom des Wasserschierlings (Cicuta virosa). Die Rhizome entstehen aus dem Keimsproß und wachsen meist in horizontaler Richtung weiter. Das Wachstum ist langsam, und es dauert bei manchen Pflanzen viele Jahre, bis sie ihre ersten Blätter oberirdisch entfalten (Anemone nemorosa). Die Rhizome sterben langsam am hinteren Ende ab. Bei Paris quadrifolia findet man an der unterirdischen Achse ca. 5—10 Jahrgänge, bei Arum maculatum ist nur eine Jahresproduktion des Rhizoms erhalten. Bei Veratrum album sind zur Blütezeit 10—16 Jahrgänge vorhanden, deren jeder 0,5 cm lang ist, aber ca. die Hälfte der Hauptachse ist schon verwest. Auf diese Weise wandern horizontal wachsende Rhizome im Boden weiter und vergrößern das Areal der Pflanze.

Im gewöhnlichen Leben werden die Rhizome wohl für Wurzeln gehalten, weil sie unterirdisch sind und häufig kein Chlorophyll besitzen. Daß die Rhizome Sprosse sind, geht daraus hervor, daß sie Blätter bilden (eine Wurzel bildet niemals Blätter), von denen diejenigen, welche unterirdisch bleiben, zu Schuppen reduziert sind, während die über dem Boden erscheinenden sich zu normalen Assimilationsorganen ausbilden.

Sprosse der Parasiten

55. Die Sprosse der chlorophyllfreien phanerogamen Schmarotzerpflanzen

sind infolge ihres Parasitismus zu einfachen Formen reduziert. Sie besitzen gewöhnlich nur Andeutungen von Blättern, deren Mangel sich aus dem Fehlen des Chlorophylls erklärt. Die Sprosse sind hier vorwiegend die Erzeuger und Träger der Fortpflanzungsorgane.

Sprosse der Moose, Algen und Pilze

56. Die Sprosse der niederen Pflanzen, der Moose, Algen und Pilze stellen die einfachsten Sproßformen dar, welche bei den Pflanzen vorkommen.

57. Bei den Laubmoosen und einer Abteilung der Lebermoose (Jungermanniaceen) ist noch die Differenzierung in Sproßachse und Blätter vorhanden, wenn auch der anatomische Bau ein einfacherer ist und vor allem die Gefäßbündel fehlen. Bei den übrigen Lebermoosen (Marchantiaceen, Riccia, Anthoceros) sind die Sprosse flach ausgebreitete, blattähnliche Gebilde (daher hier, sowie bei Algen und Pilzen auch mit dem besonderen Namen Thallus bezeichnet). Von den Algen besitzen die großen Meeresalgen eine scharfe Gliederung in Sproß und Blatt, welche auch bei den übrigen zahllosen Algenformen in verschiedener Vollkommenheit vorhanden sein kann, endlich bei den einfachsten fadenförmigen und einzelligen Algen aber fehlt. Bei den Moosen und Algen offenbart sich die Sproßnatur trotz der einfachen Gestaltung in dem Vorhandensein des Chlorophylls und in der Erzeugung der Fortpflanzungsorgane.

58. Bei den Pilzen, bei denen keine Bildung von Chlorophyll stattfindet und denen blattähnliche Organe ganz fehlen, sind die über das Substrat sich erhebenden Sprosse nur Träger der Fortpflanzungsorgane. Bei den niedrigsten Pilzformen, Bacterien und Hefepilzen ist eine Differenzierung der Vegetationsorgane überhaupt noch nicht vorhanden.

2. Fortpflanzungsorgane.

59. Die Fortpflanzungsorgane lassen sich nicht, wie die Vegetationsorgane, unter ein paar Kategorien bringen. Ihre Form ist mannigfaltig, einmal weil für die beiden verschiedenen Arten der Fortpflanzung, die geschlechtliche und ungeschlechtliche, verschieden gestaltete Fortpflanzungsorgane entstanden sind, ferner weil in den verschiedenen Pflanzenklassen die Form dieser Fortpflanzungsorgane sich verschieden entwickelt hat. So finden sich bei den Algen Sporangien mit Schwärmsporen, Gametangien mit kopulierenden Sporen, Oogonien mit weiblichen Eizellen uud Antheridien mit männlichen Spermatozoiden, — bei den Pilzen Sporangien, Conidienträger, Zygosporen, Carpogone und Antheridien, — bei den Moosen und Farnen Archegonien und Antheridien sowie Sporangien — bei Gymnospermen, Mono- und Dicotyledonen Sporangien von zweierlei Form, an Sexualsprossen entstehend, die ihrer besonderen Gestalt wegen Blüten genannt werden. So große Verschiedenheiten auch die Fortpflanzungsorgane der großen Klassen aufweisen, so findet sich doch eine große Übereinstimmung der Sexualorgane in den kleinen Gruppen, so daß für die Feststellung der verwandtschaftlichen Verhältnisse der Pflanzenabteilungen der Bau der Sexualorgane maßgebend ist. Um Wiederholungen zu vermeiden, folgt daher die Beschreibung der Fortpflanzungsorgane teils in der Physiologie im Kapitel „Fortpflanzung“, teils in der Systematik, welche wesentlich auf der Form der Sexualorgane beruht.

Anatomie.

Zelle 1. Die Pflanzen bestehen aus Zellen, d. h. ihre Körpermasse zeigt sich unter dem Mikroskop zusammengesetzt aus kleinen, von einer Membran umschlossenen, mit Substanz erfüllten Räumen und läßt sich künstlich in diese Teilchen zerlegen. Innerhalb der Membran befindet sich das Protoplasma, gewöhnlich mit einem Zellkern. Der Name Zelle für diese Elementarorgane rührt daher, daß einer der ersten Mikroskopiker, *Robert Hooke* (1667), sie mit Bienenzellen verglich. Dieser Vergleich ist zwar nur ein äußerlicher, aber der Name Zelle fand in späterer Zeit allgemeine Annahme.

2. Einen solchen einfachen Bau besitzen aber nur junge Pflanzenteile. In älteren Pflanzen findet man außer den Zellen von obigem Bau zahlreiche andere Formen, namentlich auch langgestreckte Fasern, Röhren usw. (Taf. 5) Alle solche in den älteren Zellgeweben vorkommenden Formelemente sind aber aus Zellen entstanden. (*Mohl* 1831) Will man daher den mikroskopischen Bau der Pflanzen im allgemeinen ausdrücken, so muß man sagen, die Pflanzen bestehen aus Zellen und Zellabkömmlingen (Zellmetamorphosen).

3. Von der Regel, daß die Pflanzen im allgemeinen aus zahlreichen Zellen und Zellveränderungen bestehen, weichen die niedersten Pilze und Algen selbstredend ab, da sie nur aus einer einzigen, meist kugeligen Zelle bestehen. Ferner sind einige größere Algen und Pilze (z. B. Botrydium, Vaucheria, Caulerpa, Mucor u. v. a.) nicht durch Zellwände gekammert, sondern ihr Körper stellt einen zusammenhängenden, oft verzweigten Schlauch ohne jede Fächerung dar. Solche Pflanzen nennt man daher auch einzellig, *Sachs* bezeichnete sie als nichtzelluläre Pflanzen.

4. Eine Zelle besteht aus Zellwand und Zellinhalt. Den Inhalt der Zelle bildet das Protoplasma, welches in jungen Zellen den Raum innerhalb der Membran vollständig ausfüllt. Im Protoplasma liegt der Zellkern (Nucleus). Häufig finden sich um den Zellkern kleine Protoplasmakörper (Chondriosomen), welche zu Farbstoffträgern (Chromatophoren) werden können. Beim Wachstum der Zellen bilden sich im Protoplasma Hohlräume (Vacuolen), welche sich mit wässerigem Zellsaft erfüllen. Das fortschreitende Wachstum der Zellen bewirkt eine Dehnung des Protoplasmas, wodurch dessen Masse gelockert und die Vacuolenräume immer mehr vergrößert werden. In einer älteren Zelle bedeckt daher das Protoplasma die Innenseite der Zellwand nur noch als dünne Schicht (Wandbelag) und durchzieht den übrigen Raum der Zelle in Form dünner Fäden, welche den Wandbeleg mit der Protoplasmaanhäufung, die den Kern umgibt (Kernhülle), verbinden. (Taf. 3) Der Name Protoplasma rührt von dem bedeutenden Anatomen *H. v. Mohl* her, er, *Schleiden* und *Nägeli* haben den Grund zur Kenntnis der Zelle gelegt, *Straßburger* und zahlreiche lebende Forscher in neuerer Zeit diese Kenntnis erweitert. Man bezeichnet den ganzen Zellinhalt auch als Protoplast oder im Gegensatz zur Zellhaut als Zellenleib, da dieser Inhalt allein den lebenden Teil der Zelle bedeutet.

Centrosomen In neuester Zeit sind in tierischen Zellen sehr kleine Körperchen, entdeckt worden, die Centrosphären oder Centrosomen, welche in der Zweizahl neben dem Zellkern gelagert sind und bei der Kernteilung eine Rolle als Anziehungscentren zu spielen scheinen; bei den Pflanzen konnte man sie bisher nicht allgemein, sondern nur bei einigen niedern Kryptogamen nachweisen.

5. Das **Protoplasma** ist eine Substanz von besonderem, halbflüssigem Aggregatzustande. Es erscheint selten ganz homogen, sondern gewöhnlich sind in seine Masse zahlreiche, auch bei starker Vergrößerung punktförmige Körnchen (Mikrosomen) eingestreut, welche jedoch verschiedener chemischer Natur sein dürften. Kleine spindelförmige Körperchen, aus denen anscheinend Chromatophoren hervorgehen können, denen aber auch noch andere Eigenschaften zugeschrieben werden, hat man Chondriosomen genannt. Gegen den Zellsaft sowohl als auch gegen die Zellhaut ist das Protoplasma durch eine dichtere, äußerst feine, aber mikroskopisch meist nicht sichtbare Hautschicht abgegrenzt. Die Plasmahaut kennzeichnet sich durch ihre diosmotischen Eigenschaften, sie läßt z. B. manche Stoffe auch in wässeriger Lösung nicht durch, welche die Zellmembran passieren können. Die Plasmahaut zeigt gewisse Ähnlichkeit mit Niederschlagsmembranen künstlicher Zellen. *(Traube, Pfeffer, semipermeabele Membranen)* Man setzt übrigens noch einen verwickelteren, schwer sichtbaren Bau des Protoplasmas (Wabenstruktur nach *Bütschli)* voraus, doch ist dies noch eine Streitfrage.

Protoplasma

6. Das Protoplasma ist ein Gemenge verschiedener chemischer Verbindungen. Seine wesentlichen Bestandteile bilden Eiweißstoffe und Wasser. Außerdem ist der Gehalt des Protoplasmas an phosphorsauren und schwefelsauren Salzen der Alkalien und alkalischen Erden bemerkenswert. Das Protoplasma reagiert neutral oder schwach alkalisch. Es gerinnt gewöhnlich schon bei Temperaturen über 50° C. und ebenfalls durch Chemikalien und ist dann tot. Es zeigt die Eiweißreaktion mit den für Eiweißstoffe bekannten Reagentien. Die physikalische Konstitution des Protoplasmas scheint die einer kolloidalen Lösung (Sole) zu sein.

7. Die Lebensäußerungen des Protoplasmas treten ganz besonders in seiner strömenden Bewegung hervor. *(Corti* 1774, *Treviranus)* Das Protoplasma kann aber vollständig eintrocknen, ohne abzusterben, z. B. in reifen Samen, die nach langem Liegen beim Anfeuchten aufleben, d. h. keimen.

8. Der **Zellkern** ist gewöhnlich nur in der Einzahl in jeder Zelle vorhanden. In sehr langgestreckten Zellen, in Milchsaftschläuchen, bei den einzelligen Siphoneen und bei Siphonocladiaceen finden sich dagegen zwei, mehrere oder sehr viele Zellkerne. Der Zellkern besitzt gewöhnlich eine gerundete Gestalt. Bei schwächeren Vergrößerungen treten in seiner feinkörnig erscheinenden Grundmasse ein oder zwei stärker lichtbrechende **Kernkörperchen** hervor. Bei starker Vergrößerung, besonders unter Anwendung von Färbungsmethoden, erscheint der Zellkern von noch komplizierterem Bau. Innerhalb der Kernhülle (Kernmembran) erblickt man ein aus feinen Fäden zusammengesetztes Gerüst. Es besteht aus einer Grundsubstanz (Linin), welche nicht färbbar ist, in welcher aber Körnchen (Chromatin) eingelagert sind, welche sich mit Farbstoffen stark färben.

Zellkern

9. Einen wichtigen Bestandteil des Zellinhalts bilden in allen grünen (assimilierenden) Zellen die **Chlorophyllkörper**. Sie haben gewöhnlich die Form rundlicher oder polyedrischer Körner, bestehen aus einer dem Protoplasma ähnlichen, farblosen Substanz, mit welcher der grüne Chlorophyllfarbstoff verbunden ist. Der farblose Körper der Chlorophyllkörner besitzt

Chlorophyll und andere Chromatophoren

eine feine poröse Struktur, das farblose Korn enthält zahlreiche Höhlungen, in welche der als weiche dunkelgrüne Masse erscheinende Farbstoff eingelagert ist. Der aus mehreren Farbstoffen zusammengesetzte Chlorophyllfarbstoff (mit Magnesium verbunden) bildet einen an Menge geringen, aber notwendigen Bestandteil der Chlorophyllkörner. Er läßt sich ihnen durch Lösungsmittel, z. B. Alkohol, entziehen. Die grüne Lösung besitzt eine blutrote Fluoreszenz und ein charakteristisches Absorptionsspektrum. Die Chlorophyllkörner liegen in der Zelle im Wandbelag eingebettet und enthalten gewöhnlich am Tage die durch Assimilation in ihnen entstandenen Stärkekörner. Die Chlorophyllkörner vermehren sich durch Teilung. Einen ähnlichen Bau wie die Chlorophyllkörner besitzen die gelben und orangefarbigen Farbkörner (Chromoplasten) der Blüten und Früchte, sie bestehen aus einem Protoplasmakörper und einem kristallisierbaren Farbstoff (Carotin).

Sonstiger Zellinhalt

10. In den Zellen von Samen und Reservestoffbehältern und auch sonst finden sich Aleuronkörner und Stärkekörner, Fettropfen, Gerbstofftropfen. Die Aleuronkörner sind gewöhnlich von ovaler Gestalt *(Ricinus)*, bestehen aus einer von einer Vacuolenhaut umgebenen Grundmasse feinkörnigen Eiweißes, in welcher häufig ein gut ausgebildeter Eiweißkristall liegt, daneben finden sich in der Grundmasse aus Calcium- und Magnesiumphosphaten bestehende kugelige Körper (Globoide), zuweilen auch nadelförmige Calciumoxalatkristalle. Sehr verbreitet sind im parenchymatischen Gewebe Kristalle von Calciumoxalat (als Oktaeder, Drusen oder Raphiden), ferner kommen Kristalle von Calciumsulfat vor, aber weniger häufig. Auch Kieselsäure wird in Form von Kieselkörpern (Cystolithen) ausgeschieden, ebenso Calciumkarbonat. In gelöstem Zustande enthalten viele Zellen Calciumphosphat und andere Salze, sowie Inulin (Compositen, Campanulaceen, Goodeniaceen), welche durch Alkoholbehandlung sich in Form sogenannter Sphärokristalle ausscheiden. Von diesen Inhaltsstoffen sind die Stärkekörner nicht nur wegen ihrer Bedeutung als Nährstoff, sondern auch wegen ihrer Eigenschaften am wichtigsten. Die Stärkekörner sind deutlich geschichtet, zeigen auffallende optische Eigenschaften (ein dunkles Kreuz unter dem Polarisationsmikroskop), die auf einen Aufbau aus radial angeordneten Kristallnadeln hindeuten. *(A. Meyer)* Die Stärke ist in kaltem Wasser schwach, in heißem und in Kalilauge stark quellbar. Mit Jod gibt sie eine charakteristische Blaufärbung.

Zellwand

11. Die Zellwand junger Zellen ist eine sehr dünne, aus einem Gemenge von Pektinverbindungen und Cellulose bestehende Membran. Mit zunehmendem Alter der Zellen und gemäß der physiologischen Aufgabe derselben erleidet die Cellulosemembran sichtbare Veränderungen. Die Zellwand nimmt zunächst an Umfang zu, dann verdickt sie sich durch Auflagerung neuer Substanz auf ihre Innenseite und erhält dadurch eine konzentrische Schichtung. Die später entstehenden Verdickungschichten sind optisch und chemisch, namentlich beim Holz, von der primären Wand verschieden. Bei der Auflagerung neuer Wandsubstanz auf die primäre Membran bleiben einzelne Stellen in ihrer ursprünglichen Dünne erhalten, wodurch die eigentümliche Skulptur der Zellwand, besonders die sehr allgemein vorkommende Tüpfelbildung, entsteht. Die dünn bleibenden Stellen können eine sehr verschiedene Form haben.

12. Im unveränderten Zustande färbt sich die Zellenmembran mit Jod und Schwefelsäure blau. Die Zellwand erleidet aber häufig außer physikalischen auch chemische Veränderungen. Diese sind namentlich die Verholzung, die Verkorkung und die Verschleimung der Zellwand. Chemische Veränderungen der Zellwand

13. Die Verholzung, welche typisch im Holze vorliegt, ist eine Verdickung der primären Zellwände, verbunden mit Einlagerung einer Substanz (Xylogen), welche den verholzten Zellwänden ihre spezifischen Eigenschaften verleiht. Die verholzten Membranen zeigen nicht mehr unmittelbar die Reaktionen der Cellulose. Sie sind hart und elastisch, wenig quellbar, halten aber das Wasser zwischen ihren Molekülen fest. Mit Anilinsulfat färben sich verholzte Membranen gelb, mit Phloroglucin und Salzsäure rot. Wird den verholzten Zellen durch Reagentien das Xylogen entzogen, so zeigen die Membranen wieder die Reaktionen reiner Cellulose, z. B. Blaufärbung mit Jod und Schwefelsäure.

14. Die Verkorkung besteht in der Einlagerung von Suberin (eines Fettgemenges) in die gewöhnlich dünnbleibenden, zuweilen aber auch dickeren Zellwände. Durch die Verkorkung erhalten die Zellwände die Eigenschaft, für Wasserdampf und flüssiges Wasser undurchlässig zu werden. Verkorkung tritt daher dort an Pflanzenteilen auf, wo dieselben vor Verdunstung geschützt werden sollen.

15. Die Verschleimung ist eine Umwandlung der Cellulose in eine quellbare Substanz (Schleim), welche zuweilen physiologischen Zwecken dient, z. B. bei manchen Samen, deren schleimgebende Schalen die Keimung unterstützen. Zuweilen tritt sie als pathologische Erscheinuug auf, z. B. bei der Gummikrankheit der Kirschbäume und der Tragantbildung bei den Astragalusarten.

16. Nur die mit lebendigem Protoplasma versehene Zelle wird als „Zelle im engeren Sinne" bezeichnet und ist lebendig. Protoplasmafreie Zellen, die im Pflanzenkörper durch Veränderung ganzer Gewebekomplexe entstehen können, sind tot, wachsen nicht, teilen sich nicht und sind chemisch untätig. Definition der Zelle

17. Die Vermehrung der Zellen geschieht meist durch Teilung. Bei der Gewebebildung ist die Teilung eine Zweiteilung, eine Fächerung vorhandener Zellen durch neu auftretende Zellwände. Bei der Bildung von Fortpflanzungszellen ist die Teilung meist mit Abrundung verbunden und weicht auch sonst ab. Wenn das gesamte Protoplasma einer Zelle in mehrere oder zahlreiche sich trennende selbständige Zellen zerfällt, z. B. bei der Schwärmsporenbildung mancher Algen, so nennt man diese Teilungsart Vielzellbildung. Bei der Sporenbildung der Ascomyceten findet ein ähnlicher Vorgang statt, doch wird nicht das ganze Protoplasma der Mutterzelle für die Zellbildung verbraucht, man nennt diese Form der Zellteilung freie Zellbildung. Weitere Formen von Zellbildung sind die Bildung von Sporen durch Conjugation und die Sprossung (Hefe, Conidien der Pilze). Zellbildung

Mit der Teilung der Zelle geht die des Kernes Hand in Hand. Eine Neubildung von Zellkernen findet niemals statt, alle Zellkerne einer Pflanze gehen aus Teilung embryonaler Zellkerne hervor. Die Teilung des Zellkernes ist mit ziemlich verwickelten Gestaltveränderungen verbunden (indirekte oder mitotische Kernteilung oder Karyokinese). Vor der Teilung entsteht aus dem Kerngerüst ein zusammenhängender, gewundener Faden. Dieser zerfällt dann in Teilstücke (Chromosomen), während sich aus dem Zellplasma von zwei gegenüberliegenden Seiten strahlenförmig gegeneinander verlaufende zarte Fäden (Verbindungsfäden) aussondern, die nach Auflösung der Kernwand und des Kernkörperchens sich bis in die Kernmitte fortsetzen. So entsteht eine spindelförmige Figur (Karyolytische Figur). Die Spindelfasern setzen sich an die Chromosomen an, und diese rücken, nachdem sie noch eine Längsteilung erfahren haben, nach beiden Polen der Kernfigur auseinander. Hier angelangt, bildet sich aus jeder Chromosomengruppe wieder ein Fadenknäuel, endlich ein neues Gerüst, das samt dem Kernsaft von einer neuen Kernwand umschlossen wird. So entstehen zwei Zellkerne. Gleichzeitig tritt dann, die Kernfigur mitten durchsetzend, die Zellwand auf, welche die Zelle vollständig in zwei neue Zellen teilt. Bei der Kernteilung befruchteter Eizellen, welche nach der Vereinigung mit der männlichen Keimzelle die doppelte Anzahl von Chromosomen enthalten, wird durch einen anderen Teilungsmodus bei der Verteilung auf die neuen Kerne die Anzahl der Chromosomen wieder vermindert (Reduktionsteilung). Fände diese Reduktionsteilung nicht statt, so würden sich im Laufe der Generationen durch die Befruchtung die Chromosomen in den Kernen stetig vermehren. In manchen Fällen fällt die Reduktionsteilung mit einem Generationswechsel zusammen. Die Sporen und die von ihnen erzeugte Generation haben Kerne mit verminderten Chromosomen (haploide Kerne), die befruchtete Eizelle und ihre Generation Kerne mit doppelter Chromosomenzahl (diploide Kerne).

Zellgewebe

18. Eine feste Vereinigung von Zellen, welche nach ihrer Entstehung, ihrem Wachstum und ihrem ganzen physiologischen Verhalten als etwas Zusammengehöriges erscheint, bezeichnet man als Zellgewebe. Die Zellen eines Gewebes befinden sich in einem innigen Verbande, sowohl durch feste Vereinigung ihrer Membranen als auch besonders dadurch, daß die Protoplasten benachbarter Zellen miteinander durch zarte Protoplasmafäden verbunden sind, welche durch feine Öffnungen der Membranen hindurchgehen. Gewebe entstehen dadurch, daß Zellen sich teilen und nach der Teilung verbunden bleiben. Nur bei den Pilzen, manchen Phaeophyceen und den meisten Florideen entstehen Gewebe durch Vereinigung von vorher getrennten fadenförmigen Zellen.

Gewebesysteme

19. Bei den höheren Pflanzen unterscheidet man zweckmäßig drei Gewebesysteme: 1. das Hautgewebe oder die Epidermis, 2. das Fibrovasalstrang- oder Gefäßbündelsystem, 3. das Grundgewebe. (Taf. 6. Fig. 1) Diese Gewebesysteme, deren Anlage schon im Embryo zu erkennen ist, setzen sich aus verschiedenen Gewebeformen zusammen, aber sie dienen auch verschiedenen physiologischen Zwecken. Z. B. besteht die Epidermis aus Epidermiszellen, Spaltöffnungen und Haaren und dient dem Schutze und dem Gasaustausch. Die Gefäßbündel bestehen aus Röhren und Fasern und dienen der Stoffleitung, das Grundgewebe besteht aus zahlreichen Gewebeformen (Parenchym, Collenchym, Sklerenchym) und dient vorwiegend dem Stoffwechsel und den Reizvorgängen. Je nach der Betrachtungsweise kann man eine beschreibende und eine physiologische Pflanzenanatomie unterscheiden *(De Bary, Haberlandt)*.

Epidermis

20. Das Hautgewebe (die Epidermis) ist die äußerste Gewebeschicht, welche die Sprosse, Blätter und andere Organe bedeckt. Bei den Wurzeln ist an-

fangs eine Epidermis vorhanden, welche jedoch in der Regel durch Bildung der Wurzelhaare verschwindet und durch die tiefer liegende Rindenzellenschicht ersetzt wird. Die Epidermis besteht gewöhnlich aus einer einzigen Schicht tafelförmiger, ohne Intercellularräume aneinanderschließender Zellen, welche ebene oder wellige Seitenwände besitzen. Seltener ist die Epidermis mehrschichtig (Wassergewebe der Piperaceen, Begonien). Die Außenwand der Epidermiszellen ist gewöhnlich von bedeutender Dicke und außerdem noch von einem gegen Wasser undurchlässigen Häutchen, der Cuticula, bedeckt, welche als kontinuierlicher Überzug über alle Epidermiszellen ausgebreitet ist. (Taf. 5. Fig. 7) In manchen Fällen ist die Cuticula sehr stark entwickelt (an Stengeln und Blättern von Viscum, an den Blättern von Agave). Häufig ist die Cuticula noch von Wachsausscheidungen bedeckt, welche die Form von Körnern oder Stäben haben. Dadurch werden die Organe für Wasser unbenetzbar. Der Wachsüberzug ist auf Blättern von Crassulaceen auf manchen Früchten, z. B. Pflaumen, Trauben usw., als feiner Überzug (Reif) sichtbar. Bei manchen Pflanzen, Gramineen, Equiseten, sind die Epidermiszellen stark verkieselt. Die Epidermiszellen enthalten in der Regel kein Chlorophyll. Bei manchen Samen enthalten die Epidermiszellen Schleim.

21. Einen Bestandteil der Epidermis bilden die Spaltöffnungen, welche aus gewöhnlichen Epidermiszellen entstehen. Sie sind die Ausmündungen der Intercellularräume des Parenchyms und vermitteln den Gasaustausch. Durch die Spaltöffnungen treten die für die Assimilation nötige Kohlensäure und der Atmungssauerstoff ein, Wasserdampf und Gase finden ihren Ausweg durch dieselben. Eine Spaltöffnung besteht aus zwei symmetrisch gelagerten halbmondförmigen Schließzellen, welche einen Spalt (Porus) zwischen sich lassen. (Taf. 5. Fig. 8) Häufig finden sich als Umgebung der Schließzellen noch besonders geformte Zellen (Nebenzellen). Die Spaltöffnungen enthalten Chlorophyll. Durch Turgescenzänderungen verändern die Schließzellen ihre Form und bewirken dadurch bei Licht das Öffnen und im Dunkeln das Schließen der Spalte *(Schwendener)*. Die Spaltöffnungen sind sehr klein, befinden sich aber dafür in großer Anzahl auf den Organen. Auf den Blättern sind auf einem Quadratmillimeter 40, 100, 300, zuweilen 600 bis 700 Spaltöffnungen vorhanden. Ein Weinblatt besitzt etwa 3 842 850 Spaltöffnungen auf beiden Seiten. Den Spaltöffnungen äußerlich ähnlich, aber unbeweglich sind die nur bei gewissen Pflanzen vorkommenden Wasserspalten, welche immer über Nervenendigungen der Blätter an den Blattzähnen liegen und Wasser oder wässerige Lösungen ausscheiden, Nach dem Verdunsten des Wassers bleiben dann oft Kalkkrusten an den Blattzähnen zurück (Saxifraga-Arten usw.). **Spaltöffnungen**

22. Zur Epidermis gehören ferner die Haarbildungen. Haare sind Auswüchse von Epidermiszellen und besitzen verschiedene Form. Sie sind ein- oder mehrzellig. Lange, gedrehte Schläuche sind die Wollhaare, welche häufig die Knospen bedecken. Die langen Haare auf den Samen von Gossypiumarten, welche die Baumwolle liefern, gehören hierher. Drüsenhaare bestehen aus einem kurzen oder langen Stiel mit kugelförmigem Köpfchen, welches ein Sekret (ätherisches Öl, Enzyme u. a.) ausscheidet. Leimzotten oder Colleteren scheiden Gummi oder Harz aus. Wasserausscheidende Organe heißen Hydathoden. Stachelhaare sind lange, spitz zulaufende **Haare**

Haare, welche häufig stark verkieselt sind. Zu ihnen gehören die Brennhaare der Urticaceen und Loasaceen mit ätzendem Inhalt. Bei vielen Pflanzen finden sich verästelte Haare (Verbascum) und Sternhaare (Althaea rosea, Deutzia).

23. Die Epidermis hat die Funktion eines Schutzgewebes. Sie schützt die bedeckten Gewebe vor dem Vertrocknen. Darauf zielen Einrichtungen, wie verdickte Außenwände ihrer Zellen, Cuticula, Verschluß der Spaltöffnungen. Sie dient aber gleichzeitig dem Gasaustausch für Atmung und Ernährung, indem durch die geöffneten Spaltöffnungen Kohlensäure und Sauerstoff ein- und austreten und der Wasserdampf verdunstet. Die Durchsichtigkeit der Epidermiszellen läßt dem Lichte nicht nur Zutritt zum darunterliegenden Chlorophyll, sondern die vielfach linsenförmige Gestalt der Außenwände der Epidermiszellen bewirkt nach *Haberlandt* eine intensivere Beleuchtung.

Gefäßbündel 24. Das zweite Gewebesystem (die Gefäßbündel oder Fibrovasalstränge) findet sich in seiner typischen Form bei den Pteridophyten, Gymnospermen, Mono- und Dicotyledonen. Die Gefäßbündel laufen in Form dünner Fäden durch das saftige Grundgewebe der Blätter, Sprosse und Wurzeln. Aus dem Stengel biegen die Gefäßbündel in die Blattstiele ein und treten durch diese in die Blattfläche, wo sie sich verzweigen und die sogenannte Nervatur der Blätter bilden. In jüngeren Stammquerschnitten der Dicotylen und Gymnospermen sind die Gefäßbündel in einem Kreise angeordnet, wodurch das Grundgewebe in Mark und Rinde gesondert wird. Zwischen den Gefäßbündeln verlaufen Parenchymstrahlen (Markstrahlen), die Rinde und Mark verbinden. Das Mark stirbt in manchen Stengeln ab und wird trocken (Sambucus). In einjährigen Stengeln vieler Gräser und Umbelliferen zerreißt das Markgewebe und verschwindet, wodurch die Stengel hohl werden. Bei den Monocotylen nehmen die Gefäßbündel im Stamm einen gebogenen Verlauf und kreuzen sich vielfach, so daß man auf dem Querschnitt durch den Monocotylenstamm zahlreiche im Grundgewebe zerstreute Gefäßbündel erblickt. Die Gefäßbündel lassen sich mit bloßem Auge in Sprossen auf Längs- und Querschnitten wahrnehmen. Beim Durchreißen der Blattstiele von Plantago major oder Primula sinensis und anderer Pflanzen lassen sich die Gefäßbündel als elastische Fäden herausziehen. An verwesten Stengeln und Blättern findet man oft das Grundgewebe herausgefault und das Skelett der Gefäßbündel allein übrig.

25. Ein vollkommenes Gefäßbündel, wie es bei Mono- und Dicotylen vorkommt, besteht aus zwei Teilen, dem Gefäßteil (Xylem) und dem Siebteil (Phloëm), deren Zellen größtenteils langgestreckt sind. Die Zellen des Gefäßbündels schließen ohne Intercellularräume dicht aneinander. (Taf. 4)

26. Der Gefäßteil besteht aus Gefäßen (Tracheen), Fasern (Tracheïden, Holz- oder Libriformfasern, Ersatzfasern) und Parenchym. Die Gefäße sind Röhren, welche aus Längsreihen von Zellen durch Verschwinden der Querwände entstanden sind. Die Wand der Gefäße besitzt Verdickungen, welche in sehr verschiedener Form auftreten, in Form von Ringen, von Spiralbändern, von netzförmig verbundenen Leisten oder auch so, daß das größte Areal der Wand verdickt ist und nur kleine nicht verdickte Wandstellen (Tüpfel) übrigbleiben. Man unterscheidet nach der Form der Verdickung Ring-, Spiral-, Netz-, Tüpfelgefäße. Nach ihrer Ausbildung

sind die Gefäße leer, sie besitzen weder Protoplasma noch Zellsaft und enthalten gewöhnlich nur verdünnte Luft. Die Fasern sind langgestreckt, beiderseits spindelförmig zugespitzt mit stark verdickter Wand und kleinen Tüpfeln verschiedener Form, meistens ohne protoplasmatischen Inhalt. Das Parenchym der Gefäßbündel besitzt dünnere getüpfelte Wände und enthält Protoplasma oder Assimilationsprodukte (Stärke).

27. Den wichtigsten Bestandteil des Siebteiles bilden die Siebröhren, welche meist von anderen Zellen (Geleitzellen) umgeben sind. Es sind dünnwandige Röhren, welche siebartig durchlöcherte Querwände (Siebplatten) besitzen. Auch an den Längswänden der Siebröhren befinden sich häufig Siebplatten. Der Inhalt der Siebröhren ist ein eiweißartiger Schleim, welcher sich bei seiner Fortleitung durch die Öffnungen der Siebplatten hindurchbewegt. Außer den Siebröhren befinden sich im Siebteil des Gefäßbündels Fasern mit stark verdickten Wänden (Bastfasern) und dünnwandiges Parenchym. Die Bastfasern, welche bekanntlich von manchen Pflanzen technisch verwendet werden, bilden oft starke Stränge an der Außenseite des Siebteiles, bei anderen Pflanzenarten fehlen sie aber auch (Ribes, Berberis).

28. Gefäßteil und Siebteil können in einem Gefäßbündel sehr verschieden verbunden sein. Bei den Monocotylen liegt der Siebteil an der Außenseite des Gefäßteils oder wird von ihm umschlossen. Bei den Dicotylen liegt gewöhnlich der Siebteil an der Außenseite des Gefäßteiles (kollaterale Bündel). Ausnahmsweise ist auch an der Innenseite des Gefäßbündels noch ein Siebteil vorhanden (bikollaterale Bündel bei Cucurbita und Melastomaceen). Bei den Farnen ist der Gefäßteil vom Siebteil rings umgeben, in den Bündeln mancher Monocotylenrhizome nimmt das Siebteil die Mitte ein (konzentrische Bündel). Abweichend von den Verhältnissen in den Stengeln ist die Lagerung der Fibrovasalstränge in den jungen Wurzeln, in denen die Siebteile, immer mit den Gefäßteilen wechselnd, radiale Streifen bilden (radiale Gefäßbündel). Das ganze Fibrovasalsystem bildet endlich in den Wurzeln einen axilen Zylinder.

29. Die Fibrovasalstränge bilden die Leitungsbahnen für Wasser und plastische Nährstoffe.

Grundgewebe

30. Alle Gewebeformen, welche nicht dem Hauptgewebe oder den Fibrovasalsträngen angehören, bilden zusammen das Grundgewebe, welches mannigfache Aufgaben übernimmt. Das Grundgewebe bildet meistens die eigentliche Körpermasse der Pflanzenteile, was namentlich bei dicken, fleischigen Organen hervortritt. Auch bei jungen Pflanzenteilen überwiegt es. Die hauptsächlich das Grundgewebe bildende Gewebeform ist das dünnwandige Parenchym. Parenchymzellen sind rundlich, polyedrisch oder prismatisch und lassen kleinere oder größere Intercellularräume zwischen sich (Taf 6 Fig. 1); ihr Inhalt besteht aus Protoplasma, Kern und Zellsaft, und sie können außerdem die verschiedenartigsten Assimilationsprodukte enthalten (Stärke, Glukose, Inulin, Eiweißkristalloide, Gerbstoffe usw.). Dann ist das Parenchym Speicherparenchym.

Chlorophyllhaltiges Parenchym

31. Die physiologisch wichtigste Form des Grundgewebes ist das chlorophyllhaltige Parenchym (Assimilationsparenchym). Im allgemeinen dem gewöhnlichen Parenchym ähnlich, ist es ausgezeichnet durch seinen Gehalt an Chlorophyllkörnern, den Assimilationsorganen der Pflanzen. Das chloro-

phyllhaltige Parenchym bildet die Hauptmasse der dünnen Laubblätter. (Taf. 2) Das Assimilationsgewebe ist reich an Intercellularräumen zum Zweck des für die Unterhaltung der Assimilation notwendigen, lebhaften Gasaustausches. Da das Assimilationsgewebe einer hellen Beleuchtung für seine Funktion der Kohlensäurezersetzung bedarf, so bildet es immer nur dünne Schichten, welche eine genügende Durchleuchtung ermöglichen. Die Blattflächen sind meist sehr dünn, aber auch da, wo das Assimilationsgewebe sich an massigeren Organen, z. B. den fleischigen Blättern der Agaven und Aloëarten, findet, bildet es nur dünne peripherische Schichten.

Collenchym 32. Collenchym ist eine Form des Grundgewebes, welche gewöhnlich dicht unter der Epidermis eine Schicht bildet. Das Collenchym ist charakterisiert durch die eigentümlichen Verdickungen seiner Zellwände, welche als Wülste in den Winkeln der Zellen abgelagert sind und sich durch Quellbarkeit in Wasser oder verdünnter Kalilauge auszeichnen. (Taf. 5, Fig. 2)

Sklerenchym 33. Das Sklerenchym findet sich auch unabhängig von Gefäßbündeln in Form einzelner oder gruppenweise im Grundgewebe liegender Zellen. Seine Form ist entweder die schon erwähnte faserförmige (z. B. in den braunen Sklerenchymsträngen des Adlerfarns), oder die Sklerenchymzellen sind stark verdickte und verholzte Parenchymzellen (Steinzellennester im Fleisch der Birnen, Schale der Haselnuß usw.). Collenchym und Sklerenchym dienen der Festigkeit und sind mechanische Gewebe.

Strangscheiden 34. Wo das Grundgewebe an die Gefäßbündel grenzt, bildet es gewöhnlich durch besondere Form ausgezeichnete Zellschichten, welche das Gefäßbündel umgeben und als Strangscheiden bezeichnet werden. Besonders deutlich sind die Strangscheiden am Umfang des axilen Gefäßbündelzylinders der Wurzeln (Endodermis); sie bestehen dort aus einer einfachen Lage mehr oder weniger verkorkter Zellen. In den Sproßachsen vieler Monocotylen, namentlich der Gräser, Palmen u. a., besteht die Strangscheide aus einer häufig sehr dicken Schicht dickwandiger, verholzter, spindelförmiger Fasern (Sklerenchym), welche bei derartigen Pflanzen die Funktionen des Holzes übernehmen.

Gewebe der niederen Pflanzen 35. Bei den niederen Pflanzen finden sich von den drei Gewebesystemen, welche man bei den höheren Pflanzen unterscheidet, nur Andeutungen. Ganz besonders ist das System der Gefäßbündel bei den niederen Pflanzen (Pilzen, Algen, Moosen) entweder gar nicht vorhanden oder ganz rudimentär. Dagegen findet sich die Differenzierung einer Epidermis mit Spaltöffnungen schon bei vielen Moosen. Die Mooskapsel der Laubmoose besitzt eine Epidermis und Spaltöffnungen und ebenso die Sprosse der Marchantieen unter den Lebermoosen.

36. Mit Ausnahme einiger einzelliger Pilze bestehen die Pilze nur aus einfachen oder verzweigten, meist durch Querwände gegliederten Zellfäden (Hyphen). Auch bei denjenigen Pilzen, welche aus größeren Gewebemassen bestehen (Hutpilze), baut sich der ganze Pilzkörper aus gleichartigen Hyphen auf.

Cambium, sekundäres Dickenwachstum 37. Bei den Gymnospermen und zahllosen Dicotylen findet bekanntlich beim Heranwachsen dieser Pflanzen eine dauernde Dickenzunahme der Stämme statt. Diese Zunahme wird verursacht und begleitet von mehrfachen Veränderungen der ursprünglich vorhandenen (primären) drei Gewebeformen.

Man faßt diese Veränderungen unter dem Namen des sekundären Dickenwachstums zusammen. Bei den Dicotylen und Gymnospermen wird zunächst beim Dickenwachstum des Stammes in den Gefäßbündeln zwischen Sieb- und Gefäßteil eine schmale Zone von Cambium (Fascicularcambium) angelegt, welches einerseits die Masse des Gefäßteiles, andererseits diejenige des Siebteiles durch Bildung neuer Zellen vermehrt. Das Cambium besteht aus sehr dünnwandigen Zellen, welche unbegrenzte Zeit teilungsfähig bleiben. Das Cambium breitet sich bald über die Gefäßbündel hinaus seitlich aus, indem sich auch in dem zwischen den Gefäßbündeln liegenden Grundgewebe eine Cambiumschicht (Interfascicularcambium) bildet, so daß schließlich ein geschlossener Cambiumzylinder im Stamme vorhanden ist. Auf seiner Innenseite liegen alle Gefäßteile, auf seiner Außenseite alle Siebteile. Durch die fortdauernde Tätigkeit des Cambiums wird der sekundäre Zuwachs bewirkt. Den Zuwachs der Gefäßteile, samt den ebenfalls durch die Cambiumtätigkeit eingeschobenen, radial verlaufenden Markstrahlen, nennt man Holz, die außerhalb des Cambiums entstehende Gewebemasse heißt sekundäre Rinde.

38. Das aus dem Cambium entstandene Holz besteht bei den Coniferen ganz aus gleichartigen Elementen, aus langgestreckten, beiderseits zugespitzten Fasern (Tracheïden), welche an ihren Radialwänden charakteristische, große, gehöfte Tüpfel besitzen, durch welche das Coniferenholz sich von allen Laubhölzern unterscheidet. Gefäße sind im sekundären Holz der Coniferen nicht vorhanden. Das Holz einiger weniger Dicotylen ist ebenfalls gefäßlos (Drimys, Trochodendron). Bei allen übrigen Dicotylen besteht das Holz immer aus Holzfasern, Holzparenchym und Holzgefäßen, deren Formen schon oben beim Gefäßbündel beschrieben sind. Die relativen Mengen dieser Bestandteile sind bei verschiedenen Hölzern verschieden. Gewöhnlich bilden die Holzfasern die Hauptmasse des Holzes. Holz

39. Die bei den Gymnospermen und Dicotylen aus dem Cambium im Laufe mehrerer Jahre entstandene Holzmasse ist aus konzentrischen Schichten zusammengesetzt, die auf dem Querschnitt als Ringe erscheinen und, weil jeder im Laufe eines Jahres entstand, Jahresringe genannt werden. Die scharfe Abgrenzung der Jahresringe voneinander ist durch die verschiedene mikroskopische Struktur der sich berührenden Teile zweier Jahresringe bedingt. Die innere Seite jedes Jahresringes besteht aus weniger dichtem Frühlingsholz, die Außenseite aus dichterem Herbstholz. Das Frühlingsholz ist deshalb weniger dicht, weil es aus weiteren und dünnwandigeren Zellen als das Herbstholz besteht und bei den Dicotylen auch reich an großen Gefäßen ist. Die Jahresringe werden durch die von der Rinde gegen das Mark verlaufenden Markstrahlen durchschnitten, welche die Form schmaler in das Holz hineingehender Bänder besitzen. (Taf. 6 Fig. 2) Sie bestehen aus Parenchym und sind die Wege, auf denen Nährstoffe in den Holzkörper aus- und einwandern. Jahresringe

40. Bei älteren Stämmen und Ästen unterscheidet man technisch Splint und Kernholz. Der Splint ist das wasserreichere, jüngere unter der Rinde liegende Holz und umfaßt nur zwei oder mehrere Jahresringe, während die ganze ältere Holzmasse Kernholz ist. Zuweilen, aber nicht immer, ist das Kernholz von dunklerer Farbe als der Splint. Nur der Splint allein dient Splint und Kernholz

der physiologisch wichtigsten Aufgabe des Holzes: der Wasserbewegung; dagegen wird nur das Kernholz technisch benutzt.

Rinde

41. Die sekundäre Rinde wird aus dünnwandigem Parenchym, aus Siebröhren und oft aus Bastfasern gebildet, welche aus dem Cambium schichten- und bündelweise hervorgehen.

Periderm und Borke

42. Die Veränderungen, welche die Rinde während des nachträglichen Dickenwachstums erleidet, sind die Periderm- und Borkenbildung.

43. Periderm ist eine aus Korkzellen bestehende, in sich zusammenhängende Gewebeschicht, welche nahe der Peripherie der Sproßachsen und Wurzeln in der Rinde auftritt. Gewöhnlich ist die Peridermhülle nur dünn, bei der Korkeiche ist sie mehrere Zentimeter dick und wird bekanntlich technisch (Flaschenkork usw.) benutzt. Das Periderm nimmt seinen Anfang durch Anlegung eines dem Cambium ähnlichen Gewebes, des Korkcambiums oder Phellogens. Das Phellogen tritt entweder in der Epidermis oder in tiefer liegendem Rindengewebe auf.

44. Die Borke entsteht dadurch, daß unter der ersten Peridermschicht wiederholt neue Schichten von Korkgewebe auftreten. Durch die für Gewebesäfte undurchlässigen Korkschichten wird die Wasser- und Nahrungszufuhr von allen außerhalb der jüngsten Korkschicht liegenden Geweben abgeschnitten, sie sterben ab und blättern sich allmählich ab (Ringelborke, Schuppenborke) oder bilden einen festen rissigen Panzer um den Holzstamm.

45. Auf der Oberfläche ein- oder mehrjähriger Stämme und Äste vieler Pflanzen treten während der Peridermbildung warzenförmige Erhöhungen auf, Lenticellen oder Korkwarzen. Sie scheinen bei älteren, verholzten Organen die Stelle der Spaltöffnungen zu vertreten.

Dickenwachstum der Wurzeln

46. Das Dickenwachstum der Wurzeln der Dicotylen und Gymnospermen ist im wesentlichen von dem der Sprosse nicht verschieden. Auch die Wurzeln der Bäume verholzen und bilden wenn auch weniger breite Jahresringe; sie enthalten oft zahlreichere oder weitere Gefäße. Bei vielen dicken, rübenförmigen Wurzeln, z. B. dem Rettich, der Wasserrübe u. a., unterbleibt aber die Verholzung der vom Cambium gebildeten sekundären Gewebemassen. Derartige Wurzeln besitzen dann, obgleich das Dickenwachstum im wesentlichen wie bei anderen Wurzeln verläuft, ein saftiges (eßbares) Gewebe.

Anomales Dickenwachstum

47. Bei einer kleinen Anzahl von Gymnospermen und Dicotylen (Cycadeen, Chenopodiaceen, Amarantaceen, Nyctagineen u. a.) findet das Dickenwachstum in abweichender (anomaler) Weise statt. Am auffallendsten bei tropischen Lianen, welche mehrere Holzkörper bilden.

48. Bei der größeren Zahl der Monocotylen haben die Stämme kein sekundäres Dickenwachstum. Eine Ausnahme machen die baumartigen Liliaceen (Yucca, Dracaena u. a.). Das Dickenwachstum wird bei diesen Pflanzen jedoch nicht durch einen gewöhnlichen Cambiumzylinder bewirkt, welcher nach außen sekundäre Rinde, nach innen Holz abscheidet, sondern ein nahe der Oberfläche des Stammes wiederholt auftretender Cambiumring erzeugt stetig ganze Gefäßbündel und Sklerenchymstränge, so daß sich nicht bloß, wie bei Dicotylen und Gymnospermen, der Umfang der Gefäßbündel, sondern die Zahl derselben vermehrt.

Milchröhren u. Exkretbehälter

49. Bei vielen Pflanzen treten zu den genannten drei Gewebesystemen noch die Milchröhren und Exkretbehälter hinzu, welche sich bei den

einen im Grundgewebe, bei anderen in der Epidermis oder endlich auch im Gefäßbündelsystem ausbilden können.

50. Die Milchröhren sind entweder gegliederte oder ungegliederte. Die gegliederten Milchröhren, welche bei den Cichoriaceen, Papaveraceen, Campanulaceen usw. vorkommen, bilden sich durch Resorption der Querwände von Zellreihen, wodurch ein Rohr entsteht. Diese Milchröhren bilden auch seitliche Ausstülpungen und treten mit benachbarten in Verbindung, so daß ein kompliziertes netzartiges System entsteht. Die ungegliederten Milchröhren der Euphorbiaceen, Asclepiadaceen und Ficusarten entstehen nicht durch Zellfusion, sondern dadurch, daß einzelne Zellen des Embryos mit der Pflanze zu langen Schläuchen heranwachsen und sich vielfach zwischen dem Gewebe verzweigen. Der Inhalt der Milchröhren, der Milchsaft, ist eine Emulsion und enthält in geringeren Mengen Eiweißstoffe, Kohlenhydrate, Fette, Enzyme, in größeren Mengen Degradationsprodukte des Stoffwechsels (Harze, Kautschuk, Gummi, Alkaloide). Der Milchsaft ist gewöhnlich weiß, zuweilen gefärbt (Chelidonium).

51. Die Exkretbehälter besitzen sehr verschiedene Formen und Entstehungsweise (lysigene und schizogene Exkretbehälter). In manchen Fällen sind es Exkretschläuche mit verschiedenem Inhalt (Gerbstoffschläuche von Sambucus nigra, Milchsaftschläuche in den Zwiebelschalen der Alliumarten). Harz- und Gummigänge sind Exkretbehälter, welche, durch Auseinanderweichen benachbarter Zellen entstanden, also eigentlich Intercellularräume sind. Sie finden sich bei den Cycadeen, Marattiaceen, Araliaceen usw., wo sie Gummischleim, bei den Coniferen, Umbelliferen u. a., wo sie ein Gemenge von Harz und ätherischem Öl enthalten. Innere Drüsen nennt man unter der Epidermis liegende Exkretbehälter, welche ätherisches Öl enthalten. Sie sind mit bloßem Auge im Gewebe mancher Blätter (Zitrone, Orange, Hypericum) als durchsichtige Punkte wahrzunehmen. Sehr groß sind die Öldrüsen in den Fruchtschalen der Orangen. Zu den Exkretbehältern gehören auch die Kristallschläuche, in denen oxalsaurer Kalk in Form von Einzelkristallen, Drusen oder Raphidenbündeln als Auswurfsstoff abgelagert ist. Seltener findet sich kohlensaurer Kalk als Ausscheidungsprodukt. Er findet sich in den Epidermiszellen mancher Pflanzen in Form traubenförmiger Körper (Cystolithen). Sie sind in den Blättern von Ficus elastica (Gummibaum) besonders schön ausgebildet und bestehen aus einem gestielten Celluloseskelett, in welches das Calciumkarbonat eingelagert ist.

Physiologie.

1. Das Leben der Pflanzen äußert sich in Erfüllung verschiedener Funktionen oder Aufgaben. Die Pflanze nimmt 1) für ihre Existenz aus ihrer Umgebung Stoffe auf, erzeugt aus einem Teil derselben durch Synthese neue Verbindungen und setzt sie im Stoffwechsel um (Ernährung und Atmung); 2) sie verändert, von einer Keimzelle anfangend, ihre Gestalt und ihr Volumen (Wachstum); 3) sie bringt ihre Organe in eine zu den äußeren Bedingungen passende Lage (Bewegungsvermögen); 4) sie erzeugt, da ihre Lebensdauer begrenzt ist, Individuen gleicher Art als Nachkommen

(Fortpflanzung). Die Wissenschaft über die pflanzlichen Lebenserscheinungen betrachtet daher zweckmäßig diese Funktionen in getrennten Kapiteln als Ernährung und Atmung, Wachstum, Bewegungsvermögen, Fortpflanzung.

2. Alle Lebenserscheinungen gehen vom lebendigen Protoplasma aus, wo dieses fehlt oder abgestorben ist, finden keine Lebensvorgänge mehr statt.

3. Die Lebenserscheinungen sind das Resultat chemischer und physikalischer Prozesse, d. h. wir finden die Gesetze für ihre Erklärung in der Chemie und Physik. Als Methode der Untersuchung dient vorwiegend das Experiment. Aber eine Erklärung gelingt heute nur zum Teil mit Hilfe der chemisch-physikalischen Kräfte, und deshalb erscheinen die physiologischen Vorgänge noch vielfach rätselhaft, z. B. die Fortpflanzung u. a. Trotzdem wäre es falsch, bei diesen Prozessen ohne weiteres eine besondere „Lebenskraft" oder dergl. anzunehmen, was keine Erklärung, sondern nur eine Selbsttäuschung wäre.

4. Die Lebenserscheinungen im allgemeinen kommen also zustande durch Einwirkung von Kräften (Energieformen) auf das Protoplasma unter Vermittelung der in der Organographie und Anatomie geschilderten Einrichtungen.

5. Man bezeichnet die äußeren Kräfte und Umstände als Lebensbedingungen. Diese sind 1) Nährstoff- und Sauerstoffzufuhr, 2) Wasser, 3) Wärme, 4) Licht, 5) Schwerkraft.

6. Von diesen sind Sauerstoff und Wärme die allgemeinsten Lebensbedingungen. Bei dauernder Entziehung des Sauerstoffs hören alle Lebensregungen für immer auf. Nur einige Bacterien können bei Sauerstoffmangel leben. Ebenso ist für alle Lebensvorgänge eine gewisse Temperatur über 0° (Minimum) nötig. Die günstigste Temperatur für die meisten Lebensprozesse (Optimum) liegt zwischen 25° und 35° C. Bei höheren Temperaturen sinkt die Lebensenergie und erlischt bei ca. 55° (Maximum). Wasserfreie Pflanzenteile, z. B. trockene Samen, Sporen und sog. thermophile Pflanzen, können noch höhere Temperaturen ohne Schaden ertragen. Wasserhaltige Pflanzenteile, unter 0° abgekühlt, erfrieren durch Eisbildung in den Zellen. Doch ertragen arktische Pflanzen Temperaturen tief unter 0°, ohne zu erfrieren, was noch der Erklärung harrt. Trockene Pflanzenteile, z. B. trockene Samen und Sporen, ertragen Temperaturen weit unter Null ohne Schaden.

Die Ernährung.

Bestandteile der Pflanzen

1. Ernährung ist Vermehrung der Trockensubstanz.

2. Die Körpersubstanz der Pflanzen besteht aus festen Stoffen und Wasser. Das Wasser macht bei holzigen Pflanzenteilen ca. die Hälfte, bei den meisten saftigen $^3/_4$ und mehr des ganzen Gewichts aus, überwiegt also meist die Trockensubstanz bedeutend. Die feste Pflanzensubstanz bei 100° getrocknet (Trockensubstanz genannt) ist zum größten Teil organische Substanz (Kohlenstoffverbindungen), zum kleinern Teil anorganische Substanz (Mineralbestandteile), welche bei der Verbrennung als Asche zurückbleibt.

Nährstoffe

3. Die organische Substanz besteht aus den Elementen Kohlenstoff, Wasserstoff, Sauerstoff, Stickstoff, Schwefel und Phosphor, die

Asche kann verschieden zusammengesetzt sein, enthält aber als wesentliche Elemente **Kalium, Calcium, Magnesium, Eisen, Schwefel** und **Phosphor**. Alle genannten Elemente werden deshalb als Nährstoffe bezeichnet, weil das Experiment bestätigt hat, daß keines derselben für das Gedeihen einer grünen Pflanze entbehrt werden kann. Die Nährstoffe können natürlich nicht in elementarer Form aufgenommen werden, sondern die Pflanzen nehmen sie in Form einfacher, natürlich vorkommender Verbindungen auf. Diese sind: **Kohlensäure, Wasser, salpetersaure, phosphorsaure** und **schwefelsaure Salze** des **Kaliums, Calciums, Magnesiums** und **Eisens**.

4. Die Pflanzen nehmen in der Regel noch andere Stoffe auf, welche aber keine Nährstoffe sind, weil eine Pflanze auch ohne sie gedeiht, z. B. kommt in den meisten Pflanzen (besonders reichlich bei Equiseten, Gramineen) Kieselsäure vor. Sie ist aber für die Ernährung vollkommen entbehrlich, weil diese Pflanzen ohne Kieselsäure ebensogut fortkommen, was man durch die künstliche Ernährung festgestellt hat. Es ist aber möglich, daß die Kieselsäure, welche in den Zellwänden abgeschieden wird, als eine nützliche Gerüstsubstanz anzusehen ist. Bemerkenswert ist auch der große Kieselgehalt der Diatomen. Auch andere Elemente findet man zuweilen in Pflanzen: Natrium, Kupfer, Blei, Zink, Kobalt, Nickel, Chlor, Jod (bei Meeresalgen) usw., doch sind dies keine Nährstoffe, sondern nur zufällige Bestandteile der Asche.

5. Von den Nährstoffen nimmt die Pflanze die Kohlensäure (Kohlendioxyd) aus der atmosphärischen **Luft**. Die Luft enthält in 10000 Teilen zwischen 3 und 4 Teilen (im Mittel 0,03 %) Kohlensäure. Herkunft der Nährstoffe

6. Die Kohlensäure wird durch die grünen Organe, in der Regel durch Blätter aufgenommen. Mit der Wurzel nimmt die Pflanze **keine Kohlensäure** auf.

7. Alle anderen Nährstoffe, also das Wasser und die Salze, nehmen die Pflanzen mit ihren Wurzeln aus dem Boden auf. Die Salze finden sich im Boden absorbiert, indem sie in fester Form aus dem Bodenwasser auf der Oberfläche der Bodenpartikel sich niederschlagen und erst von den Wurzelhaaren wieder aufgelöst werden.

8. Der atmosphärischen Kohlensäure entnimmt die Pflanze den **Kohlenstoff** zur Erzeugung ihrer organischen Substanz, denn alle organische Substanz enthält Kohlenstoff, und ungefähr die Hälfte der trockenen Pflanzensubstanz besteht aus Kohlenstoff. Das Kohlendioxyd kann nicht durch andere Kohlenstoffverbindungen, auch nicht durch Kohlenoxyd ersetzt werden. Bedeutung d. Nährstoffe

9. Die organische Substanz enthält außer Kohlenstoff auch **Wasserstoff** und **Sauerstoff**, und diese Elemente stammen aus dem Wasser, welches die Pflanze aufnimmt.

10. Ein Teil der Pflanzensubstanz (Eiweißstoffe, Alkaloide, Nucleïne, Lecithine) enthält Stickstoff, Schwefel und Phosphor.

11. Der zur Erzeugung der Eiweißstoffe nötige **Stickstoff** stammt aus dem von der Pflanze aus dem Boden aufgenommenen Salpeter. Den freien Stickstoff der Atmosphäre können die allermeisten Pflanzen **nicht** für ihre Ernährung benützen. Nur die Leguminosen besitzen die Eigenschaft, den freien Stickstoff der Luft unter **Mithilfe von Bodenbacterien**

(Nitrobacterien) sich nutzbar zu machen. Doch ist diese Tatsache theoretisch noch nicht vollständig aufgeklärt. Sicher ist, daß die Bacterien des Bodens an den Wurzeln der Leguminosen, durch die Wurzelhaare eindringend, Wucherungen (Wurzelknöllchen) erzeugen, in denen sie leben, und daß sie dabei den freien Stickstoff der in den Boden gedrungenen Luft in eine Verbindung überführen, die von den Leguminosen zur Ernährung benutzt werden kann (*Hellriegel, Frank, Winogradsky* u. a.). Vielleicht haben die Mycorrhizen eine ähnliche Bedeutung. (S. 76) Schwefel und den für die Produktion einiger Substanzen (der Zellkernsubstanz, des Nucleïns) nötigen Phosphor entzieht die Pflanze den schwefelsauren und phosphorsauren Salzen.

12. Das Kalium, Calcium und Magnesium der Nährsalze dienen nicht zum Aufbau der organischen Substanz, sie sind aber unentbehrlich für den Prozeß der Ernährung. Fehlt einer der Stoffe, so hört die Ernährung auf. Mg, Ka und Ca sind auch für alle niedern Organismen (Algen Pilze) unentbehrlich. Sie können auch nicht durch chemisch verwandte Elemente ersetzt werden. Das Eisen ist, obgleich die Pflanze nur geringe Mengen desselben bedarf, ebenfalls unentbehrlich für grüne Pflanzen. Das Eisen hat eine noch unbekannte Bedeutung für die Chlorophyllbildung. Ohne Eisen werden die Blätter nicht grün, die Pflanzen werden bleichsüchtig (chlorotisch). Läßt man eine chlorotische Pflanze eine sehr verdünnte Lösung eines Eisensalzes aufnehmen, so werden die Blätter wieder grün.

13. Das gesamte Nährmaterial der Pflanzen wurde vorwiegend durch die Methode der künstlichen Ernährung in wässerigen Lösungen (kurz „Wasserkultur" genannt) festgestellt.

14. Die von den Blättern aufgenommene Kohlensäure wird unter Mitwirkung des Lichtes in den grünen Blättern zersetzt. Das Sonnenlicht liefert die für diesen chemischen Prozeß nötige Energie. Dabei wird ein der aufgenommenen Kohlensäure gleiches Volum Sauerstoff abgeschieden, während in den Chlorophyllkörnern aus dem Kohlenstoff und den Elementen des Wassers sich Zucker oder Stärke bildet. Die Stärke scheidet sich in den Chlorophyllkörnern in Form kleiner aber mit dem Mikroskop sichtbarer Körner aus. Der Stärkegehalt der ganzen Blätter läßt sich auch schön nachweisen, indem man den Chlorophyllfarbstoff mit Alkohol auszieht und die entfärbten Blätter mit Jodlösung behandelt. Sie nehmen dann, je nach der vorhandenen Stärkemenge, eine blauviolette oder blauschwarze Farbe an. Ein Quadratmeter Blattfläche bildet im Mittel in den 15 Stunden des Sommertages bei uns 25 Gramm Stärke. Die Dicotylen bilden in der weitaus größten Menge in ihren Blättern Stärke. Bei sehr vielen Monocotylen findet man dagegen keine Stärke in den Chlorophyllkörnern, da der gebildete Zucker nicht erst in Stärke umgewandelt, sondern als solcher aus den Blättern abgeführt wird.

In einer Formengleichung läßt sich der Vorgang der Photosynthese folgendermaßen darstellen:

$$6\,CO_2 + 6\,H_2O = \text{Zucker}\ (C_6H_{12}O_6) + 6\,O_2$$
$$6\,CO_2 + 5\,H_2O = \text{Stärke}\ (C_6H_{10}O_5) + 6\,O_2.$$

In welcher Weise die Reduktion des Kohlendioxyds beginnt, ist unbekannt, die Bildung von CO ist ausgeschlossen, vielleicht entsteht aus CO_2 und H_2O zunächst Formaldehyd COH_2, der dann zu Zucker polymerisiert wird.

15. Dieser Prozeß, entdeckt 1779 von *Ingenhousz,* begründet von *Th. de Saussure* 1804, *Sachs* u. a. und Assimilation, besser Photosynthese genannt, findet nur dann statt, wenn die Blätter vom Tageslicht getroffen werden.

16. Nur in chlorophyllhaltigen Organen und Geweben kann Photosynthese stattfinden. es sind also die Blätter und andere chlorophyllhaltige Organe die wichtigsten Ernährungsorgane der Pflanzen. In Pflanzenteilen, welche kein Chlorophyll enthalten, kann keine Stärke oder Zucker aus Kohlensäure und Wasser entstehen. Die Stärke, welche sich in chlorophyllfreien Geweben oft massenhaft vorfindet, ist aus den chlorophyllhaltigen Organen dorthin gewandert. Sie wird hier durch Vermittelung von protoplasmatischen Stärkebildnern (Leukoplasten) abgeschieden.

17. Das Licht ist für die Photosynthese ein unbedingtes Erfordernis. Es muß jedoch hinreichend intensiv, entweder direktes Sonnenlicht oder helles vom Himmel reflektiertes Tageslicht sein. Beispielsweise ist die Lichtmenge in einem Zimmer in weiterer Entfernung vom Fenster nicht mehr genügend für die Photosynthese. Notwendigkeit des Lichtes

18. Das Licht ist nicht nur für die Kohlensäurezersetzung selbst, sondern auch für die Bildung des Chlorophylls notwendig. Nur im Licht bilden die Blätter Chlorophyll. In der Dunkelheit bleiben sie gelb. Eine Ausnahme von dieser ganz allgemeinen Regel machen die Keimpflanzen der Coniferen, welche auch in völliger Dunkelheit Chlorophyll bilden können.

19. Von den verschiedenfarbigen Strahlen, welche das weiße Licht enthält, sind nicht alle gleich wirksam bei der Kohlensäurezersetzung. Die stärker brechbaren (blauen und violetten) Strahlen bewirken nur in geringem Maße Assimilation. Dagegen kann eine Pflanze in den gemischten roten, orangen und gelben Strahlen fast ebensogut assimilieren wie im weißen Licht *(Sachs, Pfeffer).*

20. Damit die Salze, welche die Wurzel mit dem Wasser aus dem Boden aufnimmt, in die Blätter gelangen können, ist folgende Einrichtung getroffen. Die Blätter geben Wasserdampf an die Luft ab (sie transpirieren). Der Wasserverlust wird dadurch ersetzt, daß die Wurzeln aus dem Boden immer neues Wasser aufnehmen, welches in dem Stamme emporsteigt. In dem aufsteigenden Wasser sind die Nährsalze gelöst, allein in nur geringer Quantität (etwa 1 Teil auf 1000 Teile Wasser). Da aber in den Blättern nur das Wasser verdampft, während die Salze zurückbleiben, so findet eine allmähliche Ansammlung der letzteren in den Blättern statt. Ihre Menge kann oft noch 15% und mehr der Trockensubstanz des Blattes betragen. Transpiration

21. Das für den Transpirationsstrom nötige Wasser nehmen die Wurzeln der Landpflanzen aus dem Boden mit ihren Wurzelhaaren auf, welche dicht hinter der Wurzelspitze immer neu entstehen. Die älteren Wurzelteile sind für die Wasseraufnahme untauglich, da sie mit einer für Wasser undurchlässigen Korkschicht bedeckt sind; ebensowenig dient die von der Wurzelhaube bedeckte Spitze der Wurzel der Wasseraufsaugung. Die aus Oberflächenzellen entspringenden schlauchförmigen Wurzelhaare wachsen zwischen den Bodenpartikelchen hin und nehmen das im Boden kapillar und molekular festgehaltene Wasser auf. Auf diese Weise kann eine Pflanze einem scheinbar trockenen Boden noch Wasser entziehen. Die Wurzelhaare Aufnahme d. Wassers durch die Wurzeln

wirken dabei zugleich auflösend auf die Bodenbestandteile, indem sie eine Säure ausscheiden und unlösliche Mineralien löslich machen.

Strömung des Wassers im Holz

22. Der Wassertrom bewegt sich im Stamm der Dicotylen und Coniferen aufwärts durch den Holzkörper (*Hales* 1727); bei Pflanzen, welche keinen eigentlichen Holzkörper besitzen, durch die Gefäßbündel. Nur das junge Holz, der Splint, leitet das Wasser, während das alte Holz, das Kernholz, für die Wasserleitung unbrauchbar geworden ist. Daraus erklärt sich die Notwendigkeit einer stetigen Neubildung von Holz bei den Holzpflanzen.

23. Mit dem Holzkörper des Stammes stehen die Fibrovasalstränge in Verbindung, welche in die Blätter eintreten und sich zwischen dem chlorophyllhaltigen Blattgewebe aufs feinste verzweigen. Auf diese Weise kann der Wasserstrom vom Wurzelsystem bis in alle Teile der Blätter gelangen, indem die einzelnen Zellen das Wasser durch Diosmose aufnehmen.

24. Die Transpiration der Blätter wird reguliert durch die Spaltöffnungen, welche sich öffnen und schließen können und dadurch den Wasserdampf herauslassen oder zurückhalten. Die Spaltöffnungen öffnen sich bei heller Beleuchtung, schließen sich im Finstern oder im Schatten, daher wird auch die Transpiration durch Beleuchtung gesteigert, durch Beschattung vermindert. Andererseits wird auch durch höhere Lufttemperatur die Transpiration vermehrt, durch niedere Temperatur verlangsamt. So richtet sich die Stärke der Transpiration genau nach der ebenfalls mit Beleuchtung und Temperatur steigenden Photosynthese.

25. Es ist eine feststehende Tatsache, daß die Strömung des Wassers im Holze oder in Gefäßbündeln stattfindet. Welche Kräfte die Hebung des Wassers bewirken, ist noch unbekannt. Da das Wasser der Schwerkraft entgegenbewegt und bei den höchsten Bäumen auf Höhen von über 100 Meter gehoben werden muß, handelt es sich um ein schwieriges Problem. Bezüglich des Weges, welchen das Wasser im Holze oder in den Gefäßbündeln nimmt, geht die allgemeine Ansicht dahin, daß das Wasser sich in den Gefäßen der Gefäßbündel und in den Hohlräumen des Holzes bewegt, indem es von Holzzelle zu Holzzelle nach oben geleitet wird (*Hartig* u. a.). Was die Bewegungsursachen betrifft, so ist auch angenommen worden, daß die lebendigen Elemente des Holzes (Markstrahlzellen) durch osmotische Druckwirkungen das Wasser in den als Leitungsröhren dienenden Holzzellen und Gefäßen aufwärts drückten, doch stehen dieser Annahme Schwierigkeiten entgegen, da es an einer Einsicht in die Regulierung dieser Druckwirkungen fehlt. Eine neuere Theorie wird als Kohäsionstheorie bezeichnet und will die Hebung des Wassers durch die Transpiration selbst erklären. Durch die Verdunstung soll eine Saugung entstehen, die von den transpirierenden Organen ausgeht und, nach abwärts wirkend, das Wasser von unten nach oben saugt. Das wäre nur möglich, wenn die in einer Pflanze gehobene Wassermasse durch Kohäsion zusammenhielte und einen kontinuierlichen Strom bildete. Tatsächlich ergibt die Untersuchung der Wasserleitungselemente, daß sie keine kontinuierlichen Wasserfäden, sondern, wenn sie Wasser enthalten, durch Luftblasen unterbrochene Wasserfäden (Jaminsche Kette) enthalten. Diese Ketten wirken aber einer Saugung entgegen. Ferner besteht das Coniferenholz nur aus geschlossenen Tracheiden und besitzt keine Gefäße, kann also keine zusammenhängende Wassermasse enthalten.

26. Neben der Wasseraufnahme wird auch eine Ausscheidung flüssigen Wassers von Pflanzenorganen beobachtet, sie ist aber weniger verbreitet. An Blatträndern mancher Pflanzen erscheinen nach warmen Nächten bei genügender Luftfeuchtigkeit Wasserperlen, welche durch die Wurzeltätigkeit (Wurzeldruck) ausgepreßt werden. Die Ausscheidung von Wassertropfen erfolgt durch Wasserspalten oder drüsenähnliche Haare (Hydathoden). Wurzeldruck

27. Eine sehr auffallende Ausscheidung flüssigen Wassers, der aber eine physiologische Bedeutung nicht zukommt, läßt sich beobachten, wenn man starke Stauden dicht über dem Boden abschneidet. Nach einiger Zeit beginnt aus der Schnittfläche durch den Wurzeldruck (Blutungsdruck) die Ausscheidung flüssigen Wassers, welche tagelang andauert und ziemlich erheblich ist. Das Wasser tritt unter beträchtlichem Druck aus, welcher über einen Atmosphärendruck hinausgehen kann.

28. Außer den Kohlehydraten (Stärke oder Zucker), welche durch Photosynthese entstehen, erzeugen die Pflanzen Eiweißstoffe und Fette. Die Eiweißstoffe werden nicht direkt aus Kohlensäure und Wasser erzeugt, sondern entstehen durch Vereinigung von Kohlehydraten mit Stickstoff- und Schwefelverbindungen. Man kennt aber nichts Näheres über den Verlauf dieser Synthese. Möglicherweise werden zunächst Aminosäuren gebildet. Es ist vermutet worden, daß das Asparagin als Zwischenprodukt auftritt, aber der Chemismus der Eiweißbildung ist schon deshalb nicht vorzustellen, weil die Chemie der Eiweißstoffe noch in den Anfängen liegt. Die Fette entstehen durch Umwandlung von Kohlehydraten, z. B. von Stärke beim Reifen von Samen, welche anfangs Stärke, endlich Fett enthalten. Entstehung der Eiweißstoffe u. Fette

29. Die Bildung der Eiweißstoffe geht nicht wie die Photosynthese bloß in chlorophyllhaltigen Zellen vor sich, sondern kann in der ganzen Pflanze stattfinden. Vielleicht werden Eiweißstoffe in den Siebröhren gebildet, welche bekanntlich solche reichlich enthalten.

30. Da die Eiweißstoffe, Fette und andere Pflanzenstoffe, Zucker, Inulin, organische Säuren (und einige nicht der Ernährung dienende Stoffe, wie Gerbstoffe, Harze, Alkaloide) sich alle von der Stärke ableiten, so ist das Vorhandensein aller organischen Stoffe in der Pflanze auf die Tätigkeit des Chlorophylls zurückzuführen.

31. Die Kohlehydrate, Fette und Eiweißstoffe werden zum Aufbau der Organe, zur Bildung von Cellulosemembranen und Protoplasma verbraucht. Die Cellulose ist ein Kohlehydrat von derselben chemischen Zusammensetzung wie die Stärke, das Protoplasma besteht im wesentlichen aus Eiweißstoffen. Verwendung der Eiweißstoffe und Kohlehydrate

32. Die Eiweißstoffe und Kohlehydrate werden von den Orten ihrer Entstehung zu den Verbrauchsorten transportiert. Man nennt diese Vorgänge Stoffwanderung. Stärke und Eiweißstoffe wandern den wachsenden Knospen, Wurzeln, Blüten und Früchten oder den Reservestoffbehältern zu. Die Stoffwanderung ist ein verwickelter und noch nicht genügend aufgeklärter Vorgang. Stärke und Eiweißstoffe sind in Wasser unlöslich und müssen daher in der Zelle erst in lösliche Produkte umgewandelt werden, ehe sie dieselbe verlassen können. Die Lösungen müssen durch die Zellmembranen hindurch, und diese müssen daher imbibitionsfähig sein, was auch der Fall ist. Die Hauptschwierigkeit für das Verständnis der Stoffwanderung bietet aber die Protoplasmahaut, die den Protoplasten außen und Stoffwanderung

seine Vakuolenwände begrenzt. Sie ist für viele gelöste Stoffe nicht durchlässig. Es ist also schwer vorstellbar, wie solche Stoffe tatsächlich in die Zellen eindringen. Man hat angenommen, daß die Lösung nicht die Plasmahaut durchdringt, sondern die gelösten Moleküle zunächst von der Membran selbst absorbiert und von ihr nach innen abgegeben werden. Wenn die Osmose die Hauptrolle bei der Stoffwanderung spielt, so muß, um die Stoffe aufnehmen und abgeben zu können, auch der osmotische Zustand des Protoplasmas veränderlich sein. (S. 19)

Enzyme

33. Bei der Stoffwanderung treten nicht selten Enzymwirkungen auf, indem die Stoffe durch die Enzyme einerseits in Lösung, andererseits erst in eine für die Ernährung brauchbare (verdauliche) Form gebracht werden.

34. Durch diastatische Enzyme wird vielfach die Stärke bei ihrem Transport durch das Parenchym in Glukose oder Maltose umgewandelt. Die in Wasser lösliche Glukose und Maltose kann durch die geschlossenen Zellwände hindurchwandern, wird in der Zelle gewöhnlich wieder in körnige Stärke umgewandelt, und in dieser abwechselnden Auflösung und Wiederbildung wandert die Stärke von Zelle zu Zelle bis an den Verbrauchsort (transitorische Stärke). Nicht nur die in Wasser unlösliche Stärke unterliegt vor ihrem Transport der Enzymwirkung, auch an und für sich lösliche Kohlehydrate werden vor dem Transport durch Enzyme umgewandelt. Der Rohrzucker der Runkelrüben z. B. wird, vor dem Verbrauch durch die jungen Triebe, durch das invertierende Enzym in Glukose verwandelt. Auch das Inulin in den Knollen und ausdauernden Wurzelstöcken der Compositen wird, ehe es den wachsenden Organen zuströmt, in Glukose übergeführt.

35. Die Eiweißstoffe werden in manchen Fällen durch proteolytische Enzyme in einen ernährungsfähigen Zustand gebracht, z. B. scheiden die insektivoren Pflanzen in ihren Fangorganen sehr stark peptonisierende Enzyme aus. In der Regel unterliegen aber die Eiweißstoffe vor dem Transport einer tieferen Spaltung, wobei als besonders nachweisbares Produkt Asparagin auftritt. Das Asparagin ist als kristallisierbarer Stoff leicht diffusibel im Gegensatz zu den kolloidalen Eiweißstoffen, es kann leicht an die Verbrauchsorte für Eiweiß hintransportiert und dort wieder zu Eiweiß regeneriert werden. Die Asparaginbildung hat also vielleicht für den Transport der stickstoffhaltigen Substanzen eine ähnliche Bedeutung, wie die Zuckerbildung bei der Stärkewanderung *(Pfeffer)*. Peptonisierende Enzyme von starker Wirkung auf Fibrin, welche sich in den Milchsäften einiger Pflanzen, z. B. von Carica Papaya und des Feigenbaumes, Ficus Carica, finden, haben für die Ernährung keine Bedeutung, sie sind Exkrete, welche sich nur zufällig in diesen Milchsäften finden.

36. Die Stoffwanderung findet bei den höher organisierten Pflanzen in besonderen Gewebeformen statt. Die Stärke wandert in den Parenchymzellen, welche die Fibrovasalstränge umgeben. Größere Mengen von Eiweißstoffen wandern vorwiegend in den Siebröhren. Einige Pflanzen besitzen Milchsaft, ein emulsionsartiges Gemenge verschiedener Stoffe, welches in den Milchröhren fortbewegt wird. Der Milchsaft enthält Eiweißstoffe, Kohlehydrate, Fette, daneben in größerer Menge für die Ernährung unbrauchbare Exkrete: Kautschuk, Harze, Alkaloide u. v. a., so daß also die Milchröhren wahrscheinlich als Exkretbehälter zu betrachten sind.

37. Die Stoffwanderung findet während der ganzen Wachstumdauer der Pflanze statt. Ganz besonders macht sie sich in solchen Lebensphasen bemerkbar, in denen eine lebhafte Neubildung von Organen oder eine Ablagerung der Assimilationsprodukte in Reservestoffbehältern stattfindet.

38. Man nennt die Samen, Knollen, Zwiebeln und ähnliche Organe Reservestoffbehälter Reservestoffbehälter, weil in ihnen die organischen Nährstoffe, welche die Pflanze im Laufe des Sommers erzeugte (Stärke, Zucker, Inulin, Fett), aufgespeichert und als Reserve für die nächste Vegetationsperiode aufbewahrt werden.

39. In einem Samen ist, umschlossen von der Samenschale, der Keim (Embryo) enthalten, welcher gewöhnlich von einem nicht zum Embryo gehörigen Gewebe, dem Endosperm, umgeben ist. Das Endosperm ist mit Nährstoffen (Stärke, Fett oder Cellulose) angefüllt. Bei vielen anderen Pflanzen enthält der Same kein Endosperm, sondern der Keim füllt den Raum der Samenschale vollständig aus. Die Reservestoffe sind in diesem Fall in den fleischigen Cotyledonen des Embryo selbst aufgespeichert. Beispiele für den ersten Fall sind die Samen des Leins, von Ricinus, der Gräser u. a., für den zweiten die Samen der Hülsenfrüchte, der Eiche, Roßkastanie u. a.

40. Wenn ein Same keimt, so tritt zuerst die Wurzel aus der zersprengten Keimung Samenschale heraus und dringt senkrecht in den Boden ein. (Taf. 7 Fig. 1) Die Cotyledonen bleiben noch im Endosperm stecken und führen die Reservestoffe in die Keimpflanze über. Erst wenn das Endosperm ausgesogen ist, werden durch eine Streckung des die Keimblätter tragenden Hypocotyls die Cotyledonen aus der entleerten Samenschale herausgezogen und erheben sich über die Erde. Bei einigen Pflanzen, z. B. Leguminosen, streckt sich der Hypocotyl nicht, die Cotyledonen bleiben unterirdisch. Dann ist der oberirdisch erscheinende Stengel der epicotyle erste Sproß und trägt keine Cotyledonen, sondern die ersten Laubblätter (wie bei Fig. 3). Bei den Samen ohne Endosperm wandern die Reservestoffe aus den Cotyledonen in die Keimpflanze; die Cotyledonen werden entleert, schrumpfen dabei zusammen und sterben ab, oder sie entfalten sich, nachdem sie entleert sind, über dem Boden, werden grün und dienen noch eine Zeitlang als erste Assimilationsorgane.

41. Wenn im Frühjahr eine Wurzel, ein Rhizom, eine Zwiebel oder eine Knolle (z. B. Kartoffel, Rübe, Küchenzwiebel), welche im Boden den Winter über im Ruhezustande verharrten, neue Triebe und Wurzeln erzeugen, so wandern ebenfalls die Reservestoffe in die sich bildenden Organe ein, wobei der Reservestoffbehälter entleert wird.

42. Bei den Pflanzen mit oberirdischem, holzigem Stamm (bei den Holzpflanzen) werden die Reservestoffe den Winter über in der Rinde und in den Holzparenchymzellen aufbewahrt, so daß im Winter das Holz reichlich Stärke oder bei manchen Bäumen Fett enthält. Wenn nach der Winterruhe die Knospen sich entfalten, wandern die Reservestoffe aus Holz und Rinde in die wachsenden Organe.

43. Alle Ernährungsvorgänge, welche auf die Photosynthese folgen, faßt Stoffwechsel man unter dem Namen Stoffwechsel zusammen. Schließlich kann der Stoffwechsel wieder zur Zerlegung der Pflanzensubstanz in Kohlensäure und Wasser zurückführen. Das geschieht aber nur zum kleinsten Teil. Die Stoffwechselprozesse verlaufen meistens so, daß auch feste und flüssige End-

produkte (Degradationsprodukte) entstehen. Da sie nicht aus der Pflanze herausgeschafft werden können, so bleiben sie in den Geweben liegen, werden aber in der Regel in besonders geformten Behältern (Exkretbehältern) ausgeschieden. Gewisse Unterschiede im Stoffwechsel der verschiedenen Pflanzenarten bedingen, daß diese Endprodukte verschiedener Art sind. Es gehören dazu die organischen Säuren (besonders Oxalsäure, die an Kalk gebunden wird), Gerbstoffe, Farbstoffe, Glykoside, Bitterstoffe, Alkaloide, Harze und Gummiharze, ätherische Öle, Kautschuk usw. Für das Leben der Pflanze kommen nur wenige dieser Stoffe noch wieder zur beschränkten Verwendung, die meisten sind für sie nutzlos (Exkrete). Für die menschliche Kultur sind dagegen bekanntlich gerade diese Degradationsprodukte von Wert.

Chlorophylllose Pflanzen

44. Im Gegensatze zu den chlorophyllhaltigen Pflanzen, welche nur anorganische Stoffe als Nährstoffe aufnehmen, bedürfen alle chlorophyllosen Pflanzen notwendig organischer Nährsubstanzen. Es scheint, daß einige Bacterien (Nitrobacterien, Schwefelbacterien u. a.) imstande sind, Karbonaten den Kohlenstoff für ihre Zellen zu entziehen, und ohne Mitwirkung von Chlorophyll und Licht organische Substanzen erzeugen können. Diese Produktion ist jedoch minimal und der Vorgang noch nicht aufgeklärt. Jedenfalls ist der Prozeß von der Photosynthese ganz verschieden.

Saprophyten und Parasiten

45. Die chlorophyllfreien Pflanzen benutzen als Nahrung entweder die animalische oder vegetabilische Substanz von Tier- und Pflanzenleichen (man nennt sie dann Saprophyten), oder sie leben auf oder in dem Körper lebender Tiere und Pflanzen (Parasiten). Ernährungsphysiologisch ist jedoch kein Unterschied in der Ernährung der Saprophyten und Parasiten vorhanden.

46. Saprophyten und Parasiten gibt es sowohl unter den Blütenpflanzen wie unter den niederen Pflanzen. Zu den Dicotylen gehörige Parasiten sind z. B. die Cuscutaarten, welche auf Nesseln, Hopfen, Hanf, Lein, Klee und anderen Kräutern leben, die Orobanchen, welche auf den Wurzeln von Rotklee, Hanf, Tabak u. a. schmarotzen. Die bekanntesten Saprophyten und Parasiten unter den niederen Pflanzen sind die Pilze.

47. Außer organischen Nährstoffen brauchen die chlorophyllosen Pflanzen, wie die übrigen, mineralische Substanzen, welche sie, wie die chlorophyllhaltigen Pflanzen, anorganischen Salzen entnehmen, die das Substrat enthält.

48. Der Parasit, welcher auf einer Nährpflanze schmarotzt, vereinigt sich mit derselben gewöhnlich durch wurzelartige Organe (Haustorien), mit denen er in das Gewebe der Nährpflanze eindringt und mit ihrer Hilfe dem Wirte seine Nahrung entzieht. Der ganze Modus der Nahrungsaufnahme der Parasiten hat die größte Ähnlichkeit mit der Ernährung der Keimpflanze, welche die im Endosperm aufgespeicherten organischen Nährstoffe ebenfalls durch Saugorgane, als welche gewöhnlich die Keimblätter fungieren, aufnimmt.

49. Die Pilze zeichnen sich unter den Parasiten besonders dadurch aus, daß sie ihren Substraten nicht nur die nötige Nahrungsmenge entziehen, sondern außerdem weitgreifende Zersetzungen und Zerstörungen des Nährsubstrats bewirken, wodurch sie zu Erregern der Fäulnis und Gärung werden (Bacterien, Hefe und Baumpilze).

Insektivoren

50. Ganz ähnlich wie die Aufnahme organischer Nahrung durch die

Schmarotzer ist auch die Insektenverdauung der sogenannten insektivoren Pflanzen. Dieselben besitzen zwar chlorophyllhaltige Blätter, mit denen sie sich ernähren können, sind aber mit sehr komplizierten häufig reizbaren Organen (Fangeinrichtungen) begabt, welche bei der Berührung durch ein Insekt dasselbe in verschiedener Weise festhalten oder ergreifen. Der Insektenkörper wird durch ein von den Pflanzen ausgeschiedenes Sekret, welches ein peptonisierendes Enzym enthält und außerdem nach der Reizung sauer wird, verdaut. Auf diese Weise verschaffen sich die Insektivoren die örtlich im Boden fehlende stickstoffhaltige Nahrung.

51. In allen lebenden Pflanzen findet ein Verbrennungsprozeß, die Atmung, statt, welche ebenso wie bei den Tieren in der Aufnahme von Sauerstoff und in der Abgabe der durch Oxydation kohlenstoffhaltiger Pflanzensubstanz entstandenen Kohlensäure besteht. Kohlensäure und Wasser sind die Hauptprodukte der Atmung, es entstehen jedoch meistens noch andere Produkte, z. B. organische Säuren (Oxalsäure). Die Atmung ist demnach ein der Photosynthese gerade entgegengesetzter chemischer Vorgang, der einen Stoffverlust bedeutet. Der Veratmung unterliegen in erster Linie Kohlehydrate und Fette. Nur die niedersten Organismen (Gärungserreger, Schwefelbacterien, Nitrobacterien u. a.) zerlegen bei ihrer Atmung andere Stoffe und liefern dementsprechend auch andere Produkte der Atmung. Atmung

52. Alle Pflanzenteile atmen, besonders solche Organe, welche in lebhafter Entwicklung begriffen sind, z. B. keimende Samen, Knospen, die sich entfalten, Blüten. Auch die grünen Pflanzenteile, die Blätter, atmen, nur entzieht sich während der Beleuchtung die Atmung grüner Pflanzenteile der Wahrnehmung, weil die Kohlensäureaufnahme für die Assimilation die Kohlensäureabgabe durch Atmung überwiegt. Die Atmung grüner Pflanzen tritt deshalb besonders im Dunkeln deutlich hervor, wo gar keine Assimilation stattfindet. Vollständig trockene Samen atmen in kaum nachweisbarem Grade.

53. Die Atmung wird mit dem Steigen der Temperatur beschleunigt. Bei 0° ist sie sehr gering und nimmt mit der Steigerung aller Lebenstätigkeiten bei Erhöhung der Temperatur zu.

54. Bei der Atmung der Pflanzenteile wird Wärme frei, was man mit den nötigen Vorsichtsmaßregeln durch das Thermometer nachweisen kann. Bei keimenden Samen kann man eine Temperaturerhöhung von 1—2° C und mehr beobachten. Erheblicher ist die Temperaturerhöhung bei manchen Blüten, besonders bei den Blütenkolben der Aroideen, wo dieselbe 10 bis 15° C mehr als die Lufttemperatur betragen kann. Auch manche Bacterien können reichlich Wärme erzeugen und die Substrate, auf denen sie leben (Heu, Baumwolle), so erhitzen, daß sogen. Selbstentzündung eintritt.

55. Die Atmung ist für den Verlauf aller Lebensvorgänge der Pflanze ein unbedingtes Erfordernis. Wird die Atmung durch Verhinderung der Sauerstoffzufuhr gehemmt, so hören alle Lebenserscheinungen auf. Das Wachstum steht still, die Strömung des Protoplasmas hört auf, die Bewegungen reizbarer Organe finden nicht mehr statt. Durch Sauerstoffzufuhr kann die Lebenstätigkeit zurückkehren, wenn die Unterbrechung der Atmung nur kurze Zeit dauerte. Bei längerer Hemmung der Atmung geht die Pflanze so gut wie ein Tier zugrunde. Nur einige Bacterien machen davon eine Ausnahme. Sie können längere Zeit, manche sogar ganz ohne Luftsauerstoff

leben. Man nennt sie daher Anaëroben im Gegensatz zu anderen, sauerstoffbedürftigen (aëroben) Mikroorganismen.

56. Die Atmung bedeutet für die Pflanzen eine Energiequelle, indem durch Zerlegung organischer Substanz chemische Energie entbunden und Betriebskraft zur Unterhaltung von Lebensvorgängen gewonnen wird. Es wird aber zweifellos nicht alle Energie durch die Atmung allein gewonnen. Ferner fragt es sich, ob Atmung eine durch bloßes Zuströmen des Sauerstoffs bewirkte Oxydation sei. Es können im Protoplasma atmender Pflanzenteile noch unbekannte chemische Prozesse vor sich gehen, die den primären Anstoß zur Atmung bilden. Für die Theorie der Atmung ist die intramolekulare Atmung von Wichtigkeit geworden *(Pfeffer)*. Die intramolekulare Atmung ist eine bei Pflanzen beobachtete Oxydation von Kohlenstoffverbindungen unter Sauerstoffabspaltung aus der eigenen Körpersubstanz, wodurch sauerstoffarme Verbindungen entstehen, die eine Regeneration verlangen. Diese Regeneration kann durch den Luftsauerstoff besorgt werden, und es scheint, daß die intramolekulare Atmung den Anstoß zur Sauerstoffatmung bildet. Unter normalen Bedingungen bemerkt man die intramolekulare oder innere Atmung nicht. Sie tritt erst hervor, wenn man Pflanzen in sauerstoffreiem Raume beobachtet. Auch bei der intramolekularen Atmung entstehen Kohlensäure und Wasser, daneben auch Alkohol, Säuren, Benzolverbindungen. Wenn man die Atmung nicht bloß chemisch als eine Art Oxydation betrachtet, sondern ihre physiologische Bedeutung als Energiequelle hervorhebt, dann kann man auch die Erscheinungen der Gärung der Atmung vergleichen. Bei der durch Pilze und Mikroorganismen veranlaßten Zersetzung des Nährsubstrats, die wir als Gärungen bezeichnen, wird ebenfalls Energie für den Lebensprozeß dieser Organismen gewonnen, da die Produkte der Gärung ebenfalls eine geringere Verbrennungswärme besitzen als die veratmeten Stoffe.

Das Wachstum.

1. Wachstum ist die bleibende Vergrößerung und Gestaltveränderung der Organe. Das Wachstum darf daher nicht mit der Ernährung verwechselt werden, wie es häufig geschieht, denn es ist nicht immer mit Vermehrung des Trockengewichts verbunden. Wenn ein Same keimt, so wächst die Keimpflanze, aber das Gesamtgewicht des keimenden Samen nimmt ab. Ebenso kann eine grüne Pflanze, welche man ins Finstere stellt, wachsen, obgleich sie sich nicht ernähren kann.

2. Das Wachstum der Organe hat eine Grenze; nach einer gewissen Zeit sind die Organe ausgewachsen. An einer Pflanze finden sich daher immer 1) Teile, welche sich noch im embryonalen Zustand befinden, also die Vegetationspunkte an der Spitze der Sprosse und Wurzeln und in den Achseln der Blätter (innerhalb der Knospen), 2) im Wachstum begriffene, 3) ausgewachsene Teile. (Taf. 1) Man unterscheidet daher drei kontinuierlich ineinander übergehende, aber doch scharf charakterisierte Wachstumsphasen. „Die Organe befinden sich anfangs in einem embryonalen Zustande; weiter wachsend, treten sie in einen zweiten Zustand, in den der Streckung, ein, durch welchen sie ihr endliches Volum und ihre endliche äußere Gestalt erlangen; erst im dritten Wachstumsstadium wird auch

die innere Struktur der bereits gestreckten Organe vollendet. Diese letzte Wachstumsphase ist die der inneren Ausbildung, auf welche dann der Zustand des völligen Ausgewachsenseins, der fertige Zustand, folgt" *(Sachs)*.

3. Der Zustand des embryonalen Wachstums an den Vegetationspunkten ist durch folgende Merkmale vorwiegend charakterisiert. Ausschließlich an den Vegetationspunkten findet unter lebhafter Zellteilung Neubildung der Organe statt. Das Wachstum der Vegetationspunkte ist äußerst langsam. Die Masse des Vegetationspunktes, aus dem die Organe hervorgehen, ist sehr gering. Diese geringe Stoffmasse regeneriert sich durch Zufuhr geeigneter Nahrungssubstanzen beständig, während die basalen Partien des Vegetationspunktes nach und nach in Streckung und dann in Dauergewebe übergehen. Das embryonale Gewebe (Meristem), aus welchem die Vegetationspunkte bestehen, ist wesentlich Protoplasma und Zellkernsubstanz; die Zellwände sind äußerst dünn. Die Zellen des embryonalen Gewebes sind sehr klein, die Zellkerne relativ groß, so daß sie den größten Raum in der embryonalen Zelle einnehmen. Bemerkenswert ist die regelmäßige Anordnung der Zellen des Vegetationspunktes. Die Gewebemasse des wachsenden Organs befindet sich in Abhängigkeit von der Verteilung des Wachstums und der Umrißform des Organs, und dadurch entsteht schließlich eine regelmäßige Anordnung der Zellschichten, welche es mit sich bringt, daß deren Zellwände zusammenhängende, aber sich schneidende Liniensysteme bilden. Die Systeme schneiden sich rechtwinklig, sind also geometrisch orthogonale Trajektorien, von denen die dem Umfang des Organes gleichsinnig verlaufenden Periklinen, die anderen Antiklinen heißen *(Sachs)*. Bei den meisten Kryptogamen wird das Ende des Vegetationspunktes durch eine an Größe hervorragende Scheitelzelle gebildet, welche durch regelmäßige Teilungen das Meristem fortbildet, aus dem die Organe entstehen.

4. Der Zustand der Streckung wird durch das raschere Wachstum der Zellen an der Basis des Vegetationspunktes und in den jungen Seitenorganen desselben eingeleitet. Durch die Streckung erreichen die Glieder der Sproßachse, sowie die Blätter und die entsprechenden Teile der Wurzel ihre äußere bleibende Gestalt. Die Volumenzunahme bei der Streckung wird vorwiegend durch Wasserzufuhr, weniger durch Einlagerung fester Substanz bewirkt.

5. Der Zustand der inneren Ausbildung tritt ein, sobald infolge der Streckung und Einlagerung neuer Substanzteile die Organe ihre bleibende Größe und Form erreicht haben. Die innere Ausbildung besteht in der Verholzung der Gefäßbündel und Sklerenchymfasern, der Verdickung der Zellwände, in der Ausbildung der Epidermis, der Spaltöffnungen auf den Blättern usw.

Damit die Pflanzen und Pflanzenorgane ihre Gestalt bleibend behalten, müssen sie eine bestimmte Festigkeit besitzen. Die Festigkeit wird auf verschiedene Weise erreicht. 1) Bei saftigen, unverholzten Pflanzenteilen durch den Turgor, d. h. den hydrostatischen Druck des Zellinhaltes auf die Membran. Durch diesen Druck werden die Zellen prall und strotzend und der aus turgeszenten Zellen zusammengesetzte Pflanzenkörper fest, oft hart, z. B. ein Apfel u. dgl. Die Festigkeit wird erhöht dadurch, daß miteinander verbundene innere und äußere Gewebeschichten der Stengel, Blätter usw.

ein ungleiches Wachstum besitzen, wodurch Spannungen (Gewebespannung) entstehen, welche dem Organe größere Festigkeit (Steifheit) verleihen. 2) Die Festigkeit kann aber auch endlich durch verholzte, elastische Gewebe (mechanische Gewebe, Stereome, Skelettgewebe) bewirkt werden, zu denen das Collenchym, Holz, Sklerenchymstränge und -nester gehören. Die mechanischen Gewebe sind meistens der Leistungsfähigkeit gemäß in bestimmter Weise, mechanischen Prinzipien entsprechend, in den Organen angeordnet, z. B. als Stränge an den Kanten der Stengel, in Form von Hohlzylindern im Stengel usw. *(Schwendener)*.

Längenwachstum

6. Über die Phase der Streckung lassen sich noch folgende auf Messungen (Auxanometer) beruhende Angaben machen. Wenn ein Organ, ein Sproß, eine Wurzel oder etwas anderes in die Länge wächst, so wächst es in jedem Teile zuerst langsam, dann mit zunehmender Geschwindigkeit, bis ein Maximum der Wachstumsgeschwindigkeit erreicht ist. Von diesem Zeitpunkt an wird das Wachstum wieder langsamer und nimmt allmählich ab, um endlich ganz aufzuhören (Wachstumskurve). An Wurzeln und Sprossen finden sich demnach Strecken, welche verschiedene Wachstumsgeschwindigkeit besitzen.

7. Die noch im Wachstum begriffene Strecke ist bei Wurzeln sehr kurz, oft nur mehrere Millimeter lang. Bei Internodien ist die Länge der wachsenden Region größer und beträgt einige Zentimeter; in einzelnen Fällen, z. B. bei langen Blütenschäften, kann sie 50 Zentimeter lang sein.

8. Am Scheitel des Vegetationspunktes der Sprosse und Wurzeln selbst ist kein Längenwachstum vorhanden, dasselbe beginnt unterhalb des Scheitels, und wenn es auch scheint, als ob die Spitze eines Zweiges selbst höher und höher wüchse, so wird diese Spitze doch nur von der hinter dem Scheitel liegenden wachsenden Strecke emporgehoben.

Ungleichseitiges Längenwachstum

9. Längenwachstum findet oft am Umfang eines Stengels oder einer Wurzel ungleichmäßig statt. Dadurch entstehen Krümmungsbewegungen, welche man als Nutationen bezeichnet. Man findet solche Nutationen bei rasch aufwachsenden Blütenstengeln, z. B. der Alliumarten, welche während ihres Wachstums sich hin und her biegen. Schließlich, wenn das Wachstum zu Ende geht, richten sie sich auf und stehen gerade. Findet das ungleichseitige Längenwachstum abwechselnd auf zwei gegenüberliegenden Seiten des Stengels statt, so macht derselbe Bewegungen, bald nach rechts, bald nach links, wenn aber an einem Stengel nacheinander alle Seiten im Wachstum wechseln, so wird der Gipfel eine rotierende Bewegung einschlagen. Auch bei der Entfaltung der Blätter spielt das ungleichseitige Wachstum eine Rolle. In der Knospe wächst die Unterseite der Blätter stärker als die Oberseite, daher neigen alle Blätter in der Knospe zusammen. Bei der Entfaltung beginnt die Oberseite der Blätter stärker zu wachsen, wodurch dieselben eine horizontale Lage annehmen und die Knospenteile sich öffnen. Andere durch ungleichseitiges Wachstum zustande kommende Krümmungen sind die Tropismen (S. 46).

Nachträgliches Dickenwachstum

10. Nach beendigtem Längenwachstum tritt bei den Dicotylen und Coniferen die Holzbildung mit nachträglichem Dickenwachstum ein. Das nachträgliche Dickenwachstum kommt zustande durch die Tätigkeit des Cambiums, welches einerseits Holz, andererseits Rindengewebe erzeugt. (S. 26)

11. Die Thallophyten, Moose, Farne und die meisten Monocotylen haben kein durch ein gewöhnliches Cambium verursachtes, nachträgliches Dickenwachstum. Ihre Stengel und Stämme behalten den Umfang, welchen sie während ihres Längenwachstums erreichten. Unter den Monocotylen sind nur die baumartigen Liliaceen (Dracaena, Yucca, Aloë u. a.) mit nachträglichem, jedoch von dem der Coniferen und Dicotylen verschiedenen Dickenwachstum begabt. (S. 28) Unter den Algen besitzen die großen Laminarien des Meeres ein sekundäres Dickenwachstum.

12. Alle Organe nehmen aus Vegetationspunkten ihren Anfang. Organbildung
Die Wurzelvegetationspunkte erzeugen nur Wurzeln und veranlassen dadurch die Verzweigung des Wurzelsystems. Die Sproßvegetationspunkte erzeugen außer neuen Sproßvegetationspunkten auch Blätter und Fortpflanzungsorgane. Die Blätter entstehen aus Sproßvegetationspunkten als oberflächliche Auswüchse, und bei der Entstehung der Blätter werden zugleich in den Achseln der letzteren neue Sproßvegetationspunkte angelegt, welche die Verzweigung des Stengels vermitteln. Die Sproß- und Wurzelvegetationspunkte haben in der Regel ein unbegrenztes Wachstum, d. h. aus einem und demselben Vegetationspunkte können in beständiger Folge neue Organe entstehen, da der Scheitel des Vegetationspunktes im embryonalen Zustande bleibt. Doch gibt es in dieser Beziehung manche große Unterschiede: bei der Tanne (Abies) bleibt der Endvegetationspunkt solange leben wie der ganze Baum (600 Jahre), bei der Linde, die 1000 Jahre alt werden kann, lebt die Endknospe nur ein Jahr und das Wachstum wird durch eine Seitenknospe fortgesetzt. Das Wachstum des Vegetationspunktes ist begrenzt, wenn sich derselbe ganz mit Einschluß des Scheitels in ein Organ umwandelt, z. B. bei der Umbildung eines Vegetationspunktes zum Fortpflanzungsorgan (Blüte oder Blütenstand) und bei der Dornenbildung. Es können aber Monate oder Jahre bis zum Übergang des Vegetationspunktes in eine Blüte vergehen. Fourcroya longaeva *(Mexiko)* erzeugt viele Jahrzehnte lang nur Laubblätter und wandelt dann erst die Spitze in den 15 m langen Blütenstand um. Auch bei einigen Palmen und andern Monocotylen bildet die Endknospe den Blütenstand, worauf die Pflanze nach der Fruchtreife abstirbt. Die Anlage eines Organs ist oft von äußeren Einflüssen abhängig, namentlich vom Licht und von der Schwerkraft *(Vöchting)* und Ernährungsbedingungen *(Klebs)*. Von größtem Interesse ist die Neubildung von Vegetationspunkten aus Dauergewebe bei der Verstümmelung von Pflanzen, wovon bei der Stecklingskultur praktischer Gebrauch gemacht wird. Abgeschnittene Stengel, Blätter, Wurzeln ergänzen sich durch Neubildung zu ganzen Pflanzen, indem die Organe, welche fehlen, sich neu bilden *(Vöchting, Goebel)*. Es können sich aber auch Organe selbst nach Verletzungen wieder ergänzen.

13. Das Wachstum wird durch verschiedene äußere Bedingungen gefördert Äußere Wachstumsursachen
oder gehemmt, namentlich durch Temperatur, Feuchtigkeit und Licht. Im allgemeinen findet bei niederen Temperaturen von 3—5° C kein nennenswertes Wachstum statt, wie denn überhaupt auch alle anderen Lebenserscheinungen (Chlorophyllbildung, Assimilation, Reizbarkeit) bei ganz niederen Temperaturen verlangsamt oder sistiert werden. Die günstigste Temperatur für das Wachstum liegt zwischen 25—30° C.

14. Da, wie oben gesagt, die Streckung der Organe vorwiegend mit

Wasseraufnahme verbunden ist, so ist einleuchtend, daß die Feuchtigkeit des Bodens das Wachstum begünstigt. Durch die reichliche Wasseraufnahme werden die Zellen eines wachsenden Organs in den Zustand versetzt, den man als Turgor bezeichnet. Der Turgor ist der hydrostatische Druck des Zellinhaltes auf die Zellwand, wodurch die letztere ausgedehnt wird, neue Substanzteile einlagern kann und dadurch in die Fläche wächst. Da die Zellen nur dann wachsen, wenn sie turgeszieren, so ist der Turgor als eine der wichtigsten Ursachen des Wachstums anzusehen *(De Vries)*. Größere Luftfeuchtigkeit, welche die Transpiration verhindert und den Turgor dadurch vermehrt, bewirkt daher vermehrtes Wachstum.

15. Das Licht wirkt retardierend auf das Wachstum. Dauernde Finsternis bewirkt aber an sonst grünen Organen eine Erkrankung, das Etiolement.

16. Da die drei genannten äußeren Bedingungen, Licht, Temperatur und Feuchtigkeit, am Tage und in der Nacht verschieden sind, so ändert sich das Wachstum einer Pflanze im Laufe von 24 Stunden, je nachdem sich diese Bedingungen kombinieren.

17. Auch die Anlage und Neubildung von Organen wird durch äußere Bedingungen, Licht, Schwerkraft und Feuchtigkeit, beeinflußt, z. B. entstehen die Klammerwurzeln des Efeu, die Rhizoiden der Farnprothallien und in der Regel auch deren Fortpflanzungsorgane auf der unbeleuchteten Seite. Die Wirkung äußerer Reize auf die Organbildung hat auf experimentellem Wege zahlreiche Tatsachen ergeben *(Vöchting, Goebel)*. Zu den äußeren Anlässen zur Entwicklung der Organe gehört auch die Verwundung und Verstümmelung von Pflanzenteilen. Dabei erzeugen in der Regel abgeschnittene Stengel Wurzeln, Wurzeln dagegen Sproßknospen, so daß stets eine Ergänzung zum ganzen Individuum stattfindet (Regeneration). Doch können auch beiderlei Grundorgane an abgeschnittenen Blättern, Blütenstielen, Früchten usw. entstehen. Auch diese Organe entstehen immer aus neugebildeten Vegetationspunkten, denen die Bildung eines Wundgewebes (Callus) vorhergeht.

Innere Wachstumsursachen

18. Außer den äußeren Wachstumsursachen kommen auch innere Wachstumsursachen zur Wirkung, auf denen z. B. die vererbbare Form der Organe der einzelnen Pflanzenarten beruht. Unter diesen inneren Wachstumsursachen ist von besonderem Interesse die gegenseitige Beeinflussung wachsender Organe, welche man als Korrelation bezeichnet. Sie wird wesentlich dadurch veranlaßt, daß die vorhandenen Stoffe sich auf die verschiedenen gleichartigen Organe verteilen müssen, und dadurch, daß die Tätigkeiten verschiedener Organe sich unterstützen. Mechanisch läßt sich die Wirkungsart innerer Ursachen noch nicht erklären.

19. Abweichungen von der typischen Form der Organe bezeichnet man als Mißbildungen, wenn sie gleichzeitig mit Störung der normalen Funktion verbunden sind. (Vergrünungen der Blüten, Fasciationen.) Durch Parasiten hervorgerufene Mißbildungen werden als Krankheiten bezeichnet. Besonders interessant sind durch parasitische Insekten an vielen Pflanzen hervorgerufene, oft sehr regelmäßige Neubildungen, welche Gallen oder Cecidien heißen. Auch auf experimentellem Wege (Transplantation) können pathologische Formen hervorgerufen werden *(Vöchting)*.

Das Bewegungsvermögen.

1. Außer den inneren Bewegungen bei den Lebensvorgängen zeigen die Organe selbst sichtbare Bewegungen, die bald langsamer, bald schneller verlaufen. Die ökologische Bedeutung der Bewegungserscheinungen ist sehr verschieden. Bewegungen dienen dazu, Wurzeln, Sprosse, Blätter, Blüten in günstige Richtungen für die Ausnutzung der Lebensbedingungen zu bringen, oder sie dienen dem Schutze oder dem Klettern oder endlich der Fortpflanzung.

2. Das Bewegungsvermögen der Pflanzenorgane beruht auf einem eigenartigen Empfindungsvermögen (Reizbarkeit) ihres Protoplasmas. Das geht besonders daraus hervor, daß auch niedere Organismen, deren ganzer Körper nur aus Protoplasma besteht, wie die Plasmodien der Myxomyceten, die Schwärmsporen der Algen u. a., Bewegungsvermögen besitzen.

3. Die Bewegungen werden zum Teil unmittelbar durch innere Ursachen veranlaßt (autonome oder spontane Bewegungen), zum Teil durch verschiedene äußere Einflüsse (Reize), Licht, Wärme, Schwerkraft, Elektrizität, mechanischen Druck, chemische Zusammensetzung des Mediums hervorgerufen, welche innere Veränderungen, z. B. Wachstum, Turgoränderungen, erst auslösen (aitiogene oder paratonische Bewegung).

4. Die Reizursache ist meistens vom mechanischen Gesichtspunkte von außerordentlich geringer Größe und steht qualitativ und quantitativ in keinem leicht erkennbaren Verhältnis zur Wirkung. Die Fortpflanzung des Reizes ist eine oft nicht unbedeutende, z. B. bei langen Ranken, wo die Berührung an ihrem Ende nicht nur eine Umklammerung der Stütze bewirkt, sondern die ganze Ranke endlich zur Bildung korkzieherähnlicher Windungen veranlaßt. Man kann jeden Reizvorgang in mehrere Vorgänge zerlegen, die ineinandergreifend als „Reizkette" bezeichnet werden. Den Anfang der ganzen Reizkette bildet die Aufnahme des Reizes durch das Protoplasma (Perzeption). Bis die Reizwirkung sichtbar wird, verstreicht eine verschieden lange Zeit (Reaktionszeit). Endlich tritt die Reaktion ein. Dazu muß der Reiz eine gewisse minimale Zeit gewirkt haben (Präsentationszeit). Perzipiert wird auch ein momentaner Reiz, allein solange die Präsentationszeit nicht erreicht ist, bleibt er wirkungslos. Es kann aber die Präsentationszeit auch durch Summierung unterbrochener Reize erreicht werden und damit die Reaktion eintreten. Die Größe der Reizung ist proportional der „Reizmenge", worunter man das Produkt aus Reizintensität und Reizdauer versteht. *(Fröschel* und *Blauw)*

5. Die durch den Reiz hervorgerufene Bewegung kann sich in verschiedener Weise äußern: 1. als Ortsbewegung, nur bei freibeweglichen, kleineren Organismen, z. B. bei Plasmodien, den lichtempfindlichen Schwärmsporen und chemotaktischen Organismen, wie Spermatozoiden und Bacterien, 2. als Lagenveränderung bei Organen festgewurzelter, nicht vom Orte beweglicher Pflanzen, z. B. bei geotropischen und heliotropischen Organen, wo durch die Wirkung von Schwerkraft oder Licht bleibende Krümmungen entstehen, welche durch ungleichseitiges Längenwachstum zustande kommen; bei Mimosa pudica und bei den Insektivoren, wo durch Berührung Bewegungen der Blattgelenke verursacht werden; bei Leguminosen, Oxalideen u. a., wo durch Lichtwechsel Bewegungen der Blätter eintreten. Solche Lagen-

veränderungen, bei denen die Organe eine ganz bestimmte Richtung zur Reizursache zeigen, faßt man als Tropismen (Richtungsbewegungen), die übrigen als Nastien (Variationsbewegungen) zusammen. Zweierlei Bewegungsmittel sind bei den Bewegungen auseinanderzuhalten, sie werden entweder durch Wachstum oder durch Änderung des Turgors der Gewebe veranlaßt.

Ortsbewegung

6. Die Ortsbewegung niederer Organismen ist entweder eine kriechende, amöboide, welche vorwiegend durch Änderung der Oberflächenspannung des lebenden Protaplasmakörpers zustande kommt, oder sie wird durch besondere, äußerst feine fadenförmige Bewegungsorgane, Geißeln oder Cilien, verursacht. Äußere Bedingungen, z. B. Licht, geben den Organismen eine bestimmte Richtung und wirken anziehend oder abstoßend bei diesen Ortsbewegungen (Taxien). Richtende Ortsbewegung durch Licht, welche bewegliche Algenkolonien oder Schwärmsporen zeigen, nennt man Phototaxis. Auch die Chloroplasten in den Zellen sind phototaktisch und verändern ihre Lage durch Beleuchtungswechsel *(Stahl)*. Die gleiche Bewegung kann jedoch durch ganz verschiedene Lichtstärke ausgelöst werden, je nachdem die Organismen mehr oder minder reizbar sind (Lichtstimmung). In allen Fällen müssen aber Lichtunterschiede vorhanden sein.

Chemotaktische Reize

Manche Organismen zeigen merkwürdige Reizbewegungen unter Einwirkung ganz bestimmter chemischer Verbindungen (Chemotaxis). Die Bewegungen der Insektivoren z. B. werden nur durch stickstoffhaltige Substanzen ausgelöst. Durch Äpfelsäure werden die Spermatozoiden der Farne und Selaginellen, durch Rohrzucker Spermatozoiden der Laubmoose angelockt. Auch Myxomyceten und Bacterien zeigen eine chemotaktische Reizbarkeit *(Pfeffer)*.

Geotropismus

7. Die Organe festwurzelnder Pflanzen zeigen infolge verschiedener Reize Krümmungsbewegungen, die durch ungleichseitiges Wachstum zustande kommen. Diese Bewegungen schlagen eine ganz bestimmte Richtung zur Reizursache ein und heißen Tropismen.

Die Schwerkraft veranlaßt die Pflanzenteile, sich in eine bestimmte Richtung zum Horizont zu stellen und diese Richtung, wenn sie durch irgendeine Ursache aus derselben gebracht werden, wieder anzunehmen. Diese Fähigkeit der Pflanzen, auf die Schwerkraft zu reagieren, nennt man Geotropismus *(Knight* 1809). Infolge ihres Geotropismus stellen sich aufrechtwachsende Pflanzenstengel in die Richtung der Schwerkraft, oder was dasselbe sagt, in die Richtung des Erdradius; sie wenden dabei ihre Spitze vom Erdzentrum weg, was man als negativen Geotropismus bezeichnet.

8. Die Hauptwurzeln stellen sich ebenfalls in die Richtung des Erdradius, wenden aber dabei ihre Spitze dem Erdmittelpunkt zu, sie besitzen positiven Geotropismus. Bringt man geotropische Pflanzenteile aus ihrer natürlichen Lage, so machen sie solange Krümmungen, bis sie wieder die ursprüngliche Richtung zur Schwere erlangt haben. Ein aufwärts wachsender Sproß, den man horizontal oder schief legt, so daß die Schwerkraft senkrecht oder in einem Winkel zu seiner Längsachse einwirkt, krümmt sich mit seiner Spitze aufwärts, bis er wieder senkrecht steht. Eine horizontal gelegte Wurzel krümmt sich dagegen abwärts. Diese negativen und positiven geotropischen Krümmungen entstehen durch ungleichseitiges

Längenwachstum, welches durch die Schwerkraft als Reiz veranlaßt wird; daher können nur im Wachstum begriffene Teile sich geotropisch krümmen. Der Schwerkraftsreiz wird vom Protoplasma empfunden, manche Forscher sind der Ansicht, daß kleine in der Zelle befindliche feste Körper, z. B. Stärkekörner (Statolithen), der Anziehungskraft der Erde folgend, ihre Lage verändern und dadurch auf das Protoplasma einen Reiz ausüben, der die Veränderungen auslöst, welche zu den geotropischen Krümmungen führen (Statolithentheorie von *Haberlandt*, die jedoch noch angefochten wird). Der experimentelle Beweis, daß die Schwerkraft die Wachstumsrichtung der Organe beeinflußt, wird am besten durch den Klinostaten geliefert.

9. Die von der senkrechten abweichende schiefe oder horizontale Lage anderer Organe, wie der Seitensprosse, Seitenwurzeln, Blätter, ist ebenfalls durch ihre spezifische Reizbarkeit für Schwerkraft mitbedingt (transversaler Geotropismus).

10. Ganz ähnliche Krümmungen, wie die geotropischen, werden auch durch Lichtunterschiede an Pflanzenteilen hervorgerufen, da diese das Bestreben haben, sich auch zum Licht in einer bestimmten Richtung zu orientieren. Der Heliotropismus oder Phototropismus, wie diese Eigenschaft der Pflanzen genannt wird, äußert sich, wie der Geotropismus, in zweierlei Form, entweder als eine Krümmung der Pflanzenteile, welche dem stärkeren Licht zugewendet ist (positiver Heliotropismus), oder als eine Krümmung von der Lichtquelle weg (negativer Heliotropismus). Heliotropische Krümmungen werden durch die blauen Strahlen des weißen Lichtes ausgelöst, und die Krümmung selbst kommt, wie die geotropische, durch ungleichseitiges Längenwachstum zustande. Durch das Licht wird auch die in der Regel zum Lichtstrahl senkrechte Lage flacher Blätter bestimmt. Das Licht wirkt durch die Blattflächen in noch unerklärter Weise auf die Blattstiele ein, so daß bei Änderung der Lichtrichtung während des Tages Drehungen der Blätter im selben Sinne eintreten *(Vöchting)*. Eine begründete Theorie des Heliotropismus gibt es noch nicht. **Heliotropismus**

11. Unter den Reizbewegungen ist noch von Wichtigkeit für das Pflanzenleben die Reaktion der Wurzeln und einiger anderer Organismen (Mucor) auf Feuchtigkeitsdifferenzen (Hydrotropismus). Wenn die Umgebung einer Wurzel an einer Seite feuchter ist als an der andern, so krümmt sich die Wurzelspitze der feuchteren Seite zu. Diese Empfindlichkeit gegen Feuchtigkeitsunterschiede ist bei der Tätigkeit der Wurzel als wasseraufnehmendes Organ von Nutzen. Auch der Hydrotropismus kann positiv und negativ sein. **Hydrotropismus**

12. Äußerlich mit den genannten übereinstimmende Krümmungserscheinungen treten auch durch Einwirkung anderer äußerer Kräfte, strahlender Wärme (Thermotropismus), Elektrizität (Elektrotropismus) und durch strömendes Wasser (Rheotropismus) sowie durch mechanischen Druck ein. Bedingung für alle diese Reizkrümmungen ist, daß die stärkere Reizursache einseitig auf die Pflanzenteile einwirkt.

13. Ganz allgemein bezeichnet man die Eigenschaft der Pflanzenorgane, unter dem Einfluß der äußeren Kräfte (Schwerkraft, Licht usw.) verschiedene Wachtumsrichtungen anzunehmen, als Anisotropie. Die senkrechte Stellung der Hauptsprosse und Hauptwurzeln, die horizontale oder geneigte **Anisotropie**

der Seitensprosse, Seitenwurzeln und Blätter ist eine Folge ihrer Anisotropie, d. h. ihrer verschiedenen Art, gegen Licht und Schwere zu reagieren, und man kann also sagen, daß die Anisotropie überhaupt die Gestalt einer Pflanze mit bedingt *(Dutrochet* 1824, *Sachs)*.

14. Man drückt die Verschiedenheit der anisotropen Organe kurz dadurch aus, daß man diejenigen, welche unter dem Einflusse äußerer Kräfte eine auf. der horizontalen Erdoberfläche senkrechte Stellung einnehmen, orthotrop, die andern, welche eine horizontale oder schiefe Lage haben, plagiotrop nennt. Das Verhalten der orthotropen und plagiotropen Organe ist vorwiegend durch ihre verschiedene Organisation bedingt. Orthotrope Organe haben radiären Bau, während die plagiotropen Organe eine dorsiventrale Struktur, d. h. eine Verschiedenheit von Ober- und Unterseite besitzen, z. B. Blätter *(Sachs)*.

Ranken und Schlingpflanzen

15. Die Sprosse vieler Pflanzen sind zu dünn und biegsam, um sich ohne weiteres aufrechterhalten zu können. Sie erreichen aber die für ihre Blattätigkeit notwendige Stellung dadurch, daß sie sich an Stützen aufrichten, indem sie dieselben umklammern. Dies geschieht durch Bewegungen, welche man als Klettern bezeichnet. Nach ihrer verschiedenen Organisation zum Klettern unterscheidet man Ranken- und Schlingpflanzen. Die Rankenpflanzen sind mit besonderen Greiforganen (Ranken) begabt, mittels welcher sie sich beim Klettern festhalten. Die Schlingpflanzen dagegen haben keine besonderen Greiforgane, sondern winden sich mit ihren Laubsprossen um die Stütze herum.

16. Die Ranke ist ein dünnes, langes, fadenförmiges Organ, welches für dauernde Berührung mit einem festen Körper sehr reizbar ist und infolge eines solchen Reizes sich um Stützen herumwickelt, wie man dies z. B. beim Kürbis und Weinstock sehen kann.

17. Ist eine Ranke aus dem Knospenzustande herausgetreten, so ist dieselbe gerade gestreckt. Sie macht dann kreisende Bewegungen (Nutationen), was zum Auffinden einer Stütze von Vorteil ist. Der die Ranke tragende Sproßgipfel unterstützt in der Regel durch seine eigenen Nutationen die Erreichung dieses Zieles. Kommt die Ranke mit einer Stütze in Berührung, so krümmt sich ihr Ende um dieselbe herum, die entstandene Schlinge verengert sich und legt sich der Stütze fest an. Das noch freie Ende der Ranke krümmt sich wieder und macht immer neue Windungen, bis auch die Rankenspitze fest anliegt. Nach der Befestigung pflanzt sich der Reiz aber auch auf die Rankenstrecke zwischen Stengel und Befestigungspunkt fort und bewirkt die korkzieherförmige Einrollung dieses Rankenteiles. Häufig gibt sich die Nachwirkung des Reizes durch nachträgliches Dickenwachstum und Verholzung der Ranken zu erkennen, Vorgänge, welche den eigentlichen Zweck der Befestigung noch fördern.

18. Die Krümmungen der Ranken sind Wachtumsvorgänge. Durch den Druck der Stütze (Kontaktreiz) wird das Längenwachstum der nicht berührten Seite gesteigert, das der berührten vermindert, wodurch eine Krümmung entstehen muß. Eine Ranke kann sich daher nur solange krümmen, als sie noch Längenwachstum besitzt.

19. Die Schlingpflanzen können sich nur um aufrechte, am besten vertikale, auch noch bis 45° geneigte Stützen winden, dagegen nicht um

horizontale. Durch dies Moment sind sie scharf von den Rankenpflanzen unterschieden. Die Windungen, welche Schlingpflanzen um die Stütze ausführen, laufen bei derselben Pflanze in bestimmter Richtung entweder rechts oder links um die Stütze aufwärts. Die meisten Schlingpflanzen winden links.

20. Der wachsende Sproßgipfel einer Schlingpflanze hängt, bevor er eine Stütze gefaßt hat, infolge seines Gewichtes seitwärts über die Stütze hinaus und macht kreisende Nutationen. Kommt der nutierende Sproßgipfel mit der Stütze in Berührung, so krümmt er sich um dieselbe herum und wächst, eine Schraubenlinie beschreibend, an ihn hinauf. Die anfangs losen Windungen umschließen später, durch steilere Aufrichtung der Internodien infolge des Geotropismus, die Stütze immer fester, so daß der gewundene Stengel selbst an einer glatten Stange nicht hinabrutscht. Das Festhalten an der Stütze wird durch die oft rauhe Oberfläche des Stengels der Schlingpflanzen und durch nachträgliche Drehung (Torsion) desselben unterstützt.

21. Findet bei den Taxien und Tropismen eine ganz bestimmte Richtung der Organe durch den Reiz statt, so fällt das bei einer dritten Art der Reizbewegungen, den N a s t i e n, fort. Die Reizursachen sind dieselben wie dort (Photonastie, Nyktinastie, Chemonastie, Seismonastie, Thermonastie). Schnelle Reizbewegungen von Organen lassen sich am leichtesten an den Blättern von Mimosa pudica beobachten. Bei einer Erschütterung der Pflanze senkt sich der Hauptblattstiel sogleich nach abwärts, während die sekundären Blattstiele zusammenschlagen und die an denselben sitzenden Blättchen sich nach vorn und aufwärts zusammenlegen. Nach einiger Zeit breiten sich die Blätter wieder aus. Die Bewegung der Blattstiele und Blättchen der Mimosa wird durch besondere B e w e g u n g s o r g a n e (Blattgelenke) vermittelt, an welchen Blattstiele und Blättchen sitzen, die selbst nur passiv beweglich sind. Bei der Reizung machen die zylindrischen Bewegungsorgane (Schwellkörper) eine Krümmung, wodurch das Senken des Blattstiels und das Zusammenneigen der Blättchen bewirkt wird. Die Bewegungsorgane selbst sind durch die leiseste Berührung reizbar, diejenigen der Haupt- und Sekundärblattstiele nur an der Unterseite, die der Blättchen nur an der Oberseite. Die Fortpflanzung des Reizes läßt sich bei Mimosa nach der Reizung eines der äußersten Bättchen beobachten. Der Reiz pflanzt sich nach rückwärts fort, ein Blättchenpaar nach dem andern neigt zusammen, und schließlich tritt die Senkung des Hauptblattstieles ein. Die Reizbewegung ist eine Folge von Wasserbewegungen und Turgeszenzänderungen in den Bewegungsorganen *(Pfeffer)*. Bei der Reizung fließt Wasser aus den Bewegungsorganen in die Blattstiele und in den Stamm ab, welches das Organ erschlafft und die Blätter in Reizstellung bringt, nach Aufhören des Reizes werden die Bewegungsorgane wieder steif, und die dadurch gehobenen Blätter breiten sich wieder aus. Wenn man mit einem scharfen Messer, ohne eine Erschütterung zu verursachen, in den Stengel der Mimosa bis in den Holzkörper einschneidet, so quillt ein Wassertropfen hervor, und infolge dieses Wasseraustrittes machen die Blattgelenke ihre Bewegungen.

Bewegungen durch Turgeszenzänderungen (Variationsbewegung)

22. Von anderen reizbaren Organen sind die Blätter einiger Insektivoren zu erwähnen, welche bei der Berührung Bewegungen zum Zwecke des Insektenfanges ausführen (Dionaea muscipula). Auch die Staubfäden einiger Blüten sind mit ausgeprägter Reizbarkeit begabt, z. B. die Staubfäden der

Cynareen, welche sich bei der Berührung verkürzen *(Pfeffer)*, und die Staubfäden der Berberitze (Berberis vulgaris), welche, an der Basis der Innenseite berührt, plötzlich gegen die Narbe schnellen, so daß die Antheren sich an die Narben anlegen. Die zweilippigen Narben von Torenia und Mimulus schließen sich bei Berührung.

Schlafbewegungen 23. Bei vielen Pflanzen, welche zwar durch Berührung nicht oder wenig reizbar sind, finden langsame Bewegungen der Blätter statt, die mit dem täglichen Wechsel der Beleuchtung zusammenhängen und Schlafbewegungen (nyktinastische Bewegungen) genannt werden. Es sind besonders Pflanzen mit zusammengesetzten Blättern, z. B. die Bohne, die Kleearten, die Acacien und Robinien (Leguminosen), sowie die Oxalisarten (Oxalideen), welche sich durch Schlafbewegungen auszeichnen. Die Blätter dieser Pflanzen sind am Tage flach ausgebreitet (Tagstellung), in der Nacht aufwärts oder abwärts zusammengeneigt (Nacht- oder Schlafstellung). Die Bewegungen werden wie bei Mimosa durch Bewegungsorgane, welche an der Basis der Blattstiele sitzen, vermittelt. Die Bewegungsorgane krümmen sich auf- und abwärts und verursachen dadurch die Bewegung der Blätter, welche selbst nur passiv sind. Die Krümmungen der Bewegungsorgane kommen ebenfalls durch Turgeszenzänderungen zustande; die konvex werdende Seite der Organe wird wasserreicher, wodurch diese Seite größer wird als die andere, was natürlich eine Krümmung bewirken muß. Der äußere Anstoß zu diesen Erscheinungen ist die Veränderung der Lichtintensität (Temperatur und Feuchtigkeit sind nur von untergeordneter Bedeutung) *(Pfeffer)*. Dagegen sind manche Blüten empfindlich gegen Temperaturunterschiede, schließen sich bei niederer, öffnen sich bei höherer Temperatur. Diese Bewegungen kommen aber durch wechselndes Wachstum der Blütenblätter zustande.

Autonome od. spontane Bewegungen 24. Die Blätter einer Anzahl von Pflanzen (Trifolium pratense. Oxalis acetosella u. a.) machen am Tage aus unbekannten inneren Veränderungen in Zeiträumen von mehreren Stunden auf- und abwärts gehende periodische Bewegungen. Da die genannten Pflanzen aber auch zugleich durch den Lichtwechsel veranlaßte Bewegungen machen, so werden die schwächeren spontanen Bewegungen durch die Schlafbewegungen verdeckt. Man kann die spontanen Bewegungen aber wahrnehmen, wenn man die Pflanzen in einen finsteren Raum stellt. Bei einer kleeähnlichen Pflanze, Hedysarum gyrans, sind die spontanen Bewegungen so kräftig, daß man sie auch an der beleuchteten Pflanze wahrnehmen kann. Bei genügend hoher Temperatur (wenigstens 22°) führen die Blättchen von Hedysarum gyrans im Laufe weniger Minuten deutlich sichtbare Schwingungen aus.

Starrezustände 25. Alle Reizerscheinungen treten nur unter günstigen Lebensbedingungen ein. Werden diese aufgehoben, so verlieren die Organe ihre Reizbarkeit, es treten Starrezustände ein, welche durch erneuten Eintritt der günstigen Verhältnisse wieder verschwinden. Vorübergehende Kältestarre tritt in den Bewegungsorganen von Mimosa pudica schon beim Sinken der Temperatur unter 15° C ein, vorübergehende Wärmestarre bei derselben Pflanze, wenn dieselbe in feuchter Luft bei 40° C gehalten wird; bei 49—50° C tritt Wärmestarre schon in wenigen Minuten ein.

Stellt man Pflanzen mit periodisch beweglichen oder durch Berührung reizbaren Blättern in einen dunklen Raum, so treten die spontanen Bewegungen noch eine Zeitlang auf, und auch für Berührung sind die Blätter noch reizbar. Nach mehreren Tagen werden die Pflanzen aber völlig unbeweglich, es ist Dunkelstarre eingetreten. Ans Licht zurückgebracht, kehrt der vom Licht abhängige bewegungsfähige Zustand (Phototonus) zurück. Mangel an Wasser hebt die Reizbarkeit der Mimosa auf und erzeugt vorübergehende Trockenstarre.

Wie diese als Beispiele angeführten, sind auch die anderen Reizerscheinungen, Geotropismus, Heliotropismus usw. nur in gewissen Grenzen günstiger Bedingungen möglich.

26. Mit den Reizbewegungen dürfen nicht verwechselt werden die Bewegungen der Grannen von Gräsern und Geraniaceen, Bewegungen mancher Hüllblätter von Compositen (Carlina, Astericus), Öffnungsbewegungen von Samenkapseln usw. Alle diese Bewegungen sind nur durch die Hygroskopizität von Geweben veranlaßt und rein physikalischer Natur.

Die Fortpflanzung.

1. Die Fortpflanzung bezweckt die Entstehung neuer Individuen. Das kann durch Abtrennung einzelner vegetativer Teile (Brutknospen, Brutzwiebeln, Sprosse, Ausläufer usw.) geschehen (vegetative Vermehrung). In der Regel werden für die Fortpflanzung besondere, ausschließlich dazu bestimmte Organe, Fortpflanzungsorgane oder Sexualorgane gebildet, welche die zur Fortpflanzung bestimmten Zellen (Keimzellen) erzeugen. Das sind entweder ungeschlechtliche Sporen, welche ohne weiteres sich zu einer Pflanze entwickeln oder männliche und weibliche Geschlechtszellen, die sich vor der Entwickelung vereinigen müssen. Man unterscheidet danach ungeschlechtliche und geschlechtliche Fortpflanzung. Geschlechtliche u. ungeschlechtliche Fortpflanzung

2. Sexuelle Fortpflanzung ist die Vereinigung einer männlichen mit einer weiblichen Zelle, welche in der Regel verschiedene Größe und Gestalt haben. Nur die Vereinigung beider führt zur Entstehung eines neuen Organismus, während jede Geschlechtszelle für sich allein nicht fortentwicklungsfähig ist. Das Wesen des Sexualaktes liegt in der Vereinigung der beiden Kerne der Geschlechtszellen.

3. Bei den niedersten Pflanzen (Spaltpilzen, Spaltalgen) hat man keine Andeutung einer Sexualität beobachtet, hier findet nur ungeschlechtliche Fortpflanzung statt.

4. Einige Pilze bilden unter günstigen Bedingungen Sexualorgane. Pilze
Bei ihnen ist aber die ungeschlechtliche Fortpflanzung durch einfache Abschnürung von Fortpflanzungszellen (Conidien), welche meist auf besonderen Trägern entstehen, vorherrschend. Es scheint, daß bei vielen, zumal hochorganisierten Pilzen (Hutpilze) die Fähigkeit, Sexualorgane zu bilden, ganz verloren gegangen ist (*Brefeld*).

5. Die Algen pflanzen sich zuweilen viele Generationen ungeschlecht- Algen
lich durch bewegliche grüne Protoplasmakörper (Schwärmsporen) fort, welche aus den Behältern (Sporangien) heraustreten und nach kurzer Zeit des Bewegungszustandes zu neuen Pflanzen heranwachsen. Zuzeiten treten auch Sexualorgane auf (*Thuret* 1853). Bei vielen Algen bilden sich eiförmige Behälter, Oogonien mit einer Eizelle und schlauchförmige Antheridien,

in denen bewegliche Spermatozoen entstehen, die ganz den tierischen gleichen. Zur Zeit der Befruchtung öffnet sich das Oogonium an seinem Scheitel, der Protoplasmakörper rundet sich ab und entläßt einen Tropfen Schleim. Zu gleicher Zeit platzen die Antheridien und entlassen ihre mit zwei Cilien versehenen Spermatozoen, welche in das Oogonium eindringen und das Ei befruchten. Das letztere umgibt sich darauf mit einer festen Haut und keimt nach einer Ruheperiode (*Pringsheim* 1855). Bei anderen Algen ist die Fortpflanzung im Wesen ebenso, wenn auch die Gestalt der Fortpflanzungsorgane mannigfach verschieden ist. Bei der Algenklasse der Conjugaten findet ein Sexualakt in etwas anderer Form statt. Die beiden Geschlechtszellen sind von gleicher Größe und Gestalt. Man nennt die verschmelzenden Sexualzellen, wenn sie nicht deutlich als Spermatozoid und Eizelle differenziert sind, Gameten, das entstandene Produkt Zygote. Die Zygote keimt nach einer Ruheperiode. Eigentümlich ist unter den Algen die Befruchtung der Florideen. (S. 74)

Moose

6. Die Fortpflanzungsorgane der Moose sind von einer ganz besonders charakteristischen Gestalt, welche auch bei den Farnen wieder vorkommt. Die weiblichen Sexualorgane der Moose besitzen flaschenförmige Gestalt, heißen Archegonien und enthalten eine Eizelle. Die männlichen Sexualorgane heißen, wie bei den Algen, Antheridien, sind kleine gestielte Kapseln und enthalten zahllose Spermatozoiden. Archegonien und Antheridien sind mikroskopisch klein und daher zwischen den Blättern der Moose verborgen. Nur bei manchen Lebermoosen (Marchantiaceen) stehen sie an auffallend geformten, langgestielten Trägern. Bei der an die Gegenwart von Wassertropfen gebundenen Befruchtung treten die Spermatozoiden aus den platzenden Antheridien aus, dringen in den Archegonienhals ein und befruchten die Eizelle. Die Spermatozoiden werden durch von den Archegonien ausgeschiedene Stoffe (Zucker) angelockt, schwimmen den Archegonien zu und dringen durch deren Hals in die Eizelle ein. Aus der befruchteten Eizelle entwickelt sich ein Zellkörper, der Embryo, welcher langsam zu einer meist langgestielten, urnenförmigen Kapsel (Mooskapsel, Sporogonium) heranwächst, aus deren innerem Gewebe ungeschlechtliche Sporen entstehen. Erst aus diesen Sporen entstehen wieder neue Moospflanzen mit Sexualorganen, doch nicht ganz unmittelbar. Die keimende Spore entwickelt zunächst einen kleinen grünen Zellkörper, bei den Laubmoosen einen verzweigten fadenförmigen Vorkeim (Protonema), an welchem erst die beblätterten neuen Moosstengel als seitliche, seltener endständige Sprossungen entstehen. So findet im Leben der Moose ein regelmäßig wiederkehrender, von äußeren Bedingungen ganz unabhängiger Wechsel in der Entstehung von Sexualorganen und Sporenkapseln statt (Generationswechsel). Der Generationswechsel scheidet die Moose scharf von den Algen und Pilzen, wo er sich in dieser Form nicht findet, verbindet dagegen die Moose mit den Farnen, wo ein ganz analoger Generationswechsel zu finden ist.

Farne

7. Bei den Farnen treten im Frühjahr aus den unterirdischen Rhizomen oder an den aufrechten Stämmen schön gefiederte grüne Laubblätter hervor. Man findet aber keinerlei Sexualorgane wie bei den Moosen. Bei den meisten Farnen bilden sich dagegen auf der Unterseite der Blätter braune Haufen von Sporangien mit ungeschlechtlichen Sporen. Bei einigen Farn-

gattungen entstehen die Sporangien auch auf abweichend geformten, gefiederten oder ährenförmigen Sporenblättern (Sporophyllen). Erst aus den Sporen entsteht bei der Keimung die Sexualorgane tragende Generation, indem die Sporen eine kleine, meist herzförmige, grüne Zellfläche, das Prothallium, erzeugen, welches auf der Unterseite, zwischen zahlreichen Rhizoiden, Archegonien und Antheridien erzeugt. Die Befruchtung geht wie bei den Moosen vor sich. Als Anlockungsstoff für die Spermatozoiden wird Apfelsäure ausgeschieden. Auch hier entsteht aus der befruchteten Eizelle ein Embryo, aus welchem ein ganzes beblättertes und bewurzeltes Farnkraut hervorgeht, welches wieder Sporangien bildet. Wir haben hier einen ganz ähnlichen Generationswechsel wie bei den Moosen, eine Generation mit Sexualorganen, das Prothallium, und eine sporenbildende Generation, das Farnkraut.

8. Bei den Schachtelhalmen (Equiseten) treten ebenfalls im Früh- **Equiseten**
jahr aus dem unterirdischen Rhizom Sprosse über die Erde, welche an ihrer Spitze Sporangienähren, d. h. mehrere übereinanderstehende Quirle von gestielten, sechseckigen Schildchen tragen, an deren Unterseite eine Anzahl dünnwandiger Säckchen (Sporangien) sitzt, welche die Sporen enthalten. Die reifen Sporangien öffnen sich durch einen Längsriß und entleeren die Sporen. Auch hier geht aus der Spore bei deren Keimung nicht sogleich wieder ein Schachtelhalm, sondern wie bei den Farnen ein sehr kleines, aus chlorophyllhaltigen Zellen gebildetes, verzweigtes Pflänzchen, das Prothallium, hervor, auf welchem Geschlechtsorgane entstehen. Bei den Equiseten erzeugt ein Teil der äußerlich ganz gleichartigen Sporen größere Prothallien, mit weiblichen Geschlechtsorganen (Archegonien). Ein anderer Teil der Sporen erzeugt kleinere Prothallien mit männlichen Geschlechtsorganen (Antheridien). Nach der Befruchtung bildet sich die Eizelle zum Embryo aus, welcher langsam zum jungen Schachtelhalm heranwächst, an dem wieder Sporangienstände entstehen.

9. Die Moose, Farne und Equiseten besitzen also neben der geschlecht- **Generationswechsel**
lichen Fortpflanzung eine ungeschlechtliche durch Sporen. Beide Arten der Fortpflanzung sind aber auf zwei scharf voneinander getrennte Lebensformen verteilt, welche regelmäßig miteinander abwechseln, was man als Generationswechsel bezeichnet. In dem einen Abschnitte des Lebens findet die Bildung von Sexualorganen und geschlechtliche Fortpflanzung, im zweiten nur Sporenbildung und ungeschlechtliche Fortpflanzung statt. Die Pflanze wechselt aber zugleich in jedem der beiden Abschnitte ihre ganze Organisation (Gametophyt, Sporophyt). Bei den Equiseten und Farnen ist die geschlechtliche Generation das Prothallium, die ungeschlechtliche der Schachtelhalm oder das Farnkraut. Bei den Moosen ist die beblätterte Moospflanze die Sexualorgane bildende Generation, die Mooskapsel die ungeschlechtliche Generation (*Hofmeister* 1851). Beide Generationen sind auch innerlich verschieden. Die befruchtete Eizelle und die aus ihr hervorgehende Generation besitzen diploide Kerne mit doppelter Chromosomenzahl. Bei der Bildung der Sporen tritt Reduktionsteilung der Zellkerne ein, wodurch die Chromosomen wieder vermindert werden. Daher besitzt die aus den Sporen hervorgehende Generation wieder Zellen mit haploiden Kernen.

10. Bei einigen Abteilungen der Farne und Lycopodinen erscheint die **Heterospore Farne**
Fortpflanzung dadurch verwickelter, daß auf den Pflanzen zweierlei Sporen

entstehen, von denen die einen klein, die anderen groß sind (Mikro- und Makrosporen). Beide bilden auch hier bei der Keimung Prothallien, die Mikrosporen jedoch ein männliches mit Antheridien, die Makrosporen ein weibliches mit Archegonien. Doch treten die Prothallien nur wenig aus der Sporenmembran hervor. Die Eizellen werden von den Spermatozoiden der Antheridien befruchtet und entwickeln sich dann zu sporenbildenden Pflanzen mit den zweierlei Sporen (heterospore Kryptogamen).

Fortpflanzungsorgane der Gymnospermen

11. Die Gymnospermen (Coniferen, Cycadeen, Gnetaceen) nehmen eine auffallende Mittelstellung zwischen Kryptogamen und Blütenpflanzen ein und bilden offenbar den verwandtschaftlichen Übergang von jenen zu diesen. Ihre Fortpflanzungsorgane gleichen denen der höheren Kryptogamen. Durch den Fortpflanzungsakt, bei dem der Generationswechsel im Embryosack verläuft, und durch das Produkt der Befruchtung (Samen) werden sie den Blütenpflanzen ähnlich. Zuerst hatte man die Analogie mit den Blütenpflanzen erkannt, erst später entdeckte man die Übereinstimmung mit den Kryptogamen. Daher rührt die doppelte Namengebung für Organe und Vorgänge der Fortpflanzung bei den Gymnospermen. Die Gymnospermen erzeugen Mikro- und Makrosporen. Beide entstehen in Sporangien verschiedener Form, die zu Sporangienständen (Blüten) vereinigt werden. Die Mikrosporangienstände (männliche Blüten) bestehen aus einer Achse mit zahlreichen meist schildförmigen Schuppenblättern, die an ihrer Unterseite zwei, mehrere oder zahlreiche Sporangien (Pollensäcke) tragen. Die Mikrosporen gleichen den Pollenkörnern der Blütenpflanzen. Wesentlich verschieden vom Fortpflanzungsvorgang der Blütenpflanzen sind bei den Gymnospermen die Vorgänge im Embryosack.

Die Makrosporangienstände (weibliche Blüten) sind die jungen Gymnospermenzapfen. Sie bestehen aus einer Achse mit quirlig oder spiralig stehenden, später verholzenden Schuppen, an deren Basis die Makrosporangien (Samenknospen) sitzen. Eine Umhüllung durch einen Fruchtknoten besitzen sie nicht, daher der Name Gymnospermen, d. h. Nacktsamige.

Die Makrosporangien (Samenknospen) der Gymnospermen sind vollkommener wie die kryptogamischen und im wesentlichen schon denen der Blütenpflanzen gleichgebaut. Sie bestehen aus einem Knospenkern und dem Integument, welches oben eine Öffnung, die Mikropyle, besitzt. In diesen Makrosporangien vergrößert sich eine Zelle zur Embryosackmutterzelle, in der vier Makrosporen entstehen. Von diesen entwickelt sich nur eine einzige zum Embryosack, in welchem schon vor der Befruchtung ein Zellgewebe (Prothallium) entsteht. Das Prothallium, welches vollständig in der Makrospore eingeschlossen bleibt, erzeugt an der Mikropylenseite Archegonien, wie sie den Kryptogamen eigen sind, mit einer Zentralzelle (Eizelle). Die Archegonien bleiben aber bei den Gymnospermen völlig im Embryosack eingeschlossen.

Bestäubung

12. Die Befruchtung beginnt mit der Bestäubung, d. h. die aus den aufreißenden Mikrosporangien ausstäubenden Mikrosporen werden durch den Wind auf die Mikropyle des Makrosporangiums gebracht und sind bei einigen Arten (Pinus) zu dem Ende mit Flugblasen ausgerüstet.

Befruchtung

13. In den Mikrosporen entsteht, ihrer Wandung anliegend, schon vor der Bestäubung nach einigen vorbereitenden Teilungen ein kleiner Zellkörper

(rudimentäres männliches Prothallium), dessen Endzelle (Antheridium) die befruchtenden (generativen) Zellen bildet; die Kernsubstanz einer dieser Zellen ist es, welche die Befruchtung vollführt. Sie gelangt zur Eizelle, indem die Mikrospore zu einem Schlauch (Pollenschlauch) auswächst. In diesem wandern die generativen Zellen abwärts und erscheinen bei einigen Gymnospermen (Cycadeen, Zamia, Gingko) noch als bewegliche Spermatozoiden, während sie bei den meisten unbewegliche Zellen (Spermazellen) sind. Die Spermatozoiden in dem einen, im andern Falle die Kerne der Spermazellen verschmelzen mit den Kernen der Eizellen in den Archegonien. Nach der Befruchtung finden im unteren Teile der Eizelle Teilungen statt, so daß mehrere Stockwerke von Zellen entstehen. Einige der entstandenen Zellen wachsen zu langen Schläuchen, den Embryoträgern, aus; die am Ende derselben sich bildenden Embryonen werden in das Prothallium hineingeschoben, welches später dieselbe Funktion wie das Endosperm der Mono- und Dicotylen übernimmt; von den gebildeten Embryonen kommt nur einer zur vollen Ausbildung. Nach seiner Ausbildung liegt er eingebettet in dem zum Endosperm gewordenen Prothallium, das Integument des Makrosporangiums bildet sich zu einer festen Schale aus, und das ganze Gebilde stimmt völlig mit dem *Samen* der Blütenpflanzen überein.

14. Bei den Mono- und Dicotyledonen entstehen die Mikro- und Makro- Blüte
sporangien an den Blättern (Sporophyllen) besonders gestalteter und durch grüne und bunte Hüllorgane ausgezeichneter Sexualsprosse, welche von alters her allgemein *Blüten* heißen. Das Wesentliche in jeder Blüte sind die weiblichen und männlichen *Geschlechtsorgane*, der *Fruchtknoten*, in dessen Innern die *Samenknospen* entstehen, und die *Staubgefäße* mit den *Pollenkörnern* (Blütenstaub). (Taf. 7. Fig. 2) Die Geschlechtsorgane sind aber in der Regel von einer Hülle, den Blütenblättern, umgeben, welche entweder einfach ist (*Perigon*) oder doppelt und dann als *Kelch* und *Blumenkrone* unterschieden wird. Wo Kelch und Blumenkrone vorhanden sind, ist ersterer gewöhnlich grün, letztere gewöhnlich anders gefärbt.

15. Fruchtknoten und Staubgefäße sind entweder in einer Blüte beisammen (*hermaphrodite Blüten*), was der häufigere Fall ist, oder die Blüte enthält nur eine Art von Geschlechtsorganen (*dikline Blüten*). Befinden sich dikline Blüten beiderlei Art auf derselben Pflanze, so nennt man diese *monöcisch*, sind aber männliche und weibliche Blüten auf verschiedenen Exemplaren verteilt, so heißt die Pflanze *diöcisch*.

16. Das weibliche Organ der Blüte ist der Fruchtknoten (*Ovarium*) mit den Samenknospen (eine oder mehrere). Der Fruchtknoten ist ein aus einem einzigen oder mehreren Fruchtblättern (*Carpellen*) gebildeter, ein- oder mehrfächeriger, hohler *Behälter*, in welchem die *Samenknospen* (Makrosporangien) entstehen. Der Ort, wo die Samenknospen im Innern des Fruchtknotens entstehen, heißt *Placenta*. Auf seiner Spitze trägt der Fruchtknoten den Empfängnisapparat für den Pollen: den *Griffel* mit der *Narbe*. (Taf. 8. Fig. 1)

17. Eine Samenknospe (Makrosporangium) besteht aus einem gestielten Körper (dem *Knospenkern*, dessen Grund *Chalaza* genannt wird), welcher von einer oder zwei Hüllen (*Integumenten*) umgeben ist. Dieselben überwachsen den Knospenkern und bilden an seiner Spitze einen engen Kanal (die

Mikropyle), durch welchen später der Pollenschlauch eindringt. Eine Zelle des Knospenkerns wird zur Embryosackmutterzelle, erzeugt wie bei den Gymnospermen vier Makrosporen, von diesen vergrößert sich eine sehr stark und wächst zum Embryosack heran. In demselben entstehen nach dreimaliger Teilung des Embryosackkernes acht Zellkerne. Diese rücken auseinander, und es tritt um je drei Zellkerne an beiden Enden des Embryosackes Zellbildung ein. An dem der Mikropyle zugekehrten Ende entstehen drei Zellen, der Eiapparat, bestehend aus der Eizelle und den Synergiden, und gegenüber entstehen ebenfalls drei Zellen, die Antipoden. Die von den acht noch übriggebliebenen zwei Kerne verschmelzen zum sekundären Embryosackkern. Aus der Eizelle allein geht nach der Befruchtung der Embryo hervor. (Taf. 8 Fig. 2)

18. Die männlichen Geschlechtsorgane sind die Staubgefäße. Ein Staubgefäß (Sporophyll) besteht aus einem fadenförmigen Träger, dem Staubfaden, und aus dem Pollenbehälter, der Anthere (Mikrosporangium). Die Anthere besteht aus vier paarweise verbundenen Säcken (selten aus zwei), in denen die Pollenkörner (Mikrosporen) entstehen. Die reifen Pollenkörner sind in der Regel mehr oder minder gerundete Zellen, welche gewöhnlich von einer dicken cuticularisierten und oft mit Stacheln, Warzen oder Leisten bedeckten Haut (Exine) umgeben sind. Sie bilden innen an ihrer Wand eine kleine hautlose Zelle (antheridiale Zelle), welche später sich in zwei generative Zellen teilt, deren Kerne in den Pollenschlauch hinabwandern.

Befruchtung 19. Die Befruchtung beginnt mit der Bestäubung. Aus den aufgesprungenen Antheren wird der Pollen durch den Wind oder viel häufiger durch Insekten auf die Narbe anderer Blüten übertragen, da eine Befruchtung von Blüten mit ihrem eigenen Pollen (Selbstbefruchtung) durchgehends vermieden werden soll. Im Bau der Blüten sind die mannigfaltigsten, oft kompliziertesten Einrichtungen getroffen, welche zu diesem Zwecke mitwirken. Um den Insektenbesuch herbeizuführen, sind in den Blüten Organe (Nektarien) vorhanden, welche eine Zuckerlösung (Nektar) absondern, den die Insekten als Nahrung aufsuchen, wobei sie den Pollen einer Blüte auf die Narbe einer anderen abstreifen. Besonders bemerkenswert sind diejenigen Vorkehrungen, durch welche eine Selbstbefruchtung verhindert wird (Dichogamie, Heterostylie, Betäubungsmechanismen. *Chr. K. Sprengel* 1793). Nur wenige Pflanzen zeigen eine regelmäßige Selbstbestäubung, vorwiegend Pflanzen mit kleistogamen Blüten (S. 114).

20. Auf der papillösen feuchten Narbe treiben die Pollenkörner lange Schläuche (Pollenschläuche), welche die äußere Haut des Pollenkornes, zuweilen an bestimmten, vorgebildeten Austrittsöffnungen, durchbrechen. Die Pollenschläuche wachsen durch den Griffel in die Fruchtknotenhöhle hinab, bis sie auf die Mikropyle der Samenknospe treffen. Seltener dringen sie durch die Chalaza zum Embryosack vor (Chalazogamie).

21. Die Befruchtung erfolgt, indem der Pollenschlauch in die Mikropyle bis zum Embryosack eindringt, worauf *(Strasburger)* der Zellkern der einen im Pollenschlauch hinabwandernden generativen Zelle (Spermakern) in die Eizelle übertritt und mit dem Kern derselben (Eikern) verschmilzt, was mit den analogen Vorgängen der Vereinigung von Spermatozoiden mit der Eizelle bei den Kryptogamen in Einklang steht. Zwischen der Bestäubung

und Befruchtung vergehen oft nur Stunden und Tage, bei einigen Pflanzen aber sogar Monate.

22. Nach erfolgter Befruchtung beginnt die Ausbildung der Eizelle zum Embryo. Die Eizelle erzeugt zunächst einen Träger (Embryoträger), indem sie zu einem durch Querwände geteilten Schlauch auswächst, aus dessen Endzelle der Embryo entsteht, der dann einen gestielten kugeligen Körper darstellt. Nachdem die Embryonalkugel durch Zellteilungen zu einem Gewebekörper geworden ist, wächst dieser langsam heran und wird endlich zum fertigen in Cotyledonen und Wurzel gegliederten Embryo.

23. Während der Entstehung des Embryos aus der Eizelle bildet sich im übrigen Raum des Embryosackes das Endosperm. Die Endospermbildung ist nach neueren Untersuchungen die Folge einer Verschmelzung des Kernes der zweiten generativen Zelle mit dem secundären Embryosackkern *(Nawaschin, de Vries).* Das Endosperm ist ein Gewebe, welches sich während der Samenreife mit organischen Nährstoffen (Stärke, Fett, Eiweißstoffen oder Cellulose) anfüllt und der Keimpflanze als erste Nahrungsquelle dient. Die Integumente der Samenknospen bilden sich zur Samenschale aus. Der reife Same ist also nichts weiter als die befruchtete herangewachsene Samenknospe. An der Samenschale ist meist die Stelle, wo der Same angeheftet war, als Narbe (Hilum)*) zu erkennen. Same

24. Bei Dicotylen kommt es häufig vor, daß der reife Same neben dem Embryo kein Endosperm enthält (Bohnen, Mandeln, Wallnüsse, Eicheln u. a.). In diesem Fall ist das nach der Befruchtung entstandene Endosperm schon während der Samenreife durch die stark wachsenden Cotyledonen des Embryo aufgesogen worden, und dieser füllt nun den Raum innerhalb der Samenschale vollständig aus.

25. Durch die Befruchtung wird außer der Bildung des Samens auch die weitere Entwickelung des Fruchtknotens angeregt, welcher zur Frucht (Nuß, Kapsel, Beere usw.) heranreift. Im Zustande der Unreife (als Fruchtknoten) sind alle Früchte sich mehr oder weniger ähnlich. Sie bestehen aus einem kugelförmigen oder länglichen, äußerst zartwandigen, aus Blättern (Carpellen) verwachsenen, ein- oder mehrfächerigen Gehäuse, welches die unbefruchteten kleinen Samenanlagen (Samenknospen) enthält. Meistens scheiden sich bei der Fruchtreife die Gewebe der Fruchtwand (des Pericarps) in mehrere Schichten (Epi-, Meso-, Endocarp). Je nach der Ausbildung dieser Schichten unterscheidet man folgende Fruchtformen: Frucht

Die Kapsel, mit lederigem oder holzigem Pericarp, das sich bei der Reife öffnet, um die Samen zu entlassen (Deckelkapsel, Porenkapsel, Klappenkapsel, Schote, Hülse).

Die Nuß. Pericarp nicht aufspringend, aus Sklerenchym bestehend. (Echte Nuß. Caryopse der Gräser, Achäne der Compositen von abweichendem Bau.)

Die Beere. Häutige Umhüllung, halbflüssiger Inhalt mit Samen, (Abweichende Formen, Früchte von Capsicum, Cucurbita, Citrus, Myristica.)

Die Steinfrucht, charakterisiert durch das harte Endocarp, welches sich als Stein herauslösen läßt. Beispiele: Kirsche, Pflaume, Cocosnuß, Wall-

---

*) Vom lateinischen hilum, Kleinigkeit.

nuß, letztere sind also botanisch keine „Nüsse". Auch die Früchte des Hollunders und der Heidelbeere sind Steinfrüchte, obwohl die Sprache sie als Beeren bezeichnet.

Die Spaltfrucht (Mericarpium). Früchte der Umbelliferen, Malvaceen, Geraniaceen.

Zuweilen beteiligen sich an der Fruchtbildung noch andere Teile der Blüte, z. B. der fleischige Blütenboden bei der Erdbeere und Feige, die fleischig werdende Blütenachse beim Apfel und der Hagebutte usw. Man nennt diese Fruchtbildungen Scheinfrüchte, die zum Teil Sammelfrüchte, d. h. Fruchtverwachsungen, sein können (Himbeere, Maulbeere, Ananas).

Bastarde

26. Der Sexualakt findet in der Regel zwischen zwei Individuen derselben Art statt, und die Nachkommen stimmen in ihren Eigenschaften mit beiden Eltern überein. Es kann aber auch die Befruchtung zwischen verschiedenen Arten stattfinden, wodurch Bastarde entstehen, die verschiedene Eigenschaften der Eltern erben und daher von beiden verschieden sind. Bastardbildung ist nur zwischen nahe verwandten Pflanzenformen möglich, am leichtesten zwischen zwei verschiedenen Arten einer Gattung. Die Neigung, Bastarde zu bilden, ist bei verschiedenen Gattungen und Arten sehr ungleich, manche bastardieren leicht, manche gar nicht. Künstliche Bastardierung hat ergeben, daß bei dem Bastard nicht immer die Eigenschaften beider Eltern gleichmäßig hervortreten, sondern daß oft Merkmale eines Erzeugers dominieren, der Bastard also zumeist nur dem einen Teil der Eltern ähnlich ist. Die Eigenschaften des andern Erzeugers werden zwar ebenfalls vererbt, treten aber nicht sichtbar hervor, bleiben latent. Bei den Nachkommen des Bastards (zweite Generation) treten dagegen beiderlei ererbte Eigenschaften wieder hervor, aber nur bei einem Teil der Nachkommenschaft, und zwar in dem durch Generationen sich gleichbleibenden Verhältnis, daß 50 % dem Bastard, 25 % dem einen und 25 % dem andern Teil von dessen Eltern gleichen (Mendelsche Spaltungsregel).

Pfropfbastarde. Bastarde können auch bei Pfropfung entstehen (*Winkler*), doch sind die innern Vorgänge nicht in allen Fällen aufgeklärt. Der Pfropfbastard entsteht gewöhnlich durch bloße Verteilung und Verwachsung von Zellschichten beider Arten. Diese Pfropfbastarde wurden „Chimären" genannt. Zu ihnen gehört, außer von *Winkler* künstlich erzeugten Solanaceenchimären, auch der altbekannte Cytisus Adami.

Vegetative Vermehrung

27. Außer durch besondere Fortpflanzungsorgane findet bei fast allen Pflanzen eine Reproduktion durch sogenannte vegetative Vermehrung statt. Sowohl bei Kryptogamen wie Phanerogamen können abgetrennte Teile der Pflanzen Sprosse und Wurzeln bilden und eine vollständige Pflanze erzeugen (Stecklinge). In vielen Fällen werden besondere Organe für die vegetative Vermehrung gebildet (Zwiebeln, Knollen, Ausläufer, Brutknospen).

28. Bei einer Anzahl Kryptogamen und Blütenpflanzen ist die geschlechtliche Fortpflanzung völlig verschwunden (Apogamie) und an ihre Stelle die ausschließlich ungeschlechtliche getreten, wobei zuweilen noch Sexualorgane ohne Funktion gebildet oder die Formen von geschlechtlich erzeugten Sporen nachgeahmt werden.

29. Auch bei Blütenpflanzen ist die Entstehung von Embryonen aus Eizellen ohne Befruchtung in mehreren Fällen beobachtet, was man früher als

Parthenogenesis bezeichnete. Beispiele sind Antennaria alpina, Alchimilla, Taraxacum officinale, Thalictrum purpurascens, Wickstroemia indica, wo die Eizellen, da die Pollenkörner nicht funktionsfähig sind, sich ohne jede Befruchtung zum Embryo und die Samenknospen zu keimfähigen Samen ausbilden. Zuweilen werden auch Zellen des Knospenkerns, also gewöhnliche vegetative Zellen, zu Embryonen (Adventivembryonen), z. B. bei Funkia ovata, Caelebogyne ilicifolia, Citrus. Dabei werden gewöhnlich mehrere Embryonen gebildet (Polyembryonie). Bei einigen Kulturpflanzen (Gurke, Apfel, Birne) ist die Entstehung von Früchten ohne Befruchtung erzielt worden (Parthenocarpie). Diese Früchte sind kernlos.

II. Teil.

Spezielle Botanik.

1. Die spezielle Botanik befaßt sich mit der speziellen Organographie und Biologie der Pflanzenklassen; daraus ergeben sich die Grundlagen zur Aufstellung des Systems.

2. Die wissenschaftliche Systematik stellt sich die Aufgabe, durch die Anordnung der Pflanzen die Verwandtschaftsverhältnisse zum Ausdruck zu bringen. Da aber die Kenntnis der Verwandtsehaften nicht durch Spekulation, sondern nur durch exakte Untersuchungen erlangt wird, so ist jedes System nur der zeitweilige Ausdruck für den Stand der systematischen Forschung und kann also nicht unveränderlich sein. So ist es verständlich, weshalb im Laufe der Zeiten so viele verschiedene Systeme aufgestellt wurden. (Künstliche und natürliche Systeme.)

3. Die Gesamtheit der Pflanzen bildet keine zusammenhängende, von der einfachsten bis zur vollkommensten Organisation fortschreitende Reihe. Vielmehr sind es mehrere Reihen, in denen die aufsteigende Entwickelung zutage tritt. Die Pflanzen einer jeden Reihe stehen unter sich in engerem Verwandtschaftsverhältnis, während der Zusammenhang der Reihen untereinander in vielen Fällen schwierig oder gar nicht herzustellen ist.

4. Die früher allgemein übliche Einteilung aller Pflanzen in Kryptogamen (welche die Thallophyten, Moose und Gefäßkryptogamen umfassen) und Phanerogamen (die Gymnospermen, Mono- und Dicotyledonen umfassend) ist ihrer wörtlichen Bedeutung nach veraltet, weil sie den neueren Forschungen über die Fortpflanzung nicht mehr entspricht. Der Name Kryptogamen, welcher soviel bedeutet wie Pflanzen mit verborgener Fortpflanzung, wurde als Gegensatz zu den in 23 Klassen eingeteilten, später Phanerogamen genannten Blütenpflanzen von Linné eingeführt. Die Fortpflanzung der Kryptogamen ist uns heute nicht mehr „verborgen". Immerhin kann diese Teilung des Pflanzenreichs in zwei, in mancherlei anderer Beziehung verschiedene große Kreise aus praktischen Gründen noch gebilligt werden. Die Morphologie der Blüte bedingt doch einen großen Formengegensatz der Blütenpflanzen zu den Kryptogamen. Damit ist aber nichts gegen den phylogenetischen Zusammenhang der Kryptogamen und Phanerogamen ausgesagt, der vielmehr durch neuere Forschungen immer zweifelloser geworden ist.

Man teilt wissenschaftlicher alle Pflanzen heute in folgende sechs Hauptabteilungen:

I. Thallophyta.	II. Bryophyta.	III. Pteridophyta.
IV. Gymnospermae.	V. Dicotyledones.	VI. Monocotyledones.

Diese Einteilung beruht vorwiegend auf der Verschiedenheit der Fortpflanzungsvorgänge und des aus denselben hervorgehenden Produktes, was die Namen zwar nicht andeuten. Der Grund, weshalb man in erster Linie die Fortpflanzungsorgane zur Aufstellung des Systems benutzt, anatomische und morphologische Merkmale anderer Art erst sekundär verwendet, ist der, daß die Fortpflanzungsorgane dem Funktionswechsel in der Regel nicht unterliegen und daher als sicherere Dokumente der Verwandtschaft gelten dürfen als die Vegetationsorgane.

Übersicht des Systems

wesentlich nach Eichler (1880).

I. Thallophyta.

1. Myxomycetes (Schleimpilze).
2. Schizophyta (Spaltpflanzen).
   - Schizophyceae (Spaltalgen).
   - Schizomycetes (Spaltpilze).
3. Algae (Algen).
   - Peridineae (Peridineen).
   - Diatomeae (Kieselalgen).
   - Chlorophyceae (Grüne Algen).
   - Phaeophyceae (Braune Algen).
   - Rhodophyceae (Rote Algen.)
   - Characeae (Armleuchterpflanzen).
4. Mycetes (Pilze).
   - Phycomycetes.
     - a) Oomycetes.
     - b) Zygomycetes.
   - Ascomycetes.
   - Basidiomycetes.
     - a) Hymenomycetes.
     - b) Gasteromycetes.
     - c) Uredineae.
     - d) Ustilagineae.
   - Lichenes (Flechten).

II. Bryophyta (Moose).

1. Hepaticae (Lebermoose).
2. Musci (Laubmoose).

III. Pteridophyta (Gefäßkryptogamen).

1. Filicinae (Farne).
   - Filices (Farnkräuter).
   - Stipulatae.
   - Hydropterides (Wasserfarne).
2. Equisetinae (Schachtelhalme).
3. Lycopodinae (Bärlappe).
   - Lycopodiaceae.
   - Selaginellaceae.
   - Isoëtaceae.

IV. Gymnospermae.

1. Cycadeae.
2. Coniferae.
3. Gnetaceae.

V. Dicotyledones.

A. Choripetalae.

1. Piperinae.
2. Amentaceae.
3. Urticinae.
4. Loranthiflorae.
5. Serpentariae.
6. Centrospermae.
7. Polycarpicae.
8. Rhoeadinae.
9. Cistiflorae.
10. Opuntinae.
11. Passiflorinae.
12. Columniferae.
13. Gruinales.

14. Therebinthinae.
15. Aesculinae.
16. Frangulinae.
17. Tricoccae.
18. Umbelliflorae.
19. Saxifraginae.
20. Rosiflorae.
21. Leguminosae.
22. Myrtiflorae.
23. Thymelinae.

B. Sympetalae.

I. Pentacyclicae.

1. Ericinae.
2. Primulinae.
3. Diospyrinae.

II. Tetracyclicae.

a) Hypogynae, mit oberständigem Fruchtknoten.

4. Tubiflorae.
5. Labiatiflorae.
6. Contortae.

b) Epigynae, mit unterständigem Fruchtknoten.

7. Rubiinae.
8. Campanulinae.
9. Aggregatae.

VI. **Monocotyledones.**

1. Glumiflorae.
2. Enantioblastae.
3. Spadiciflorae.
4. Liliiflorae.
5. Scitamineae.
6. Gynandrae.
7. Helobiae.

Dieses modifizierte Eichlersche System ist im folgenden Text dieses Buches benutzt.

Englers System der Phanerogamen*).

(Embryophyta siphonogama.)

I. Unterabteilung. Gymnospermae.

1. Klasse. **Cycadales.**
Fam. Cycadaceae.

2. Klasse. **Ginkgoales.**
Fam. Ginkgoaceae.

3. Klasse. **Coniferae.**
Fam. Taxaceae. Fam. Pinaceae.

4. Klasse. **Gnetales.**
Fam. Gnetaceae.

II. Unterabteilung. Angiospermae.

1. Klasse. **Monocotyledoneae.**

1. Reihe. **Pandanales.**
Fam. Typhaceae.
— Pandanaceae.
— Sparganiaceae.

2. Reihe. **Helobiae.**
Fam. Potamogetonaceae.
— Najadaceae.
— Aponogetonaceae.

*) Zum Vergleich sei hier das jetzt verbreitete System von Engler für die Phanerogamen angeführt. Während unsere Tabelle nur die Reihen, der Text nur die wichtigsten Pflanzenfamilien enthält, gibt das Englersche System (Syllabus, 7. Aufl. 1912) einen Überblick über alle bekannten Familien der Phanerogamen (vgl. Vorrede).

Fam. Juncaginaceae.
— Alismataceae.
— Butomaceae.
— Hydrocharitaceae.

3. Reihe. **Triuridales.**
Fam. Triuridaceae.

4. Reihe. **Glumiflorae.**
Fam. Gramineae.
— Cyperaceae.

5. Reihe. **Principes.**
Fam. Palmae.

6. Reihe. **Synanthae.**
Fam. Cyclanthaceae.

7. Reihe. **Spathiflorae.**
Fam. Araceae.
— Lemnaceae.

8. Reihe **Farinosae.**
Fam. Flagellariaceae.
— Restionaceae.
— Centrolepidaceae.
— Mayacaceae.
— Xyridaceae.
— Eriocaulaceae.
— Thurniaceae.
Fam. Rapateaceae.
— Bromeliaceae.
— Commelinaceae.
— Pontederiaceae.
— Cyanastraceae.
— Philydraceae.

9. Reihe. **Liliiflorae.**
Fam. Juncaceae.
— Stemonaceae.
— Liliaceae.
— Haemodoraceae.
— Amaryllidaceae.
— Velloziaceae.
— Taccaceae.
— Dioscoreaceae.
— Iridaceae.

10. Reihe. **Scitamineae.**
Fam. Musaceae.
— Zingiberaceae.
— Cannaceae.
— Marantaceae.

11. Reihe. **Microspermae.**
Fam. Burmanniaceae.
— Orchidaceae.

2. Klasse. **Dicotyledoneae.**

1. Unterklasse. Archichlamydeae.

1. Reihe. **Verticillatae.**
Fam. Casuarinaceae.

2. Reihe. **Piperales.**
Fam. Saururaceae.
— Piperaceae.
— Chloranthaceae.
— Lacistemaceae.

3. Reihe. **Salicales.**
Fam. Salicaceae.

4. Reihe. **Garryales.**
Fam. Garryaceae.

5. Reihe. **Myricales.**
Fam. Myricaceae.

6. Reihe. **Balanopsidales.**
Fam. Balanopsidaceae.

7. Reihe. **Leitneriales.**
Fam. Leitneriaceae.

8. Reihe. **Juglandales.**
Fam. Juglandaceae.

9. Reihe. **Batidales.**
Fam. Batidaceae.

10. Reihe. **Julianiales.**
Fam. Julianiaceae.

11. Reihe. **Fagales.**
Fam. Betulaceae.
— Fagaceae.

12. Reihe. **Urticales.**
Fam. Ulmaceae.
— Moraceae.
— Urticaceae.

13. Reihe. **Proteales.**
Fam. Proteaceae.

14. Reihe. **Santalales.**
Fam. Myzodendraceae.
— Santalaceae.
— Opiliaceae.
— Grubbiaceae.
— Olacaceae.
— Loranthaceae.
— Balanophoraceae.

15. Reihe. **Aristolochiales.**
Fam. Aristolochiaceae.
— Rafflesiaceae.
— Hydnoraceae.

16. Reihe. **Polygonales.**
Fam. Polygonaceae.

17. Reihe. **Centrospermae.**
Fam. Chenopodiaceae.
— Amarantaceae.
— Nyctaginaceae.
— Cynocrambaceae.
— Phytolaccaceae.
— Aizoaceae.
— Portulacaceae.
— Basellaceae.
— Caryophyllaceae.

18. Reihe. **Ranales.**
Fam. Nymphaeaceae.
— Ceratophyllaceae.
— Trochodendraceae.
— Cercidiphyllaceae.
— Ranunculaceae.
— Lardizabalaceae.
— Berberidaceae.
— Menispermaceae.
— Magnoliaceae.
— Calycanthaceae.
— Lactoridaceae.
— Anonaceae.
— Myristicaceae.
— Gomortegaceae.
— Monimiaceae.
— Lauraceae.
— Hernandiaceae.

19. Reihe. **Rhoeadales.**
Fam. Papaveraceae.
— Capparidaceae.
Fam. Cruciferae.
— Tovariaceae.
— Resedaceae.
— Moringaceae.

20. Reihe. **Sarraceniales.**
Fam. Sarraceniaceae.
— Nepenthaceae.
— Droseraceae.

21. Reihe. **Rosales.**
Fam. Podostemonaceae.
— Hydrostachyaceae.
— Crassulaceae.
— Cephalotaceae.
— Saxifragaceae.
— Pittosporaceae.
— Brunelliaceae.
— Cunoniaceae.
— Myrothamnaceae.
— Bruniaceae.
— Hamamelidaceae.
— Platanaceae.
— Crossosomataceae.
— Rosaceae.
— Connaraceae.
— Leguminosae.

22. Reihe. **Pandales.**
Fam. Pandaceae.

23. Reihe. **Geraniales.**
Fam. Geraniaceae.
— Oxalidaceae.
— Tropaeolaceae.
— Linaceae.
— Humiriaceae.
— Erythroxylaceae.
— Zygophyllaceae.
— Cneoraceae.
— Rutaceae.
— Simarubaceae.
— Burseraceae.
— Meliaceae.
— Malpighiaceae.
— Trigoniaceae.
— Vochysiaceae.
— Tremandraceae.
— Polygalaceae.
— Dichapetalaceae.

Fam. Euphorbiaceae.
— Callitrichaceae.

24. Reihe. **Sapindales.**
Fam. Buxaceae.
— Empetraceae.
— Coriariaceae.
— Limnanthaceae.
— Anacardiaceae.
— Cyrillaceae.
— Pentaphylacaceae.
— Corynocarpaceae.
— Aquifoliaceae.
— Celastraceae.
— Hippocrateaceae.
— Salvadoraceae.
— Stackhousiaceae.
— Staphyleaceae.
— Icacinaceae.
— Aceraceae.
— Hippocastanaceae.
— Sapindaceae.
— Sabiaceae.
— Melianthaceae.
— Balsaminaceae.

25. Reihe. **Rhamnales.**
Fam. Rhamnaceae.
— Vitaceae.

26. Reihe. **Malvales.**
Fam. Elaeocarpaceae.
— Chlaenaceae.
— Gonystilaceae.
— Tiliaceae.
— Malvaceae.
— Bombacaceae.
— Sterculiaceae.
— Scytopetalaceae.

27. Reihe. **Parietales.**
Fam. Dilleniaceae.
— Eucryphiaceae.
— Ochnaceae.
— Caryocaraceae.
— Marcgraviaceae.
— Quiinaceae.
— Theaceae.
— Guttiferae.
— Dipterocarpaceae.
Fam. Elatinaceae.
— Franckeniaceae.
— Tamaricaceae.
— Fouquieraceae.
— Cistaceae.
— Bixaceae.
— Cochlospermaceae.
— Winteranaceae.
— Violaceae.
— Flacourtiaceae.
— Stachyuraceae.
— Turneraceae.
— Malesherbiaceae.
— Passifloraceae.
— Achariaceae.
— Caricaceae.
— Loasaceae.
— Datiscaceae.
— Begoniaceae.
— Ancistrocladaceae.

28. Reihe. **Opuntiales.**
Fam. Cactaceae.

29. Reihe. **Myrtiflorae.**
Fam. Geissolomataceae.
— Penaeaceae.
— Oliniaceae.
— Thymelaeaceae.
— Elaeagnaceae.
— Lythraceae.
— Sonneratiaceae.
— Punicaceae.
— Lecythidaceae.
— Rhizophoraceae.
— Nyssaceae.
— Alangiaceae.
— Combretaceae.
— Myrtaceae.
— Melastomaceae.
— Oenotheraceae.
— Halorrhagaceae.
— Hippuridaceae.
— Cynomoriaceae.

30. Reihe. **Umbelliflorae.**
Fam. Araliaceae.
— Umbelliferae.
— Cornaceae.

2. Unterklasse. Metachlamydeae.

1. Reihe. **Ericales.**
Fam. Clethraceae.
— Pirolaceae.
— Lennoaceae.
— Ericaceae.
— Epacridaceae.
— Diapensiaceae.

2. Reihe. **Primulales.**
Fam. Theophrastaceae.
— Myrsinaceae.
— Primulaceae.

3. Reihe. **Plumbaginales.**
Fam. Plumbaginaceae.

4. Reihe. **Ebenales.**
Fam. Sapotaceae.
— Ebenaceae.
— Symplocaceae.
— Styracaceae.

5. Reihe. **Contortae.**
Fam. Oleaceae.
— Loganiaceae.
— Gentianaceae.
— Apocynaceae.
— Aclepiadaceae.

6. Reihe. **Tubiflorae.**
Fam. Convolvulaceae.
— Polemoniaceae.
— Hydrophyllaceae.
— Borraginaceae.
— Verbenaceae.
— Labiatae.
Fam. Nolanaceae.
— Solanaceae.
— Scrophulariaceae.
— Bignoniaceae.
— Pedaliaceae.
— Martyniaceae.
— Orobanchaceae.
— Gesneriaceae.
— Columelliaceae.
— Lentibulariaceae.
— Globulariaceae.
— Acanthaceae.
— Myoporaceae.
— Phrymaceae.

7. Reihe. **Plantaginales.**
Fam. Plantaginaceae.

8. Reihe. **Rubiales.**
Fam. Rubiaceae.
— Caprifoliaceae.
— Adoxaceae.
— Valerianaceae.
— Dipsacaceae.

9. Reihe. **Cucurbitales.**
Fam. Cucurbitaceae.

10. Reihe. **Campanulatae.**
Fam. Campanulaceae.
— Goodeniaceae.
— Brunoniaceae.
— Stylidiaceae.
— Calyceraceae.
— Compositae.

Systematische Übersicht des Pflanzenreiches.

I. Thallophyta. Thallophyten.

Man faßt unter diesem Namen die Schleimpilze, Spaltpflanzen, Algen, Characeen und Pilze zusammen. Die einfachsten Thallophyten sind einzellige Pflanzen, von mikroskopischer Kleinheit, während die vollkommeneren, z. B. einige große Meeresalgen, zu den größten Pflanzen gehören und schon eine ausgebildetere Gliederung in Wurzeln und Sprosse mit blattähnlichen Flächen besitzen. Im Vergleich mit den höheren Pflanzen ist ihr Vegetationskörper jedoch noch immer einfach organisiert, sowohl was die Gliederung in Wurzeln und Sprosse als auch die Anatomie der Gewebe anbetrifft. (Vgl. S. 17) Die Fortpflanzung der Thallophyten ist teils ungeschlechtlich, teils geschlechtlich, gewöhnlich kommen beide Arten von Fortpflanzung vor. Die beiden Hauptabteilungen der Thallophyten bilden Algen und Pilze, erstere mit Chlorophyll begabt, daher mit selbständiger Ernährung (autotroph), letztere chlorophyllos und von der Zufuhr organischer Nahrung abhängig (heterotroph).

1. Myxomycetes. Schleimpilze.

Die Myxomyceten sind in ihrer äußeren Gestalt von allen anderen Thallophyten auffallend verschieden. Ihr Vegetationskörper ist eine chlorophyllfreie, farblose oder zuweilen durch gelbe oder rote Farbstoffe gefärbte Protoplasmamasse ohne Membran (Plasmodium), welche sich kriechend bewegt und lebhafte Strömung im Innern zeigt. Die Plasmodien nehmen feste Körper, Chlorophyllkörner, Stärkekörner usw. in sich auf, welche sie mit Hilfe von Enzymen verdauen. Zum Zweck der Fortpflanzung zerfällt das ganze Plasmodium in Sporenbehälter von mannigfacher, oft sehr zierlicher Gestalt (Cysten, Sporangien) mit zahlreichen Sporen. Zuweilen enthält das Sporangium neben den Sporen ein Fadengeflecht (Capillitium), welches durch Bewegungen bei der Entleerung der Sporen mitwirkt. Diese Sporen entlassen bei der Keimung einen amöbenartig oder schwärmend sich bewegenden Protoplasmakörper, was vielleicht auf eine Verwandtschaft mit den Flagellaten deutet. (Vgl. S. 71) Durch Zusammenfließen zahlreicher solcher Amöben entsteht ein neues Plasmodium. Die Myxomyceten leben meistens von organischen Resten, auf modernden Blättern des Waldbodens, alten Baumstümpfen usw., einige als Parasiten, und stimmen insofern mit den Pilzen überein.

Es gibt etwa 50 bekannte Gattungen mit etwa 500 Arten, die in die Ordnungen der Myxogasteres, Plasmodiophoraceae und Acrasieae getrennt werden. *Aethalium septicum* oder *Fuligo varians* lebt in Gerberlohe, ihre fast fußgroßen Plasmodien von chromgelber Farbe sammeln sich oft auf den Lohhaufen der Gerbereien an. *Stemonitis, Lycogala, Trichia, Leocarpus* u. a. sind kleinere Formen auf totem Holz, Rinden usw. Die parasitische *Plasmodiophora Brassicae* erzeugt eine Krankheit der Kohlrüben (Kohlhernie). Die Gruppe der Acrasieen bildet aus nicht verschmelzenden Amöben bloße Aggregatplasmodien (Dictyostelium).

2. Schizophyta. Spaltpflanzen.

Die Schizophyten umfassen zwei Abteilungen: 1) die chlorophyllhaltigen Spaltalgen oder Schizophyceen; 2) die chlorophyllosen Spaltpilze oder Schizomyceten. Die letzteren zeichnen sich durch außerordentliche Kleinheit aus und können nur mit den stärksten Vergrößerungen gesehen werden. Den Namen Spaltpflanzen trägt diese Abteilung, weil die Vermehrung durch eine eigentümliche Teilungsart der Zellen erfolgt. Geschlechtliche Fortpflanzung kommt nicht vor.

1. Schizophyceae. Spaltalgen.

Die Spaltalgen sind einzellig, sie bilden aber in der Regel charakteristische, in schleimige Scheiden oder eine gemeinsame, aus ihren Membranen entstehende Gallerte eingebettete, fadenförmige oder kettenförmige Kolonien. Ihre Farbe ist meist blaugrün, da ein das Zellplasma umgebendes Chromatophor neben dem Chlorophyllgrün einen in Wasser löslichen blauen Farbstoff (Phycocyan) enthält. Zellkerne sind nicht nachzuweisen. Als Assimilationsprodukt entsteht Glycogen. Die Fortpflanzung geschieht nur ungeschlechtlich durch Teilung. Einige bilden auch Dauerzellen. Die Spaltalgen leben teils auf feuchten Substraten, dieselben mit ihren Rasen überziehend, andere im Süßwasser und im Meere, manche in heißen Quellen, auch in den Sinterbecken des Yellowstone Parks. Die Kolonien einiger Spaltalgen leben in den Intercellularräumen und Hohlräumen im Gewebe anderer Pflanzen, wo sie, ohne eigentliche Parasiten zu sein, geschützter sind; man findet sie, z. B. Nostoc, in den Wurzeln von Cycas und Gunnera, in den Spaltöffnungen mancher Lebermoose, Anabaena in den Blatthöhlungen von Azolla (ca. 800 Arten bekannt).

1. Chroococcaceae. *Chroococcus. Gloeocapsa.*
2. Oscillariaceae. *Oscillaria*, fadenförmige Kolonien mit Hormogonien.
3. Nostocaceae. *Nostoc und Rivularia* mit Heterocysten.

2. Schizomycetes. Spaltpilze oder Bacterien.

In der Form und Organisation sind die Spaltpilze den Spaltalgen nicht unähnlich, sie besitzen jedoch kein Chlorophyll, können also mit einzelnen Ausnahmen nicht assimilieren und sind auf organische Nährstoffe angewiesen. Aus diesem Grunde wurden sie früher zu den Pilzen gerechnet. Die Bacterien sind bedeutend kleiner wie die Spaltalgen, gehören überhaupt zu den kleinsten mikroskopischen Organismen, die Stäbchenbacterien sind meistens nur $^1/_{1000}$ bis $^5/_{1000}$ Millimeter lang. Ihre Zellen bestehen aus einem Protoplasma ohne Zellkern von einer chitinähnlichen, außen oft verschleimenden Membran umgeben. Die Bacterien bewirken bei ihrer Ernährung die weitestgehenden Zersetzungen ihrer Substrate, sind Fäulnis- und Gärungserreger und dadurch zum Teil ganz unentbehrlich für manches Gewerbe (Essigfabrikation usw.). Viele sind andererseits schädlich als Ursachen von Krankheiten (pathogene Bacterien). Manche Bacterien sind immer unbeweglich, andere dagegen zeigen die lebhafteste Bewegung, welche mit außerordentlich feinen, oft zahlreich am Bacterienkörper sitzenden Geißelfäden ausgeführt wird. Sie gehen aber in bestimmten Stadien der Entwickelung ebenfalls in den unbeweglichen Zustand über und liegen dann zu Millionen in einer von ihnen produzierten Gallertmasse beisammen. Diese Bacteriengallerte wird als Zoogloea bezeichnet. Die Fortpflanzung der Bacterien ist ungeschlechtlich. Gewöhnlich vermehren sie sich durch einfache Zweiteilung (Spaltung), bilden aber auch besondere Reproduktionszellen (Endosporen), welche namentlich nach Erschöpfung des Nährsubstrates entstehen. Die Sporen können längere oder kürzere Zeit ruhen, ehe sie keimen (Dauersporen); in Nährlösung gelangt keimen sie und erzeugen neue Generationen von Bacterien. Wie schon erwähnt, gibt es aërobe und anaërobe Formen. (Vgl. S. 40)

Die Formen, in denen die Spaltpilze auftreten, hat man mit besonderen Namen bezeichnet und unterscheidet:

Coccen, kugelförmige Zellen,
Bacterien, kurze oder längere Stäbchen.
Bacillen, Stäbchen mit Sporen.
Spirillen, schraubig gedrehte Stäbchen.
Leptothrix, lange einfache Fäden.
Cladothrix, lange verzweigte Fäden.

Diese Formen werden von den meisten Forschern für besondere Gattungen gehalten, während *Nägeli* und *Zopf* in ihnen nur zusammengehörige Entwickelungszustände erblickten, da die verschiedenen Formen meist zusammen vorkommen, unter Umständen, welche eine Entstehung auseinander möglich erscheinen lassen. Die Frage ist um so schwerer zu entscheiden, als viele Bacterienformen mit dem Wechsel der äußeren Umstände ihre Gestalt und ihre biologischen Eigenschaften umändern, was aber von einer Umwandlung ineinander natürlich verschieden ist. Tatsächlich kann man die zahllosen Spaltpilze nicht allein nach ihrer Form, sondern nur mit Berücksichtigung ihrer chemischen und physiologischen Wirkungen unterscheiden. Es ist demnach heute kaum möglich, schon ein befriedigendes System der Bacterien aufzustellen.

Die wichtigsten Spaltpilze.

I. Haplobacterien, eigentliche Bacterien.

1. Coccaceae.

Die kugelförmigen Coccaceen bleiben nach der Teilung vielfach zu losen Zellverbänden vereinigt, welche man noch mit besonderen Namen belegt hat. Solche Formen sind die Diplo- und Tetracoccenform, Paketform (Sarcina), Traubenform (Staphylococcus), Kettenform (Streptococcus).

Streptococcus pyogenes. Coccus der Rose oder des Rotlaufs und anderer Entzündungskrankheiten.

Streptococcus mesenterioides. Froschlaichpilz, verursacht die sogenannte Schleimgärung in Zuckersäften und richtet dadurch Schaden in Zuckerfabriken an.

Streptococcus lanceolatus. Ursache der kruppösen Pneumonie.

Sarcina ventriculi. Im Mageninhalt des Menschen.

Micrococcus pyogenes aureus. Eitercoccus, Coccus der akuten infektiösen Osteomyelitis, des Panaritiums usw.

Micrococcus gonorrhoeae. Coccus der Gonorrhöe.

Micrococcus intracellularis. Ursache der epidemischen Genickstarre.

2. Bacteriaceae.

Bacterium ureae. Verursacht die Harngärung und spaltet den Harnstoff in kohlensaures Ammoniak.

Bacterium aceti. Essigpilz. Bewirkt die Oxydation des Alkohols zu Essigsäure bei der Essigfabrikation.

Bacillus anthracis. Milzbrandbacillus.

Bacterium phosphoreum. Leuchtbacterie, auf Fleisch und toten Seefischen mit hellem Phosphoreszenzlicht leuchtend.

Bacterium influenzae. Influenza-Bacterie.

Bacterium Typhi. Erzeugt den Typhus.

Bacterium Pestis. Erreger der Beulenpest.

Bacterium acidi lactici. Milchsäurebacillus. Bewirkt die Bildung der Milchsäure aus Kohlehydraten. Doch gibt es noch andere Arten, die dieselbe Gärung hervorrufen.

Bacterium Nitrobacter. Salpeterbacterie zur Gruppe der Nitratbacterien gehörig, welche im Erdboden Salpeter bilden.

Bacillus prodigiosus. Bacillus des sog. blutenden Brotes usw.

Bacillus vulgaris. Gewöhnlichster Fäulnisbacillus, mit anderen Fäulniserregern zusammen vorkommend.

Bacillus Tetani. Starrkrampfbacillus (streng anaërob).

Bacillus subtilis. Heubacillus. In Abkochungen des Heues.

Bacillus radicicola. Erzeugt an Leguminosenwurzeln die Knöllchen, welche mit der Stickstoffernährung in Beziehung stehen.

Bacillus Amylobacter oder *Clostridium butyricum.* Wandelt die Kohlehydrate in Buttersäure um.

Vibrio Cholerae (Kommabacillus). Ursache der Cholera.

Spirillum undula. In faulenden Flüssigkeiten.

Pseudomonas syncyanea. Ursache der blauen Milch.

Nitromonas und *Nitrococcus.* Nitritbacterien.

Mycobacterium Tuberculosis. Tuberkelbacillus, Ursache der Tuberkulose.

Mycobacterium Leprae. Aussatzbacillus.

Corynebacterium Mallei. Verursacht die Rotzkrankheit.

Corynebacterium Diphtheriae. Diphtheriaebacillus.

Actinomyces. Ursache einer gefährlichen Knochenkrankheit (Aktinomykose).

II. Trichobacterien, Fadenbacterien.

3. Leptothricheae.

Fadenförmige Spaltpilze, welche meistens in stehendem oder fließendem Wasser leben. Sie dringen zuweilen in Brunnen, Wasserleitungsröhren usw. ein und werden durch Verstopfen der letzteren und Verschlechterung des Wassers zu lokalen Plagen. Die Leptothrixfäden zerfallen unter Umständen in Coccen, welche dann wieder zu Stäbchen und endlich wieder zu Fäden heranwachsen. Sie zeigen also alle Formen der andern Spaltpilze als Entwicklungszustände.

Crenothrix Kühniana. Dringt zuweilen in Wasserleitungen ein.

Beggiatoa alba. Wasserpilze, welche in ihren Zellen Schwefelkörnchen ablagern, die sie aus dem Schwefelwasserstoff ihrer Standorte abspalten.

Leptothrix ochracea. Oxydiert Eisensalze und speichert den Eisenocker in ihren Fadenscheiden auf.

Leptothrix buccalis. Ursache der Zahnkarries.

4. Cladothricheae.

Verzweigte Fäden. Leben ebenfalls meistens in schmutzigen Gewässern und Bächen. Die Cladothrixfäden können in coccen-, stäbchen- und spirillenförmige Teilstücke zerfallen.

Cladothrix dichotoma.

III. Myxobacterien.

Organismen, die erst in neuerer Zeit *(Thaxter)* aufgefunden und einer Ähnlichkeit mit Myxomyceten ihren Namen verdanken. Sie leben auf tierischen Exkrementen. Bei den Myxobacterien findet eine schärfere Trennung der vegetativen Zustände von denen der Fortpflanzung statt. Die Schleimmasse, in die die Bacterien eingebettet sind, gleicht äußerlich einem Plasmodium, ist jedoch nur eine kriechende Zoogloea. Auch die Fortpflanzungskörper, die die Form zuweilen gefärbter Cysten oder auf Stielen sitzender Cystenstände haben, ähneln den Fruchtkörpern der Myxomyceten. Die Cysten enthalten aber keine Sporen, sondern Bacterienstäbchen. Es sind ca. 20 Arten bekannt.

Myxococcus, Chondromyces apiculatus.

3. Algae. Algen.

Die Algen stammen wahrscheinlich von gefärbten zu den Infusorien gehörigen Flagellaten ab, wenn auch nicht von den heute lebenden Formen. Manche Formen von diesen sind den Algen noch sehr ähnlich, weil sie Chromatophoren besitzen, wie Hydrurus, Cryptomonas und Euglena. Sie vermehren sich jedoch abweichend von den Algen durch Längsteilung. Die eigentlichen Algen haben sich in zahlreichen voneinander sehr verschiedenen Stämmen entwickelt, deren Zusammenhang schwer zu begründen ist. Daher ist das System der Algen noch nicht vollkommen. Die einzelnen Familien werden bald vereinigt, bald getrennt. Ein neueres, auf die Geißeln der Schwärmer begründetes System, welches die Algen in Isokonten, Heterokonten und Akonten scheidet, erscheint mehr künstlich als natürlich. Alle Algen enthalten Chlorophyll, doch ist dies bei den braunen Tangen oder Fucaceen und Diatomeen durch braune, bei den Florideen meist durch rote Farbstoffe verdeckt. Die einfachsten Algen sind mikroskopische, einzellige Pflanzen, Zellfäden oder kleine Zellflächen, die vollkommeneren, z. B. die Meeresalgen, zum Teil viele Meter große Pflanzen mit beblätterten Sprossen und wurzelartigen Haftorganen. Die Algen sind Wasserpflanzen oder doch an das Vorhandensein von Feuchtigkeit gebunden. Sie leben im Süßwasser und im Meere und bilden in letzterem die charakteristische Vegetation. Algen finden sich aber auch sonst weit verbreitet, auf feuchter Erde oder an zeitweise feuchten Orten (auf Baumrinden, Steinen, Dachrinnen usw.). Einige leben, ähnlich wie manche Spaltalgen, in Gewebelücken anderer Pflanzen. Die Algen pflanzen sich teils ungeschlechtlich durch Schwärmsporen fort oder haben daneben auch noch eine geschlechtliche Fortpflanzung. Die geschlechtliche Fortpflanzung geschieht entweder durch Kopulation von Gameten (vgl. S. 52) oder durch Befruchtung von Eizellen durch Spermatozoen. Man kann die Algen ihrer Entwicklung nach in fünf Abteilungen trennen, welche zum Teil mit ihrer Farbe zusammenfallen (ca. 15000 Arten bekannt). An die Algen schließt man gewöhnlich noch die Characeen an.

1. Peridinae. Peridineen.

Einzellige, mit den Flagellaten unter den Infusorien am nächsten verwandte Organismen (Dinoflagellaten). Im Süßwasser und zahlreicher im

Meere (Plankton). Ähneln den Diatomeen in gewisser Beziehung durch ihre skulptierten Cellulosepanzer und gelben Chromatophoren, besitzen aber ganz andere Umrißformen. Die Planktonformen besitzen Flügelbildungen oder lange Schwebeborsten. Einige sind auch farblos und leben als Saprophyten. Sie bewegen sich mittelst zweier langer aus einer Furche entspringender Geißelfäden (Cilien). Vermehrung durch Zweiteilung. Manche sind an der Erscheinung des Meerleuchtens beteiligt.

Ceratium. Peridinium (ca. 170 Arten).

2. Diatomeae. Kieselalgen.

Die Diatomeen bilden eine höchst merkwürdige, eigenartig organisierte Klasse einzelliger Algen von stäbchen-, schiffchen-, keilförmiger Gestalt oder centrisch gebaut (Diat. pennatae, D. centricae). Sie sind mikroskopisch klein, leben aber vielfach in großer Zahl beisammen im Süßwasser, auf nassen Substraten (Steinen) und im Meere (im Plankton). Eigentümlich ist der Bau ihrer Zellwand, welche aus zwei Schalen besteht, die schachtelähnlich ineinander stecken (Gürtelseite und Schalenseite). Diese Zellmembranen sind meistens mit den zierlichsten, formenreichsten Skulpturen versehen und dabei verkieselt. Die nach dem Absterben der Algen zurückbleibenden Kieselschalen sind daher unvergänglich und haben sich an manchen Orten als Gesteinsschichten zu ungeheuren Mengen angehäuft (Kieselgur). Im Protoplasma der Zellen liegen meist zwei größere Chromatophoren (Endochromplatten), deren Chlorophyll durch einen braunen Farbstoff (Diatomin) verdeckt ist. Wo die Diatomeen frei im Wasser schwimmen, zeigen sie eine eigentümliche Hin- und Herbewegung. Bei einigen Arten sind die Zellen durch Gallertstiele verbunden und bilden baumförmig verzweigte kleine Kolonien. Die Fortpflanzung der Diatomeen geschieht durch Teilung und durch Bildung von Auxosporen mit oder ohne Konjugation von Gameten.

Gomphonema. Cocconeis. Pleurosigma. Navicula. Eunotia. Melosira. Coscinodiscus und zahlreiche andere Gattungen (ca. 6000 Arten).

3. Chlorophyceae. Grüne Algen.

Meistens durch eine rein grüne Färbung ausgezeichnete Algen, die von einzelligen zu faden- oder flächenförmigen Formen oder größeren Körpern sich vervollkommnen. Sie bilden meist die Algenflora des Süßwassers, andere, wie die meisten Siphoneen, leben im Meere.

a) Conjugatae (Acontae, Geißellose). Nur wenige Gattungen haben einfache, ovale Zellen (Mesotaeniaceen), die Mehrzahl bildet bilateral-symmetrische Zellen (Desmidiaceen), oder fadenförmige Kolonien (Zygnemaceen). Sie sind ausgezeichnet durch mannigfaltige, zierliche Gestalt ihrer Chlorophyllkörper, welche in Form von Spiralbändern, Platten oder strahligen Körpern vorhanden sind. Die Chromatophoren enthalten aus Eiweißkörpern bestehende, von Stärkekörnern umhüllte Pyrenoide. Vermehrung durch Teilung. Fortpflanzung nur durch Konjugation gleichgestalteter geißelloser Gameten. Durch diese Art der Fortpflanzung unterscheiden sich die Konjugaten von den übrigen Chlorophyceen. Über 5000 Arten, Süßwasserbewohner, meist in Torfgewässern.

Spirotaenia. Spirogyra. Zygnema. Mesocarpus. Closterium. Cosmarium. Desmidium. Micrasterias.

b) Confervoideae. (Heterocontae, Geißeln von verschiedener Länge.) Kurzzellige oder mehrzellige unverzweigte Fadenalgen, deren Zellmembranen sich durch ihre eigentümliche Struktur auszeichnen. Vermehrung durch Schwärmsporen mit zwei ungleich langen Geißeln, zuweilen auch durch unbewegliche Sporen. Leben im Süßwasser (100 Arten).

Ophiocytium und Sciadium mit mehrkernigen Zellen. *Conferva. Botrydium* (Schwärmsporen mit einer Geißel, *Botrydium* wird auch den Siphoneen beigezählt).

c) Volvocaceae. Freischwimmende, einzellige oder zu ungemein zierlichen kugelförmigen Kolonien vereinigte Algen, welche sich mittelst ihrer Geißeln im Wasser treibend fortbewegen. Die Fortpflanzung erfolgt bei den einzelligen durch Schwärmsporen oder geschlechtlich durch Kopulation kleiner gleichgestalteter Gameten. Bei den koloniebildenden Arten entstehen neue Kolonien ungeschlechtlich aus den Zellen der Mutterkolonie, daneben kann eine Befruchtung von großen weiblichen Sporen durch Spermatozoiden stattfinden (Oogamie) (100 Arten).

Chlamydomonas. Haematococcus. Sphaerella nivalis bildet den roten Schnee auf den Alpenfirnen und in den arktischen Eisregionen. *Pandorina. Gonium. Eudorina. Stephanosphaera. Volvox.*

Die Volvocineen werden von manchen Systematikern mit den folgenden vier Abteilungen wegen der gleichlangen Geißeln ihrer Schwärmer als Isokonten zusammengefaßt.

d) Protococcaceae. Einzellige, unbewegliche Algen, zum Teil an feuchten Orten, z. B. im grünen Anflug der Baumrinden, an Mauern weit verbreitet, zum Teil im Wasser der Teiche usw. schwimmend. Manche Arten bilden charakteristische Kolonien. Vermehrung durch Teilung oder durch Schwärmsporen. Bei einigen auch geschlechtliche Vermehrung durch Kopulation von Gameten.

Chlorococcum. Chlorella. Protococcus (auf Rinden usw.). *Characium. Scenedesmus, Pediastrum, Hydrodictyon u. a.* Kolonien bildend (500 Arten).

e) Ulothrichaceae. Einfache oder verzweigte Zellfäden oder hautartige Flächen (Ulva), die sich bei Enteromorpha zu einem Schlauch umbilden mit einkernigen Zellen. Ungeschlechtliche Vermehrung durch Schwärmsporen, geschlechtliche entweder durch Kopulation schwärmender Gameten (isogame) oder Befruchtung von Oogonien durch Antheridien (oogame). Leben im Süßwasser und im Meere (540 Arten).

Ulothrix. Cylindrocapsa. Oedogonium. Ulva. Enteromorpha. Coleochaete. Trentepohlia Iolithus, von roter Färbung und nach Veilchen duftend, wächst auf Gesteinen der Gebirge (Harz usw.), Veilchenstein.

f) Siphonocladiaceae. Die meisten zeigen eine reiche Verzweigung ihrer Zellfäden, die aus großen, vielkernigen Zellen bestehen, andere besitzen einen entwickelteren Körperbau, an den mancher Siphoneen erinnernd. Leben im Süßwasser und im Meere. Ungeschlechtliche Vermehrung durch zweiwimperige Schwärmsporen, geschlechtliche gewöhnlich durch Kopulation von Gameten (Isogamie), selten (Sphaeroplea) durch Befruchtung von Eizellen durch Spermatozoen (400 Arten).

Sphaeroplea. Cladophora. Siphonocladus. Acetabularia.

g) Siphoneae. Sie weichen von allen Algen dadurch ab, daß die ganze

Pflanze nur einen einzigen, oft langen und verzweigten Schlauch ohne Zellwandbildung darstellt. Die ganze Pflanze ist demnach eine einzige Zelle, deren Haut einen einzigen mit zahlreichen Zellkernen begabten Protoplasmakörper umschließt. Trotzdem weist diese Abteilung kompliziertere, blattförmige, kugelförmige, pilzähnliche Körperformen auf. Zum großen Teil Meeresalgen, andere im Süßwasser. Mit Schwärmsporen und Sexualorganen, Oogonien und Antheridien.

Vaucheria. Bryopsis. Caulerpa. Valonia. Codium. (180 Arten.)

4. Phaeophyceae. Braune Algen oder Tange.

Mit Ausnahme weniger Gattungen *(Pleurocladia)*, die im Süßwasser leben Meeresalgen, zum Teil kleinere Formen, zum Teil sehr große Pflanzen mit meterlangen Blättern (Macrocystis). Einige (die Laminarien) sogar mit sekundärem Dickenwachstum der Stengel begabt. Ihre Färbung ist braun oder grünbraun, da ein brauner Farbstoff (Phycophäin) das Chlorophyllgrün verdeckt. Statt Stärke findet sich ein anderes Kohlehydrat (Fucosan). Fortpflanzung ungeschlechtlich durch Schwärmsporen oder geschlechtlich durch Gameten oder Eizellen, welche in Oogonien, und Spermatozoiden, welche in Antheridien entstehen. Die Befruchtung findet außerhalb der Pflanze statt, da die Eizellen vor der Befruchtung aus den Oogonien ausgestoßen werden (1100 Arten).

Phaeosporeae. Vermehrung durch Schwärmsporen, die in einfächerigen oder mehrfächerigen Sporangien entstehen, und durch Kopulation schwärmender Gameten.

Ectocarpus. Laminaria. Alaria. Macrocystis. Lessonia.

Fucaceae. Nur sexuelle Fortpflanzung durch Oogonien und Antheridien.

Fucus. Sargassum.

Dictyotaceae. Ungeschlechtliche Fortpflanzung durch bewegungslose Sporen. Tetrasporen. Aus ihnen gehen männliche und weibliche Pflanzen hervor, deren durch Spermatozoen befruchtete, in Oogonien entstehende Eizellen wieder Sporenpflanzen erzeugen. Typischer Generationswechsel.

Dictyota. Taonia. Padina.

Viele Tange werden an den Küsten als Nahrungsmittel benutzt. Besonders wichtig sind sie jedoch als Material zur Jodfabrikation, welches aus der Asche der Fucusarten gewonnen wird.

5. Rhodophyceae. Rote Algen oder Florideen.

Mit wenigen Ausnahmen Meeresalgen von großer Formenmannigfaltigkeit und eigentümlichem Gewebebau. Meistens schön rot oder violett gefärbt durch einen das Chlorophyllgrün verdeckenden Farbstoff (Phycoërythrin). Einige sind durch Kalkinkrustation korallenähnlich. Ungeschlechtliche Fortpflanzung durch zu je vier in einer Zelle entstehende, passiv bewegliche Sporen (Tetrasporen). Geschlechtliche Fortpflanzung abweichend von der der übrigen Algen. Das weibliche Organ (Carpogon) ist mit einem Empfängnisapparat (Trichogyn) versehen und wird durch passiv bewegliche männliche Geschlechtszellen (Spermatien) befruchtet. Das Produkt der Befruchtung ist eine Sporenfrucht (Cystocarp), aus deren Sporen wieder Geschlechtspflanzen hervorgehen (Generationswechsel).

Batrachospermum. Bangia. Lemanea. Ceramium. Chondrus. Gracilaria. Plocamium. Delesseria. Corallina. Lithothamnion.

6. Characeae. Armleuchterpflanzen.

Die Characeen bilden eine charakteristische von den Algen äußerlich ganz verschiedene Klasse der Thallophyten. Sie haben bewurzelte aufrechte Sprosse mit langgestreckten Internodien und quirlständigen Seitenästen. Sie leben als untergetauchte Wasserpflanzen. Ungeschlechtliche Fortpflanzung fehlt. Die weiblichen eiförmigen Organe (Eiknospen) sitzen neben den kugelförmigen, rotgefärbten Antheridien an den Seitenästen. Der Bau ihrer Oogonien und Antheridien ist komplizierter als bei den Algen. Die große Eizelle ist von spiraligen Schläuchen umwunden und trägt auf der Spitze ein Zellkrönchen. Die Antheridienkugel ist aus acht Schildern zusammengesetzt, welche auf der Innenseite einen geißelförmigen Apparat tragen, in dessen Fäden die Spermatozoiden liegen (160 Arten).

Chara. Nitella.

4. Mycetes. Pilze.

Die Pilze besitzen kein Chlorophyll und leben daher als Saprophyten oder Parasiten. Es gibt auch unter ihnen eine kleinere Anzahl, deren ganzer Körper nur eine einzelne kugelige Zelle ist (Chytridium, Hefe). Bei den meisten Pilzen besteht der Vegetationskörper aber aus Zellfäden (Hyphen), welche entweder (bei den Mucorineen, Saprolegnieen) ganz ungekammert, oder (bei den Eumyceten) durch Querwände gefächert sind. Ihre Zellen enthalten nur sehr kleine Zellkerne, als Reservestoffe Fett und Glykogen aber keine Stärke. Man bezeichnet den ganzen, aus solchen Hyphen bestehenden, meistens vielfach verzweigten Vegetationskörper der Pilze als Mycelium. Das Mycelium kriecht, einen zarten weißen Rasen bildend, teils auf der Oberfläche des Substrats hin, teils dringt es mit wurzelähnlichen Zweigen in dasselbe ein, um Nährstoffe aufzunehmen. Bei einigen größeren Pilzen, speziell der baumtötenden Armillaria mellea, vereinigen sich die Mycelfäden zu dickeren Strängen, welche meterlang werden können. (Diese Stränge wurden früher für eine Pilzspezies gehalten und Rhizomorphen genannt.) Viele Parasiten leben mit ihrem Mycelium vollständig im Innern ihres Wirtes; das Mycelium ist häufig mit besonderen Saugorganen (Haustorien) versehen, welche in die Zellen des Wirtes eindringen, um die Nährstoffe des Zellinhaltes aufzunehmen. Das Mycelium ist nur der vegetative Teil der Pilze; an demselben entstehen die Fortpflanzungsorgane. Die ungeschlechtlichen Fortpflanzungsorgane (Sporenträger) erheben sich meistens über das Substrat. Es sind einfache oder verzweigte Hyphen, welche, senkrecht aufwärts wachsend, an ihren Enden bei den an der Luft wachsenden Pilzen unbewegliche Reproduktionszellen (Conidien) erzeugen. Die Conidien werden entweder einfach abgeschnürt (z. B. bei Penicillium, Aspergillus u. a.) oder entstehen in großer Anzahl innerhalb einer kugelförmigen großen Endzelle (Sporangium) des Sporenträgers (bei den Mucorineen). Bei den im Wasser lebenden Phycomyceten entstehen in den Sporangien bewegliche Schwärmsporen.

Eine geschlechtliche Fortpflanzung ist bei einigen Abteilungen der

Pilze mit Sicherheit nachgewiesen. Bei den Phycomyceten geschieht sie entweder dadurch, daß Oogonien durch Antheridien, ähnlich wie bei den Algen, befruchtet werden oder daß besonders organisierte Myceliumzweige miteinander verschmelzen, worauf dann durch Querwände eine Kopulationszelle abgegrenzt wird, welche zu einer Spore (Zygospore) heranwächst. Diese keimt nach einer Ruheperiode und erzeugt einen Fruchtträger. Auch bei einigen höheren Pilzen ist eine geschlechtliche Fortpflanzung noch nachzuweisen. Bei anderen sind die Sexualorgane reduziert, bei den meisten ist eine Sexualität ganz verschwunden. Diese bilden nur Sporangien oder Conidienträger, deren Form jedoch erheblich von den gleichen Organen bei den niederen Pilzen abweicht. Die Sporangien der Ascomyceten haben die Gestalt eines Schlauches (Ascus), der gewöhnlich acht Sporen enthält. Solche Schläuche werden, mit Haaren (Paraphysen) vermischt, zahlreich nebeneinander und bei den vollkommneren Ascomyceten in besonderen, verschieden geformten Fruchtkörpern (Ascusfrüchten) gebildet. Bei den Basidiomyceten werden Conidien auf Basidien gebildet, deren Träger aber nicht mehr bloße Mycelfäden, sondern oft massige durch innige Verflechtung von Hyphen entstehende Gewebekörper sind (die Hüte der Hutpilze); die Conidien entstehen an einem besonderen Gewebe (Hymenium) dieser Fruchtkörper.

Außer den geschlechtlich und ungeschlechtlich erzeugten Fortpflanzungszellen bilden viele Pilze direkt aus dem Mycel durch Verflechtung seiner Zweige knollige Gewebekörper, Dauermycelien oder Sklerotien. Diese füllen sich mit Reservestoffen und fungieren als Reservestoffbehälter, welche unter günstigen äußeren Bedingungen keimen und Fruchtträger erzeugen.

Eine merkwürdige biologische Erscheinung zeigen gewisse Pilze, indem sie mit anderen Organismen eine Lebensgemeinschaft eingehen (Symbiose), den am längsten bekannten Fall bilden die Flechten, deren Vegetationskörper aus einem Pilze und einer Alge zusammengesetzt ist, die miteinander leben. (Vgl. unten.) Neuerdings wurde auch ein Zusammenleben von Pilzmycelien mit höheren Pflanzen entdeckt. Die jungen Wurzeln vieler Waldbäume, einiger Sträucher und Kräuter, die in humosem Boden wachsen, sind mit einer Scheide von Pilzmycelien ganz umhüllt oder im Innern der Rindenzellen mit Mycelknäueln erfüllt. Man nennt diese Pilzwurzel Mycorrhiza (ektotrophe und endotrophe M.) und muß annehmen, daß die Pilzfäden den Wurzeln organische Stoffe, die sie dem Humus entnehmen, zuführen, da Experimente ergeben haben, daß solche Pflanzen, ohne den Pilz kultiviert, schlecht oder nicht gedeihen.

Wegen der Absonderlichkeiten bei den Pilzen und wegen ihrer großen Artenzahl (zirka 60000 Arten bekannt) bietet die Aufstellung ihres Systems besondere Schwierigkeit. Die Ascomyceten weisen Ähnlichkeit mit den Florideen auf (Trichogyn), während die niederen den Siphoneen ähnlich sind. Es ist möglich, daß diese Ähnlichkeiten auf eine Abstammung deuten und daß die Pilze sich von den Algen abgezweigt haben. Für die Übersicht teilt man die Pilze zunächst in die niederen algenähnlichen Pilze (Phycomyceten) und die höheren Pilze (Eumyceten). Letztere trennen sich in zwei große, durch ihre Sporenbildung verschiedene Zweige, die Ascomyceten und Basidiomyceten, an welche sich mehrere noch übrigbleibende Formenkreise angliedern lassen.

PHYCOMYCETES. Algenpilze.

Sie schließen sich durch ihr schlauchförmiges, querwandloses Mycelium am nächsten an die Siphoneen unter den Algen an, so daß viele nur wie chlorophyllfreie Formen derselben aussehen. Ein Teil der Phycomyceten lebt im Wasser.

a) Archimycetes.

Chytridiaceae. Parasiten in Algen und anderen Wasserpflanzen oder Landpflanzen; von einfachster Form, meistens ganz ohne Mycelium, nur aus einer großen Zelle bestehend, deren Inhalt bei der Fortpflanzung in Schwärmzellen zerfällt, welche wieder zu kugeligen Zellen heranwachsen. Einige bilden auch dickwandige Dauersporangien. Nur bei einigen Gattungen beobachtet man oogame Fortpflanzung.

Chytridium. Synchytrium.

b) Oomycetes.

Monoblepharideae. Leben im Wasser auf faulenden Substanzen; ungeschlechtliche Fortpflanzung durch Schwärmsporen, geschlechtliche Fortpflanzung durch Befruchtung der Eizellen in Oogonien durch Spermatozoiden, ganz ähnlich wie bei den Algen.

Monoblepharis.

Peronosporaceae. Schmarotzer im Gewebe lebender Dicotylen (Kartoffel usw.), in deren Intercellularräumen das Mycelium sich verbreitet und in die Parenchymzellen hinein Haustorien treibt. Die Conidienträger wachsen aus der befallenen Pflanze, häufig aus den Spaltöffnungen hervor und bilden Conidien, welche entweder sofort oder erst nach einem Schwärmstadium keimen. Der Keimschlauch durchbohrt entweder die Epidermis der Nährpflanze (z. B. Phytophthora infestans) oder dringt durch die Spaltöffnungen ein (Cystopus). Die im Zellgewebe der Nährpflanze entstehenden Sexualorgane der Peronosporeen sind einkernige oder vielkernige Oogonien, welche durch den Kern von schlauchförmigen Antheridien (ohne Spermatozoenbildung) befruchtet werden. Doch bleibt bei einigen Formen der in das Oogonium eindringende Antheridienschlauch geschlossen und die Sporen reifen parthenogenetisch.

Peronospora. Phytophthora infestans, Pilz der Kartoffelkrankheit. *Peronospora viticola,* falscher Mehltau des Weinstocks. *Cystopus* (Albugo).

Saprolegniaceae. Wasserpilze, welche als zarte, dichte Rasen faulende Pflanzenteile, im Wasser liegende tote Insekten oder lebende Fische befallen. Ungeschlechtliche Vermehrung durch Schwärmzellen, die in keulenförmigen Sporangien entstehen, geschlechtliche durch Oogonien mit mehreren oder vielen Eizellen, welche ähnlich wie bei den Peronosporeen durch Kerne aus Antheridien befruchtet werden. Auch bei einigen Saprolegnieen bilden sich die Eizellen vollkommen aus und sind keimfähig, ohne daß überhaupt eine Vereinigung mit einem Antheridium stattfindet (Parthenogenesis).

Saprolegnia. Achlya.

c) Zygomycetes.

Entomophthoraceae. Parasiten in lebenden Insekten. Fortpflanzung durch Conidien. Einige bilden Zygosporen.

Empusa Muscae; das Mycel wächst in lebenden Fliegen heran und tötet dieselben im Herbst. Nach dem Tode des Insekts treten die Conidienträger heraus und schleudern ihre Sporen ab, welche die Insektenleiche als weißen Hof umgeben.

Mucoraceae. Auf feuchten Substraten, Früchten, Brot, zuckerhaltigen Flüssigkeiten wachsende Pilze (Schimmelpilze). Die Fruchtträger der Mucorarten sind aufrechte Mycelfäden mit kugelförmiger Endzelle (Sporangium), in deren Innern zahlreiche Conidien entstehen, welche durch Zerreißen der Umhüllung frei werden. Bei anderen Gattungen der Mucorineen entstehen die Conidien durch einfache Abschnürung. Außer diesen normalen ungeschlechtlichen Conidien bildet das Mycelium zuweilen unter besonderen Ernährungsbedingungen sogenannte Gemmen, welche durch Zerfallen des Mycels in kurze, sich abrundende Glieder entstehen und neue Mycelien erzeugen können. Die sexuelle Fortpflanzung geschieht durch Zygosporenbildung. Die beiden zur Sporenbildung verschmelzenden Mycelfäden sind geschlechtlich verschieden, männlich und weiblich, zuweilen auch diöcisch. Bei einigen Mucorineen ist Apogamie eingetreten, indem Sporen (Azygosporen) gebildet werden, ohne daß eine Verschmelzung der Kopulationsorgane stattfindet (vgl. S. 58).

Mucor. Pilobolus. Thamnidium. Piptocephalis. Chaetocladium. Die Mucorarten *Mucor Mucedo, Mucor racemosus, Rhizopus nigricans* (mit Ausläufern) sind gemeine Schimmelpilze, einige von ihnen, z. B. *Mucor racemosus*, verursachen wie Hefe Alkoholgärung in zuckerhaltigen Flüssigkeiten.

EUMYCETES. Echte Pilze.

Im Gegensatz zu den niederen Pilzen sind die Hyphen ihres Mycels durch Wände gekammert, also vielzellig. Durch Verflechtung und Verwachsung der Mycelfäden entstehen vollkommenere, vielfach sehr ansehnliche Pilzkörper. Bei den meisten höheren Pilzen findet sich keinerlei Sexualität. Es treten dafür meistens mehrere Formen ungeschlechtlicher Fortpflanzung auf. Die höheren Pilze zerfallen im wesentlichen in Ascomyceten und Basidiomyceten, an die sich die Uredineen und Ustilagineen, jedoch nur lose, angliedern. Die Fortpflanzung der Ascomyceten zeigt gewisse Ähnlichkeiten mit der der Florideen, was auf ihre Abstammung hinweisen könnte, über die Herkunft der Basidiomyceten fehlen dagegen noch bestimmte Vorstellungen. Vielleicht sind sie nur Abkömmlinge der Ascomyceten.

1. Ascomycetes.

Die Ascomyceten bilden die artenreichste Abteilung der Pilze. Sie sind in erster Linie charakterisiert durch ihre Sporenbehälter (Asci), in denen zwei, vier, gewöhnlich acht Sporen entstehen, welche bei der Reife meistens gewaltsam aus dem Ascus herausgeschleudert werden. Bei den meisten Ascomyceten werden die Asci von Hyphen umwachsen, so daß ein Fruchtkörper (Sporenfrucht), bei den verschiedenen Arten von mannigfacher Gestalt, entsteht. Diese Fruchtkörper sind entweder offen (Apothecien) oder geschlossen (Perithecien). Nachdem die Asci aus besonderen ascogenen Hyphen entstanden sind, bildet sich die Umhüllung nebst den Paraphysen aus sterilen Hyphen. Die Asci bilden dann vermischt mit den sterilen Fäden (Paraphysen) in den Fruchtkörpern eine zusammenhängende Schicht (Hymenium). Bei einer Reihe Ascomyceten (Laboulbeniaceen, Discomyceten, Erysipheen) ist ein Sexualprozeß beobachtet, der der Bildung der Ascusfrucht vorangeht. In diesen Fällen wird durch ein Antheridium ein Oogonium befruchtet, aus dem dann die Asci hervorwachsen (Ascogon). Bei den übrigen ist ein ähnlicher Vorgang nicht beobachtet und fehlt vielleicht auch vollständig. Die Asci entstehen in diesen Fällen ohne Befruchtung.

Bei manchen Ascomyceten enstehen die Ascusfrüchte nicht aus dem Mycel, sondern aus knolligen Myceliumbildungen (Sklerotien).

Außer den Ascusfrüchten bilden sich bei den Ascomyceten noch andere Fruchtformen (Conidien), die entweder von Trägern abgeschnürt werden, oder in besonderen Behältern (Pykniden) entstehen. Man nennt diese Eigenschaft, vielfältige Fruchtformen zu erzeugen, Pleomorphismus. Früher wurden solche verschiedene Fruchtformen eines Ascomyceten für verschiedene Pilzarten angesehen. Von vielen Ascomyceten kennt man noch nicht alle zusammengehörigen Fruchtformen (Fungi imperfecti der Floren).

Laboulbeniaceae. Sehr kleine, parasitisch auf Käfern lebende Pilze. Sie bilden einzellige Antheridien mit Spermatien und ein kleines Carpogon mit Trichogyn, wodurch sie den Flechtenpilzen und den Florideen gleichen.

Exoasceae. Sehr einfach gebaute Ascomyceten, welche noch keine Fruchtkörner bilden, deren Asci also frei am Mycel entstehen. Parasiten auf Bäumen (Birke, Weißbuche, Erle, Coniferen), bei deren Sprossen sie eine krankhafte Verzweigung (Hexenbesen) veranlassen. Der Hexenbesen der Fichte ist nicht parasitisch, sondern entsteht durch Knospenvariation (Tubeuf).

Exoascus (Taphrina).

Perisporiaceae. Wachsen als weiße spinnewebähnliche Überzüge auf der Oberfläche der Blätter und Stengel von Phanerogamen, in deren Epidermiszellen kleine Haustorien treibend (Mehltaupilze), andere leben saprophytisch auf Speiseresten usw. (Schimmelpilze). Bilden Conidienträger und Ascusfrüchte (Perithecien), deren Asci jedoch von einer Hülle ganz eingeschlossen sind; erst durch Verwesung derselben können die Sporen frei werden.

Sphaerotheca. Erysiphe. Oïdium Tuckeri, Traubenpilz, bildet nur Conidien, keine Sporenfrüchte. *Aspergillus herbariorum*, dessen Conidienträger als gemeiner Schimmelpilz bekannt sind, bildet auch Ascusfrüchte. Eurotiumarten verursachen Mykosen in der Lunge, im Ohr usw. *Penicillium glaucum.* Die Conidienträger von *Penicillium glaucum* sind als der gemeinste Schimmelpilz bekannt; die Bildung von Ascusfrüchten erfolgt nur unter besonderen Bedingungen. *Elaphomyces.*

Tuberaceae. Trüffeln. Leben zum Teil unterirdisch, (hypogäisch) mit ihrem Mycel auf Baumwurzeln schmarotzend. Die Fruchtkörper sind knollenförmig, enthalten labyrinthisch-gewundene Kammern, in welchem die Asci entstehen.

Tuber, Trüffel. Die Trüffeln, *Tuber brumale, T. melanosporum, aestivum* u. a. sind eßbar.

Pyrenomycetes. Die Fruchtkörper sind kleine, rundliche oder flaschenförmige Behälter (Perithecien), mit nur engem Kanal nach außen geöffnet. Das Hymenium mit den Asci bekleidet die Innenfläche dieser Fruchtkörper. Außerdem vermehren sich die Pyrenomyceten durch Conidien, die häufiger in Pykniden entstehen, und bilden Sklerotien. Sie leben parasitisch, auf Rinde und Blättern meist dunkle Pusteln bildend. Einige schmarotzen auf Insektenlarven.

Die schwerübersehbare Menge der Pyrenomyceten teilt man zweckmäßig in mehrere Unterabteilungen.

1. *Hypocraeaceae.* Perithecien fleischig, hellfarbig. *Nectria cinnabarina,* auf dürren Ästen verbreitet. *Nectria ditissima,* erzeugt den Buchenkrebs. *Epichloë typhina,* auf Gräsern. *Claviceps purpurea,* dessen Sklerotien als Mutterkorn bezeichnet werden. *Cordycepsarten,* auf Raupen.
2. *Sphaeriaceae.* Perithecien hart und dunkelgefärbt. Zu ihnen gehören die meisten *Pyrenomyceten.*

   Rosellinia quercina, Wurzelkrankheit junger Eichen. *Cucurbitaria,* mit kugelförmigen Perithecienrasen. *Sphaerella Fragariae, Sphaerulina intermixta,* durch ihre überreiche Conidienerzeugung ausgezeichnet *(Desmatium pullulans). Pleospora,* auf dürren Pflanzenteilen. *Gnomonia erythrostoma,* auf Blättern und Früchten der Kirschbäume. *Septoria parasitica* verursacht das Absterben der Fichtentriebe. *Valsa, Diaporthe, Diatrype,* häufig auf dürren Ästen.
3. *Dothideaceae.* Perithecien immer in einem Stroma eingesenkt, ohne eigene Wand.

   Dothidea, auf dürren Ästen. *Polystigma rubrum,* auf Blättern.
4. *Xylariaceae.* Stattliche Formen mit keulenförmigem Stroma, *Xylaria-* und *Hypoxylonarten* auf Baumstümpfen und altem Holz.

Discomycetes. Die Fruchtkörper sind rundliche, oft gestielte Scheiben oder Schüsseln (Apothecien) mit dem Hymenium auf der konkaven freien Oberfläche. Bei den Helvellaceen sind die Fruchtkörper gestielte Keulen, deren grubige Oberfläche vom Hymenium bedeckt wird. Außerdem Vermehrung durch Conidien und Sklerotien. Leben als Parasiten auf Rinde usw. oder auf faulem Holz, im Humusboden.

Rhytisma acerinum, auf Ahornblättern. *Bulgaria* mit gallertigen Apothecien. *Lophodermium Pinastri* auf Kiefern, andere auf Tanne und Fichte. *Ascobolus. Peziza. Helvella. Morchella. Helvella* und *Morchella esculenta* sind eßbar.

Saccharomycetes. Hefepilze. Eine charakteristische Gruppe sehr einfacher Pilze, von denen es nicht feststeht, ob sie eine selbständige Gruppe oder reduzierte Ascomyceten sind. Bilden kein Mycel, die meisten bilden die charakteristischen, aus eiförmigen Zellen bestehenden Sproßvegetationen (Sproßpilze). Bei einigen ist auch die Entstehung von Sporen innerhalb der gewöhnlichen Zellen beobachtet. Die meisten Saccharomyceten (aber nicht alle) verursachen die alkoholische Gärung des Zuckers.

Saccharomyces cerevisiae (Bierhefe). *Saccharomyces ellipsoideus* (Weinhefe). *Sacch. Mycoderma* (Kahmpilz).

2. Basidiomycetes.

Umfassen neben mikroskopischen Parasiten die größten Pilze, welche als Hutpilze oder Schwämme allgemein bekannt sind. Eine sexuelle Fortpflanzung ist bei ihnen ganz verschwunden, sie pflanzen sich nur durch ungeschlechtliche Sporen (Conidien) fort. Bei den Uredineen glaubt man noch carpogonähnliche Zellen und in den Spermatien ursprünglich männliche Sexualzellen zu erkennen, wodurch eine gewisse Verbindung der Basidiomyceten mit den Ascomyceten hergestellt wäre. Das aus der Spore entstandene Mycelium ist mit Querwänden versehen und ist zart und farblos. Bei einzelnen Hutpilzen bildet das Mycel dicke und braungefärbte Stränge, welche im Substrat hinkriechen (Rhizomorphen). Die auf dünnen Stielchen (Sterigmen) befestigten Conidien oder Sporen entstehen in begrenzter Anzahl, gewöhnlich zu vier nebeneinander, durch Abschnürung auf charakteristischen keulenförmigen Trägerzellen (Basidien). Bei den Hutpilzen bilden diese Basidien mit sterilen Fäden (Paraphysen) vermischt eine zusammenhängende Schicht (Hymenium) an der Unterseite der Hüte oder bei den Gasteromyceten in den Kammern der Sporensäcke. Die Abteilungen der Hymenomyceten und Gasteromyceten umfassen die eigentlichen Basidiomyceten während die Rost- und Brandpilze sehr von ihnen abweichen und auch wohl als Protobasidiomyceten bezeichnet werden.

a) Hymenomycetes.

Einige Hymenomyceten sind Parasiten auf Bäumen, ihr Mycel wächst im Gewebe der Rinde, aus der endlich die Sporenträger hervorbrechen, z. B. beim Feuerschwamm. Die meisten leben mit ihrem Mycel im humosen Waldboden und kommen nur mit ihren mannigfach gefärbten, hutförmigen Sporenträgern hervor.

Das Hymenium befindet sich bei den meisten auf der Unterseite gestielter, seltener ungestielter Hüte und bildet dort radiale Lamellen oder senkrecht abwärts gerichtete Stacheln oder Röhren. Bei vielen ist das Hymenium in der Jugend von einer Haut (Velum) bedeckt, welche später zerreißt und am Stiel einen Ring (Annulus) zurückläßt.

Exobasidieae. Bilden keinen eigentlichen Fruchtkörper, das Mycelium bildet an der Oberfläche der befallenen Pflanzenteile ein Hymenium von Basidien.

Exobasidium (auf Preißelbeerblättern).

Tremellineae (Gallertpilze). Leben auf altem Holz oder alten Baumstämmen. Die Fruchtkörper sind unregelmäßig gefaltet, von gallertartiger Konsistenz. Das Hymenium auf der Oberfläche.

Auricularia (Judasrohr auf Holunderstämmen). *Tremella.*

Telephoreae. Fruchtkörper häutig oder lederartig, flach oder trichterförmig usw. Meistens auf Holz und Baumrinden.

Stereum. Telephora. Craterellus.

Clavarieae. Die Fruchtkörper sind fleischig, meist korallenartig verästelt. Das Hymenium überzieht die Oberfläche der Fruchtkörper. In Laub- und Nadelwäldern auf dem Erdboden. Zum Teil eßbare Pilze.

Clavaria. Sparassis.

Hydneae. Der Fruchtkörper ist meistens ein gestielter Hut. Das Hymenium besteht aus senkrecht abwärts gerichteten Stacheln an der Unterseite der Hüte. In Wäldern auf dem Boden. Einige eßbar.

Hydnum.

Polyporeae. Der Fruchtträger ist gewöhnlich ein gestielter, selten ungestielter Hut, bei den an Baumstämmen wachsenden nur einseitig entwickelt und bei diesen von holz- oder korkähnlicher Konsistenz. Das Hymenium bekleidet die an der Unterseite des Hutes vorhandene aus Röhren gebildete Schicht.

Trametes. Merulius. Polyporus. Boletus. Viele Polyporus- und Boletusarten sind eßbar, andere sehr giftig. Einige, z. B. *Trametes Pini*, sind gefährliche baumtötende Pilze. *Polyporus fomentarius*, Feuerschwamm, *Polyporus officinalis*, Lärchenschwamm. *Merulius lacrymans*, der Hausschwamm.

Agaricineae. Der Fruchtkörper ist gewöhnlich ein fleischiger gestielter Hut. Das Hymenium bedeckt radiale Lamellen an der Unterseite des Hutes. Bei einigen sind die jungen Hüte von dem genannten Velum ganz eingehüllt, oder das Velum geht nur vom Rande des Hutes bis zur Stielbasis. Einige Agaricineen besitzen Milchsaftgefäße. In Wäldern und auf Wiesen wachsende Pilze. Viele sind eßbar, andere giftig.

Agaricus. Lactarius. Cantharellus. Coprinus. Amanita muscaria, Fliegenschwamm. *Armillaria mellea*, der eßbare Hallimasch, ist einer der gefährlichsten baumtötenden Pilze.

b) Gasteromycetes.

Die Fruchtkörper der Gasteromyceten sind meistens große kugelförmige Säcke (Peridie), in deren Innern (Gleba) sich zahlreiche vom Hymenium ausgekleidete Kammern befinden.

Lycoperdaceae. Bei der Reife verschwindet das Kammergewebe bis auf ein zurückbleibendes Fadengewebe (Capillitium) und die Sporen liegen als loses braunes Pulver innerhalb des Sackes.

Bovista. Lycoperdon. Scleroderma. Geaster.

Hymenogastreï. Bei ihnen bleiben die Gewebekammern auch im reifen Pilz erhalten, und in den Kammern liegen die Sporen.

Hymenogaster. Octaviana. Rhizopogon.

Phalloideae. Der in der Jugend geschlossene, eiförmige Fruchtkörper reißt später auf, und die Sporenkammern werden von einem sich streckenden Träger emporgehoben.

Phallus. Clathrus. Dictyophora.

Nidularieae. Kleine Pilze mit becherförmigen Fruchtkörpern, deren Sporenkammern bei der Reife isoliert werden und als kleine harte Körper im Innern der Becher liegen.

Crucibulum.

c) Uredineae (Rostpilze).

In Blättern und Stengeln zahlreicher Pflanzen, einige in der Rinde der Coniferen lebende Parasiten. Saprophyten sind nicht bekannt. Ihr gekammertes Mycel wächst in den Intercellularräumen der Nährpflanze. Sie entwickeln ihre Fortpflanzungsorgane unter der Oberhaut der Blätter und Stengel, wodurch dieselbe blasig aufgetrieben wird, bis endlich die braunen oder gelben Sporenhaufen durchbrechen.

Die Fortpflanzungsvorgänge bei den Uredineen sind besonders interessant wegen der verschiedenen Sporenformen, welche bei ihnen nacheinander in einer bestimmten jahreszeitlichen Folge auftreten.

Der Pilz überwintert mit dickwandigen zweizelligen, selten mehrzelligen Sporen (Teleutosporen), welche gegen Ende des Sommers gebildet werden und im nächsten Frühjahr keimen, indem sie einen gekammerten Schlauch (Basidie) erzeugen, an dem gestielte Sporen (Sporidien) entstehen. Gelangen diese auf eine Nährpflanze, so bilden sie wieder einen Keimschlauch, welcher durch die Wand von Epidermiszellen der Blätter eindringt. Das Mycel verbreitet sich in den Intercellularen des Blattgewebes. Bald entstehen aus dem Mycel an der Unterseite der Blätter, im Parenchym eingesenkte, größere becherförmige Behälter (Aecidien), deren Hymenium Reihen rostgelber Sporen (Aecidiumsporen) abgliedert. Außerdem entstehen aus demselben Mycel, im Parenchym der Oberseite befallener Blätter eingesenkte, urnenförmige Behälter, mit enger Öffnung (Spermogonien oder Pykniden), in deren Innern stäbchenförmige oder ellipsoidische Zellchen (Pyknosporen, Spermatien) abgeschnürt werden, deren Bedeutung noch unklar ist. Vielleicht sind es degenerierte männliche Keimzellen. Der Bildung des Aecidienbechers gehen eigentümliche Zellverschmelzungen des Myceliums voraus, die als ein Rest vormals vorhandener Befruchtungsvorgänge angesehen werden. Die Zellverschmelzung erscheint als unvollkommene Bildung eines Carpogons, welches vielleicht vormals durch Spermatien befruchtet wurde. Nachdem die männlichen Organe, Spermogonien mit Spermatien, aber ihre Funktion verloren haben, findet eine wirkliche Befruchtung nicht mehr statt, und die Aecidien entwickeln sich aus den unbefruchteten fertilen Zellen.

Die Aecidiumsporen keimen gleich nach der Reife, treiben ihre Keimschläuche in die Spaltöffnungen von Nährpflanzen, in welchem das Mycel rasch heranwächst, das aber nicht wieder Aecidien bildet, sondern schon nach sechs bis zehn Tagen die Epidermis sprengende Haufen gestielter einzelliger Conidien (Uredosporen) erzeugt. Diese sind gleich keimfähig, verbreiten sich nnd erzeugen während des Sommers neue Mycelien mit Uredosporen; gegen den Herbst jedoch entsteht aus dem Mycelium die andere Sporenart (Teleutosporen) mit dickeren Membranen und von brauner Farbe. Es sind die Dauersporen, welche den Winter überdauern, und im Frühjahr ihren Entwicklungsgang von neuem beginnen. Einzelne Rostpilzarten besitzen nur einen Teil der genannten Sporenformen, während ihnen die eine oder andere Form, Uredo, Aecidium, oder beide fehlen. Auch kommt es vor, daß die Uredosporen das Saatkorn infizieren und der Pilz auf diese Weise überwintert. Im nächsten Jahre bildet er dann ohne Aecidienbildung von neuem Uredo- und Teleutosporen.

Bei einer Anzahl Uredineen verläuft dieser ganze Entwickelungsgang auf derselben Nährpflanze (Autöcie), bei anderen findet ein Wechsel der Nährpflanze statt (Heteröcie). Z. B. bei dem auf der Berberitze entstehenden Aecidium Berberidis, welches zu der Uredinee Puccinia graminis gehört, keimen die Aecidiumsporen nur, wenn sie auf das Blatt oder den Stengel eines Grases, z. B. des Getreides, kommen. Das in der Graspflanze entstehende Mycelium bildet Uredosporen, welche sich auf ganze Felder verbreiten können, und auf den befallenen Grasblättern immer neue Mycelien mit rostgelben Uredosporen (Getreiderost) erzeugen. Im Herbste entstehen auf den Graspflanzen Teleutosporen, deren Sporidien aber nur dann ein Mycel erzeugen, wenn sie auf Berberitzenblätter zurückgelangen, auf denen das Mycel dann wieder Spermogonien und Aecidien erzeugt. Solcher heteröcischer Formen gibt es sehr viele (ca. 150 Arten), wobei auffallend ist, daß die beiden Wirtspflanzen meist keine verwandten Formen sind.

Die Uredineen schmarotzen auf den verschiedensten Pflanzenarten, auf Coniferen, Gräsern, Dicotylen.

Die wichtigsten Rostpilze.

a) ohne Wirtswechsel.

Uromyces phaseolorum (Bohnenrost), *Uromyces apiculatus* (Kleerost), *Phragmidium rosae* (Rosenrost).

b) mit Wirtswechsel.

Teleuto- und Uredosporen	Aecidien
auf Getreide:	auf Berberitze:
Puccinia graminis.	*Aecidium Berberidis.*
auf Hafer und andern Gräsern:	auf Rhamnusarten:
Puccinia coronifera.	*Aecidium Rhamni.*
auf Carexarten:	auf Compositen:
Puccinia caricis.	*Aecidium Centaureae* u. a.
auf Sadebaum:	auf Birnenblättern:
Gymnosporangium Sabinae.	*Roestelia cancellata.*
auf Senecioarten:	auf Kiefernnadeln:
Coleosporium Senecionis.	*Peridermium pini acicola.*
auf Vincetoxicum officinale:	auf Kiefernrinde:
Cronartium asclepiadeum.	*Peridermium cornui.**)
auf Ledum palustre und auf Rhododendron ferrugineum:	auf Fichtennadeln:
Chrysomyxa Ledi, Chrysomyxa Rhododendri.	*Aecidium abietinum.*
auf Preißelbeeren:	auf Tannennadeln:
Calyptospora Goeppertiana.	*Aecidium columnare.*
auf Caryophyllaceen:	auf Tannenstämmen:
Melampsorella Caryophyllacearum.	*Aecidium elatinum* (Hexenbesen).
auf Erbsen:	auf Euphorbia Cyparissias:
Uromyces pisi.	*Aecidum Euphorbiae.*

d) Ustilagineae (Brandpilze).

Parasiten, deren Mycelium in Keimpflanzen, besonders von Gräsern (Hafer, Weizen, Mais) eindringt. Während des Wachstums der Keimpflanze wächst das durch Querwände gekammerte Mycel der Pilze mit und erzeugt dann durch bloße Abgliederung in bestimmten Teilen der Nährpflanze, z. B. im Fruchtknoten, Antheren usw., dunkelgefärbte Sporenhaufen. Bei der Sporenbildung treten in die Sporen aus dem erzeugenden Mycel zwei Kerne

*) Eine andere Form des *Peridermium pini* ist nur als *Aecidium* bekannt, ebenso der Fichtenzapfenrost, *Aecidium strobilinum.*

ein, welche miteinander verschmelzen, die Sporidien sind wieder einkernig (Generationswechsel). Die Sporen bilden bei der Keimung einen kurzen Schlauch (Basidie), welcher, häufig paarweise miteinander kopulierende Zellen (Sporidien) abgliedert, die dann erst ein neues Mycel erzeugen. Sowohl die Form wie Anordnung der Sporen an der Basidie sind bei den Ustilagineengattungen verschieden, z. B. Tilletia und Ustilago. Die Sporen verlieren ihre Keimfähigkeit meist nach einigen Monaten. Die Überwinterung der Brandpilze erfolgt daher häufig durch ihr Mycel, welches die Körner infiziert hat.

Ustilago. Tilletia. Ustilago Maydis, auf Mais. An Stelle der Maiskörner entstehen große Blasen voll brauner Sporen. *Ustilago Carbo*, Ruß- oder Flugbrand auf Hafer; *Tilletia laevis*, Stinkbrand, *Tilletia tritici*, Steinbrand auf Weizen.

Lichenes. Flechten.

Eine Anzahl zu den Ascomyceten und Basidiomyceten gehöriger Pilze lebt nicht in der Weise der gewöhnlichen Parasiten, sondern der Parasitismus ist bei ihnen in der Weise modifiziert, daß sie mit grünen Pflanzen, und zwar mit Algen, eine Art Konsortium zum Zwecke gegenseitiger Lebenserhaltung bilden, welches man als Symbiose bezeichnet *(Schwendener)*. Der mit der Alge vergesellschaftete Pilz bildet mit ihr anatomisch regelmäßige Vereinigungen, indem die Algen in dem Geflecht der Pilzfäden gleichmäßig verteilt sind, oder Schichten zwischen den farblosen Hyphen bilden. Es entsteht dadurch der Anschein einer Pilzen ganz unähnlichen, einheitlichen Pflanze von mannigfaltigem Habitus, welche seit altersher Flechten genannt werden.

Die Algen des Flechtenkörpers wachsen, teilen sich und produzieren durch Assimilation organische Substanz, von welcher der Pilz einen Teil zu seiner Ernährung benutzt, dafür aber den Algen Wasser und Salze zuführt und sie vor dem Vertrocknen schützt. Durch Verbindung mit dem Pilz wird den Algen ermöglicht, an Orten zu leben, wo sie allein nicht existieren könnten, z. B. auf trockenen Felsen usw. Der Flechtenpilz erzeugt, wenn er, wie in den meisten Fällen, ein Ascomycet ist, die für diesen charakteristischen Fortpflanzungsorgane. Wie bei anderen Ascomyceten entstehen auf dem Flechtenkörper Apothecien mit Sporenschläuchen (Asci). Die reifen Sporen werden aus den Asci herausgeschleudert, wobei, wie in einigen Fällen beobachtet ist, Algenzellen mitgerissen werden, so daß die beiden Bestandteile sich zur Bildung einer neuen Flechte zusammenfinden. Neben den Apothecien finden sich auch bei den Flechten Pykniden oder Spermogonien. Außerdem vermehren sich die Flechten noch dadurch, daß Algengruppen, die von Pilzfäden umsponnen sind, sich vom Flechtenkörper abgliedern (Soredien), aus denen eine neue Flechte heranwächst. Bei mehreren Flechten (Collema), ist durch Beobachtungen *(Stahl, Baur)* wahrscheinlich gemacht, daß der Entwicklung der Apothecien ein Sexualakt vorausgeht, der gleich dem einiger Ascomyceten in der Befruchtung eines mit Trichogyn versehenen Ascogons durch Spermatien besteht. Andere Flechtengattungen, Peltigera u. a., besitzen nur noch verkümmerte Carpogone und sind apogam. Ein Flechtenpilz verbindet sich gewöhnlich mit einer bestimmten Alge (Nostoc, Rivularia, Scytonema, Pallmella usw.) und bildet mit dieser immer eine bestimmte

Flechtenform, so daß man zahlreiche konstante Arten unterscheidet, welche man folgendermaßen einteilt:

I. Ascolichenes, der Flechtenpilz ist ein Ascomycet.

a) mit geschichtetem Laubkörper.

Strauchflechten. *Usnea. Cladonia. Roccella* (Lackmus). *Cetraria* (Isländisches Moos).

Laubflechten. *Peltigera. Parmelia. Sticta.*

Krustenflechten. *Graphis. Verrucaria.*

b) mit ungeschichtetem Laubkörper.

Gallertflechten. *Collema.*

Faserflechten. *Ephebe.*

II. Hymenolichenes, der Flechtenpilz ist ein Basidiomycet. *Cora. Laudatea. Dictyonema* (tropische Formen).

Die Flechten (5000 Arten) wachsen meistens an trockenen Standorten; in den Alpen die nackten Gebirgsmassen überziehend, am Boden trockener Wälder, als Epiphyten auf Baumrinden. Die nordische Tundra besteht auf weiten Strecken aus Flechten, unter denen die Rentierflechte *Cladonia rangiferina* bemerkenswert ist. Die Flechten sind ausgezeichnet durch Erzeugung einer großen Anzahl von Flechtensäuren, welche farbige Verbindungen eingehen. Manche Farbstoffe, z. B. der Lackmus, werden daraus hergestellt.

II. Bryophyta. Moose.

Die Moose sind sämtlich chlorophyllhaltige Pflanzen. Sie besitzen einen scharf ausgeprägten Generationswechsel, d. h. ihr Lebensgang zerfällt in zwei Generationen von ganz verschiedenem Aussehen. Bei der Keimung einer aus der reifen Mooskapsel entnommenen Spore entsteht gewöhnlich nicht unmittelbar eine neue Moospflanze, sondern zunächst ein meist fadenförmiger, algenähnlicher grüner Vorkeim (Protonema), an welchem erst die Knospen der Moosstengel entstehen. Auf den Moosstengeln entstehen zweierlei Sexualorgane, flaschenförmige Archegonien mit je einer Eizelle und ovale oder kugelige Antheridien mit zahlreichen Spermatozoiden. Mit der Entstehung dieser weiblichen und männlichen Geschlechtsorgane schließt der erste Abschnitt im Lebensgang der Moose ab. Die aus der Spore entstandene Moospflanze mit ihren Sexualorganen ist die erste Generation des Mooses. Es erfolgt nun zunächst die Befruchtung der Eizelle im Archegonium durch die aus den Antheridien freiwerdenden beweglichen Spermatozoiden, welche durch den Hals des Archegoniums eindringen. Da die Spermatozoiden sich nur im Wasser fortbewegen können, so kann die Befruchtung nur bei Benetzung der Moose durch Regen oder Tau stattfinden. In der befruchteten Eizelle beginnen nach der Befruchtung Zellteilungen, und dadurch entsteht ein Gewebekörper, der zur Mooskapsel (Sporogonium) heranwächst. In dieser entstehen Sporen ohne geschlechtlichen Vorgang durch einfache Zellteilungen eines Gewebes. Diese Mooskapsel mit ihren Sporen ist jedoch nur die zweite Generation des Mooses. Die Mooskapsel ist also nur scheinbar die Frucht der Moose; sie ist auch mit der Moospflanze, obgleich sie von ihr ernährt wird, nicht verwachsen, sondern sitzt nur lose mit ihrer Basis in dem noch vorhandenen vergrößerten Archegoniumbauch. Außer der geschlechtlichen Fortpflanzung findet sich bei vielen Moosen vegetative Vermehrung durch Brutknospen. Die Moose bilden zwei Abteilungen: Leber- und Laubmoose. Beide Abteilungen sind habituell gut zu unterscheiden und stellen offenbar zwei nicht allzu nahe verwandte, selbständige Stämme vor. Die Lebermoose sind mit einigen Ausnahmen dorsiventral gebaut. Ihr Protonema ist unvollkommen, im Sporogon (ohne Columella) liegen neben den Sporen Elateren. Die Laubmoose besitzen meist spiralig gestellte Blätter und aufrechten oder dorsiventralen Wuchs. Ihr Sporogonium ist ohne Elateren, mit Columella und Peristom.

1. Hepaticae. Lebermoose.

Ein Teil der Lebermoose hat dichotomisch verzweigte, dorsiventrale, breite, flache Laubsprosse, die andern haben dünne, zwei- bis dreireihig beblätterte Stengel. Ihre Wurzeln sind einzellig und haarähnlich (Rhizoiden). Die meisten Lebermoose sind mit schleimbildenden Organen ausgestattet. Die Sexualorgane entstehen in der Regel auf der Oberseite der Sprosse, bei einigen auf besonders geformten gestielten Trägern. Aus der befruchteten Eizelle entsteht das Sporogonium, anfangs innerhalb des Archegoniums heranwachsend, später dies durchbrechend. Im Sporogonium bilden sich die Sporen, neben denen lange, mit spiraligen Verdickungen versehene Fasern (Elateren) entstehen, die das Ausstreuen der Sporen unterstützen. Die Lebermoose wachsen zum Teil als Epiphyten auf Baumrinden, die meisten an kühlen, feuchten und nassen Orten als polsterförmige Überzüge der Substrate (ca. 3000 Arten).

Riccieae. Kleine Moose, welche zum Teil im Wasser leben mit dichotom verzweigten Sprößchen. Ihre Archegonien und Antheridien stehen in grubenförmigen Vertiefungen der Laubsprosse. Ohne Schleimbildung.

Riccia.

Marchantieae. Große Lebermoose mit flachen gelappten Laubsprossen von zum Teil bemerkenswertem anatonischen Bau (Marchantia). Aus dem chlorophyllarmen Gewebe der Unterseite der Flachsprosse entspringen Rhizoiden verschiedenen Baues. Die Oberseite der Sprosse ist in Luftkammern geteilt, welche mit großen Atemöffnungen nach außen münden. In den Luftkammern erheben sich verzweigte chlorophyllhaltige Fäden, welche ein lockeres Assimilationsgewebe darstellen. Die Antheridien und Archegonien und also auch die aus letzteren entstehenden Sporogonien sitzen an mehr oder weniger langgestielten Trägern (oft diöcisch). Einige bilden auf ihrem Laube Brutbecher mit Brutknospen zur vegetativen Vermehrung.

Marchantia. Reboulia. Fegatella. Lunularia.

Anthocerotae. Kleine Moose, deren Antheridien in anfangs geschlossenen, später zerreißenden Höhlungen des Laubes stehen. Die Anthoceroten sind ausgezeichnet durch ihr schotenförmiges Sporogonium. Sie besitzen Spaltöffnungen und Schleimspalten.

Anthoceros.

Jungermannieae. Einige haben flache Laubsprosse wie die Marchantieen, die meisten haben sehr zierlich beblätterte Stengel. Mit Schleimpapillen versehen. Manche haben merkwürdige Einrichtungen für Wasserversorgung (Frullania). Die Sexualorgane stehen auf der Rückseite der flachen Laubsprosse oder am Ende der beblätterten Stengel oder ihrer Seitenzweige. Das langgestielte Sporogonium öffnet sich bei der Reife mit vier Klappen.

Metzgeria. Pellia. Jungermannia. Plagiochila. Radula.

2. Musci. Laubmoose.

Das aus der Spore entstehende Protonema der Laubmoose gleicht auffallend einer verzweigten Fadenalge. An den Stengeln sind stets Achse und Blätter zu unterscheiden. Als Wurzelorgane entstehen unten am Stengel haarförmige farblose Rhizoiden. Auf dem Gipfel der Sprosse oder an Seitensprossen entstehen zahlreiche Antheridien und Archegonien, die mit Haaren (Paraphysen) gemischt, oft von einer Hülle besonders geformter Blätter umgeben sind, so daß eine Art Blüte entsteht. Dieselbe enthält entweder Antheridien und Archegonien nebeneinander oder nur eine Art von Geschlechtsorganen. Die Eizelle des Archegoniums wird durch Spermatozoiden befruchtet und wächst darauf zum Sporogonium (Mooskapsel) heran. Die Mooskapsel zerreißt beim Heranwachsen die Archegoniumwand und hebt bei den meisten Laubmoosen die abgerissene Spitze des Archegoniums als lose auf der Mooskapsel sitzende Mütze (Calyptra) mit empor. Das reife Sporogonium ist eine langgestielte urnenförmige Kapsel, durchzogen von der Columella, bei den meisten Laubmoosen sich durch Abwerfen eines Deckels öffnend und die Sporen ausstreuend. Auch bei den Laubmoosen findet oft vegetative Vermehrung durch Brutknospen statt. Die Laubmoose (ca. 14000 Arten) sind überall verbreitet. Sie bilden in den arktischen Gegenden oft die einzige Bodenbedeckung. Ausgedehnte Strecken werden hier als Mooswiesen und Moostundren bezeichnet. Die Torfmoose bilden die Moosmoore, vorwiegend in den kälteren Zonen.

Sphagnaceae. Torfmoose. Ihr Stengel ist reich verzweigt; von den Zweigen richtet sich ein Teil abwärts und bildet, sich dicht an den Stengel anlegend, eine Hülle um denselben. Die Blätter bestehen aus zweierlei Zellen; engen, schlauchförmigen, welche Chlorophyll enthalten und dazwischen liegenden großen Zellen ohne Inhalt, welche daher farblos sind, und in deren Wänden große kreisrunde Löcher entstehen. Ähnliche Zellen bilden auch die äußeren Schichten des Stengelgewebes, und diese Zellen in Verbindung mit den dem Stengel angeschmiegten Zweigen bilden ein Kapillarsystem, welches Wasser aufsaugt, weshalb Torfmoosrasen stets naß erscheinen. Das untere Ende der Torfmoose stirbt, während der Gipfel weiterwächst, ab, und die abgestorbenen Teile bilden den Torf. Antheridien und Archegonien stehen an besonderen durch Form und Farbe ausgezeichneten Zweigen. Die kugelige Sporenkapsel öffnet sich bei der Reife mit einem Deckel.

Sphagnum (einzige Gattung mit zahlreichen Formen).

Andreaeaceae. Kleine unscheinbare Moose, deren Kapsel sich mit vier an der Spitze und Basis verbundenen Klappen öffnet.

Andreaea.

Bryinae. Sie bilden die Hauptmenge aller Laubmoose. Das Sporogonium ist langgestielt, mit dem Mützchen (Calyptra) bedeckt und öffnet sich mit einem Deckel. Am Rande der geöffneten Kapsel sitzt ein aus zungenförmigen Lamellen bestehender Besatz (Peristom). Das Sporogonium steht bei einem Teil der Arten am Gipfel (Akrocarpi), bei anderen seitlich am Moosstengel (Pleurocarpi).

Funaria (auf Steinen und Mauern). *Mnium, Polytrichum, Hypnum* sind die gewöhnlichsten Waldmoose. *Fontinalis* schwimmt im Wasser. *Schistostega,* Leuchtmoos in Höhlen, mit leuchtendem Protonema. *Phascum* (kleistocarp).

III. Pteridophyta. Gefäßkryptogamen.

Der anatomische Bau der Sprosse und Wurzeln ist vollkommener als bei den Thallophyten und Moosen. Alle drei Gewebeformen der höheren Pflanzen, Epidermis, Grundgewebe und Gefäßbündel (daher der ältere Name) sind vorhanden. In den Gefäßbündeln ist das Xylem vom Phloëm rings umgeben. Das Xylem besteht wesentlich aus an den Enden zugespitzten, geschlossenen Tracheïden mit querliegenden Tüpfeln und leiterförmigen Wandverdickungen. Den Strang umgibt eine Scheide dünnwandiger Zellen, die wieder von einer Schicht sklerenchymatischer, häufig einseitig verdickter Zellen mit braunen Wänden umschlossen sind. Außerdem durchziehen das Grundgewebe noch Stränge von braunwandigem Sklerenchym. Bei den Lycopodien bildet das Xylem im zentralen Strang mehrere Bänder. Die Pteridophyten besitzen wie die Moose einen charakteristischen Generationswechsel. Aus den Sporen, welche ungeschlechtlich in blattbürtigen Sporangien oder in fruchtähnlichen Organen entstehen, geht ein kleiner, grüner, lebermoosähnlicher, rhizoidenbildender Vorkeim (Prothallium) hervor, an welchem die Sexualorgane, Archegonien und Antheridien entstehen (erste Generation). Die befruchtete Eizelle teilt sich zunächst in acht Zellen, durch weitere Zellteilungen entsteht ein Gewebekörper (Embryo), der später zu einer mit Blättern und Wurzeln versehenen Pflanze (dem Farnkraut, dem Schachtelhalm usw.) heranwächst, welche wieder Sporangien mit ungeschlechtlichen Sporen bildet (zweite Generation). Im Gegensatz zu den Moosen ist also bei den Pteridophyten gerade die ungeschlechtliche Generation vegetativ sehr vollkommen entwickelt.

Ein Teil der Pteridophyten, nämlich die Hydropteriden, Selaginellen und Isoëten, bilden zweierlei Sporen: 1) große Sporen (Makrosporen), welche bei der Keimung bloß Archegonien tragende, also weibliche Prothallien erzeugen, und 2) kleine Sporen (Mikrosporen), deren Prothallien nur ein Antheridium bilden, also männlich sind. Selbstverständlich erzeugen nur die Prothallien der Makrosporen nach der Befruchtung eine beblätterte zweite Generation.

Man teilt die Pteridophyten in drei Abteilungen: Filicinen, Equisetinen, Lycopodinen, und unterscheidet in jeder Abteilung solche mit einerlei Sporen (homospore) und solche mit Makro- und Mikrosporen (heterospore),

1. Filicinae. Farne

Die Farne sind durch die Vollkommenheit ihrer Blattbildung ausgezeichnet. Die Sporangien entstehen an gewöhnlichen Laubblättern oder an besonderen Sporenblättern, bei den Hydropteriden in fruchtähnlichen Organen.

Homospore Filicinen.

Filices. Farnkräuter.

Die Farne bilden die artenreichste und verbreitetste Abteilung der Gefäßkryptogamen. Sie leben in den Wäldern aller Zonen als Bodenpflanzen oder Epiphyten, einige auf Felsen und Mauern, die Baumfarne als Bestandteil der Tropenwälder. Der Stamm der meisten Farne ist nicht aufrecht, sondern kriecht auf oder unter dem Boden hin und sendet nur seine Blätter nach oben; in der Knospe spiralig eingerollt, entfalten sie sich als selten ungeteilte, meist vielfach gelappte oder gefiederte Organe. Sie wachsen sehr langsam und werden, z. B. beim Adlerfarn, Pteris aquilina, schon zwei Jahre vor ihrer Entfaltung angelegt, so daß sie erst im dritten Frühjahre völlig ausgebildet sind. Die Blätter stehen sehr dicht, so daß der Stamm keine Internodien zeigt. Zuweilen ist der Stamm aufrecht, baumartig (bei den tropischen Baumfarnen) und trägt dann am Gipfel eine Blätterkrone, so daß ein palmenähnlicher Habitus zustande kommt. Der Stamm der Baumfarne ist mit den Narben der abgefallenen Blätter regelmäßig besetzt. Bei manchen Baumfarnen ist die ganze Oberfläche des Stammes mit Luftwurzeln dicht bedeckt. Die Sporangien der Farne sind mikroskopische, gestielte Kapseln, welche gewöhnlich zu einer Gruppe (Sorus) vereinigt (oft von einem Häutchen, Indusium, bedeckt), auf der Unterseite gewöhnlicher Laubblätter oder an besonders geformten ährenförmigen Sporenblättern stehen. Die Sporangien mit einschichtiger Wand (Leptosporangiatae) sind mit einem Ringe oder einer Gruppe verdickter Zellen versehen (Annulus), welche bei der Reife das Aufspringen der Sporangien bewirken. Die Form des Annulus ist für die Einteilung der Farne zu benutzen (ca. 9000 Arten).

Hymenophyllaceae. Kleine, meistens epiphytische, tropische Farnkräuter mit sehr zarten Blättern. Sporangienhaufen an den Blatträndern. Annulus äquatorial.

Hymenophyllum (eine Art auch in Deutschland, jedoch selten).

Polypodiaceae. Zu ihnen gehören fast alle bei uns einheimischen Farnkräuter. Die Sporangien sitzen auf der Unterseite ihrer Blätter in Haufen (Sori), zuweilen mit einem Schleier (Indusium) bedeckt. Der Annulus der Sporangien steht vertikal.

Pteris. Aspidium. Asplenium. Polypodium. Scolopendrium.

Cyatheaceae. Tropische Baumfarne, in Australien, Neuseeland und der Südsee. Sporangien mit schiefstehendem Annulus.

Cyathea. Hemitelia. Alsophila. Dicksonia.

Schizaeaceae. Tropische Farne. Annulus auf dem Scheitel der Sporangien.

Schizaea. Lygodium. Aneimia.

Osmundaceae. Die Sporangien sitzen auf ährenförmigen Blättern. Annulus unvollkommen.

Osmunda.

Stipulatae.

Den Farnkräutern zum Teil sehr ähnliche Pflanzen, die als besondere Eigentümlichkeit große Nebenblätter (stipulae) besitzen, welche die jungen Laubblätter einhüllen, aber auch später noch erhalten bleiben. Ihre Sporangien haben eine derbere mehrschichtige Wandung (Eusporangiatae) (ca, 40 Arten).

Ophioglosseae. Ihre Prothallien sind klein und chlorophyllfrei, von Pilzfäden durchzogen, und leben unterirdisch. Aus der befruchteten Eizelle entwickeln sich kleine auf Wiesen und Berghängen wachsende Farne, mit kurzem, unterirdischem Stamm, welcher jährlich ein einziges Blatt entfaltet, das aber schon drei Jahre vorher am unterirdischen Stamm entstand. Bei Ophioglossum ist das Blatt zungenförmig, bei Botrychium gefiedert. Der Sporangienstand entsteht aus einer Verzweigung des Laubblattes. Die Sporangien entstehen im Innern des Gewebes und öffnen sich durch einen Riß bei der Reife.

Ophioglossum. Botrychium.

Marattiaceae. Die aus dem Embryo hervorgehende Pflanze ist vom Habitus der Farnkräuter mit sehr großen gefiederten Blättern. Der Stamm ist kurz und ist von Blattblasen dicht bedeckt. Die Sporangien, welche gewöhnlich miteinander verwachsen sind, entstehen auf der Unterseite gewöhnlicher Laubblätter, wie bei den Farnkräutern.

Marattia. Angiopteris (Südseeinseln).

Heterospore Filicinen.

Hydropterides. Wasserfarne.

Die Hydropteriden sind Wasser- und Sumpfpflanzen, mit einigen Arten auch in unserer Flora (Mittel- und Süddeutschland) vorkommend. Zweierlei Prothallien entstehen aus zweierlei Sporen. Die Makrosporen entwickeln ein kleines halb in der Spore steckenbleibendes Prothallium mit einem oder mehreren Archegonien. Diese werden von Spermatozoiden befruchtet, welche das einzige Antheridium des aus der Mikrospore hervorgehenden rudimentären Prothalliums erzeugt. Aus der befruchteten Eizelle entsteht als zweite Generation eine beblätterte Pflanze von dorsiventralem Wuchs, welche Sporangien in fruchtähnlichen Kapseln (Sporangienfrüchten) trägt (44 Arten).

Salviniaceae. Schwimmende Wasserpflanzen mit nur zwei Gattungen Salvinia und Azolla. Der Stengel von Salvinia bildet zweierlei Blätter, ovale Luftblätter und fadenförmige ins Wasser hängende Wasserblätter, Wurzeln fehlen vollständig. Die reichverzweigten, dicht mit kleinen Blättern besetzten Sprößchen von Azolla sind dagegen mit Wurzeln versehen. Die kugeligen Sporangienfrüchte entstehen zu mehreren, bei Salvinia an den Wasserblättern, bei Azolla an gewöhnlichen Blättern und enthalten entweder nur zahlreiche Mikrosporangien oder nur Makrosporangien (bei Salvinia mehrere, bei Azolla nur eines). Jedes Mikrosporangium enthält zahlreiche Mikrosporen, jedes Makrosporangium eine Makrospore. Bei Azolla sind die Mikrosporen durch eine schaumige Substanz miteinander zu Ballen (Massulae) verklebt, und zwischen ihnen liegen kleine mit Widerhaken versehene Stäbchen (Glochiden), mit denen sie sich den Makrosporen anhängen. In den Blatthöhlungen von Azolla lebt konstant eine kleine Cyanophycee, Nostoc oder Anabaena.

Salvinia. Azolla (aus Nordamerika, bei uns eingebürgert).

Marsiliaceae. Mit nur zwei Gattungen: Pilularia und Marsilia. Der dünne Stamm kriecht auf dem Grunde des Wassers, seine Blätter erheben sich in die Luft. Marsilia hat sauerkleeähnliche Blätter, Pilularia fadenförmige. Die Sporangienfrüchte sind lang- oder kurzgestielte, mit Fächern versehene Kapseln, in denen sich Mikro- und Makrosporangien beisammen befinden: jedes Mikrosporangium mit zahlreichen Mikrosporen, die Makrosporangien mit je einer Makrospore. Marsilia ist durch die merkwürdige Keimung ihrer bohnenförmigen Frucht ausgezeichnet, indem ein hervorquellender Schleimring die an ihm befestigten Sporangien aus der Kapsel herauszieht.

Marsilia. Pilularia.

Von fossilen heterosporen Farnen sind besonders Lyginodendron und Neuropteris des Karbons interessant, deren Makrosporangien den Samen der Cycadeen gleichen. Sie bilden daher ein Bindeglied zwischen Farnen und Gymnospermen und werden als Pteridospermen zusammengefaßt.

2. Equisetinae. Schachtelhalme.

Der Stamm der Equiseten (ein verzweigtes Rhizom) bleibt unterirdisch und treibt jährlich seine grünen entweder einfach zylindrisch bleibenden oder mit quirlständigen dünnen Seitenzweigen versehenen Sprosse über den Boden. Charakteristisch für die Equiseten ist die mangelhafte Blattbildung, welche nur durch gezähnte Scheiden, die die Basis der Internodien umgeben, angedeutet ist. Aus dem Mangel der Blattbildung ergibt sich die Notwendigkeit, daß die Sprosse selbst das chlorophyllhaltige Assimilationsparenchym tragen. Die Sproßachsen sind mit zahlreichen Luftgängen im Gewebe versehen. Die jungen Coniferenzapfen ähnlich sehenden Sporangienstände bilden Ähren am Gipfel gewöhnlicher grüner Sprosse, oder sie stehen bei einigen Arten am Gipfel besonders gestalteter und chlorophyllfreier (fertiler) Sprosse, welche nach dem Ausstreuen der Sporen entweder absterben oder nachträglich ebenfalls grün werden und sich wie die sterilen Sprosse verzweigen. Die Sporangien sind kleine Säckchen, die von der Unterseite gestielter Schildchen herabhängen. Die Schachtelhalme wachsen in feuchten und schattigen Wäldern und auf sandigen Äckern als Unkraut. Die Equiseten haben zwar gleichartige Sporen, bei der Keimung gehen jedoch gewöhnlich aus ihnen diöcische Prothallien hervor, also teils solche, welche bloß Antheridien, teils solche, welche bloß Archegonien tragen. Die Befruchtung verläuft wie bei den Moosen und Filicinen. Der Embryo bildet sich zum Schachtelhalm aus, welcher die zweite Generation darstellt.

Equisetum (einzige Gattung mit ca. 40 Arten).

Heterospore Equiseten gab es in der Steinkohlenperiode, es sind die fossilen Calamiten, deren Blätter als Annularien und Asterophylliten beschrieben sind.

3. Lycopodinae. Bärlappe.

Sie umfassen die Lycopodiaceen, Selaginellen und Isoëten. Ein charakteristisches Merkmal der Lycopodinen ist die vorherrschend gabelförmige (dichotome) Verzweigung ihrer Sprosse und besonders auch ihrer Wurzeln. In der Vollkommenheit der Blattbildung stehen sie hinter den Farnen zurück, sie besitzen nur kleine, meistens dicht gestellte Blätter.

Homospore Lycopodinen.

Lycopodiaceae.

Sie besitzen gleichartige Sporen in nierenförmigen, am Grunde von Blättern sitzenden Sporangien. Lycopodium clavatum besitzt langgestielte Sporangienähren. Die Sporen erzeugen erst nach 6—7 Jahren kleine knollenförmige, nach Art der Mycorrhizen verpilzte unterirdisch, zum Teil saprophytisch lebende, monöcische Prothallien mit Archegonien und Antheridien, deren Entwickelung 20 Jahre dauern kann. Die zweite Generation ist ein aufrechter oder kriechender Sproß, dessen Sporangien entweder auf kleinen Sprößchen sitzen oder an stattlicheren Sporangienähren vereinigt sind, bei Psilotum am Gipfel kleiner Zweige stehen. Sie wachsen in Bergwäldern, seltener bei uns, reichlich in den Tropen als Epiphyten (ca. 100 Arten).

Lycopodium. Phylloglossum. Psilotum.

Heterospore Lycopodiaceen, die Sigillarien, Lepidodendren, gab es in der Steinkohlenperiode. Auch bei einigen fossilen Lycopodiaceen, (Lepidocarpon, Miadesmia) hat man samenähnliche Makrosporangien gefunden, die auf einen Zusammenhang von Kryptogamen und Samenpflanzen deuten.

Heterospore Lycopodinen.

Selaginellaceae.

Mit Makro- und Mikrosporen in verschieden gestalteten Sporangien. Die Makrosporangien vierklappig mit vier Makrosporen, die Mikrosporangien zweiklappig mit vielen Mikrosporen. Die letzteren bilden bei der Keimung gar kein eigentliches Prothallium, sondern es wird innerhalb der Mikrospore durch eine Zellwand nur eine kleine Zelle (ein reduziertes Prothallium) abgegliedert. Der übrige Sporenraum stellt das Antheridium dar. In demselben entstehen durch Zellteilung die Spermatozoiden, welche durch Zerreißen der Mikrosporenhaut ins Freie gelangen. Die Makrospore bildet schon vor ihrem Aufspringen ein kleines, Archegonien erzeugendes Prothallium, welches nur den oberen Raum der Spore erfüllt, während im unteren Sporenraum ein dem Endosperm der Gymnospermen und Blütenpflanzen ähnliches Gewebe entsteht, in welchem Nährstoffe für den Embryo aufgespeichert werden. Der nach dem Aufspringen der Spore aus der befruchteten Eizelle hervorgehende, wie bei den Gymnospermen und Blütenpflanzen an einem Embryoträger (vgl. S. 57) entstehende Embryo bildet sich zur zweiten Generation aus. Die Selaginellen sind sehr zierliche Pflanzen mit dünnen, verzweigten, dicht mit Blättern besetzten Stengeln. Bemerkenswert sind die den Selaginellen eigentümlichen, aus dem Stengel entspringenden Wurzelträger. Die Sporangienstände stehen am Gipfel der Laubsprosse und sind durch die kantige Form von den Laubsprossen leicht zu unterscheiden. Die Sporangien entstehen an der Basis der Blätter und enthalten entweder zahlreiche Mikrosporen oder vier Makrosporen.

Selaginella (einzige Gattung). In den Alpen und häufiger in den Tropen mit 3—400 Arten.

Isoëtaceae.

Mit Mikro- und Makrosporen, deren Prothallienbildung ähnlich wie bei den Selaginellen verläuft. Die zweite aus dem Embryo hervorgehende Generation ist eine Pflanze mit sehr kurz bleibendem Stamm und schmalen Blättern. Die Sporangien stehen in Gruben an der Basis der Blätter. Die Isoëten leben auf feuchtem Boden oder in stehenden Wässern untergetaucht.

Isoëtes lacustris wächst auf dem Grunde von Landseen (nur eine Gattung mit ca. 50 europäischen und tropischen Arten).

IV. Gymnospermae.

Die Gymnospermen umfassen die Cycadeen, Coniferen (Zapfenträger, Nadelhölzer) und Gnetaceen, welche zwar äußerlich große Verschiedenheiten aufweisen, deren Zusammengehörigkeit sich aber aus der Form ihrer Fortpflanzungsorgane, aus den Vorgängen der Befruchtung und aus ihrem anatomischen Bau ergibt. Ein verwandtschaftlicher Zusammenhang mit den höheren Kryptogamen ist durch unmittelbare Anschauung nicht zu erkennen, wohl aber ergibt das Studium der Fortpflanzungsvorgänge bei beiden Klassen Homologien, welche die Verwandtschaft zwischen Gymnospermen und Farnen beweisen. Die Paläontologie hat festgestellt, daß in der Kohlenperiode Pflanzen vom Habitus der Baumfarne lebten, welche abweichend von allen Gefäßkryptogamen Samen bildeten. Diese Pflanzen, welche man Pteridospermen genannt hat und von denen Lyginodendron Oldhamiam am besten bekannt ist, bilden daher ein wirkliches Bindeglied zwischen Kryptogamen und Gymnospermen. Die Mikro- und Makrosporangien sitzen bei den Gymnospermen gesondert an schuppenförmigen Blättern von verschiedener Gestalt, die spiralig oder quirlig um eine Achse stehen. Diese Sporangienstände (Zapfen) trugen schon den Namen Blüten vor dem Bekanntwerden ähnlicher Bildungen bei den Kryptogamen, weshalb man sie bei den Gymnospermen auch jetzt noch als weibliche und männliche Blüten bezeichnet. Der Generationswechsel, welcher bei Thallophyten, Moosen und Pteridophyten deutlich zu erkennen ist, verschwindet bei den Gymnospermen, weil bei ihnen das Prothallium mit den Archegonien nicht mehr selbständig vegetiert, sondern völlig in der Makrospore eingeschlossen bleibt. Als Makrospore der Gymnospermen ist der Embryosack anzusehen, welcher im Makrosporangium, auch Samenknospe genannt, eingeschlossen bleibt (vgl. Kap. Fortpflanzung). In der Makrospore entsteht ein Gewebe, welches wie bei den Makrosporen der Pteridophyten Archegonien erzeugt und dementsprechend als Prothallium aufzufassen ist. Die vom Winde auf die Samenknospen getragenen Mikrosporen (Pollenkörner) treiben in den Archegonienhals bis zur Eizelle Pollenschläuche. Die Befruchtung der Archegonien geschieht nur in einzelnen Fällen (Cycas, Zamia, Gingko), wie bei den Pteridophyten, durch bewegliche Spermatozoiden, sonst durch den Spermakern. Die befruchtete Eizelle wird zum Embryo, der in das Gewebe des Prothalliums hineinwächst, welches sich zum Endosperm ausbildet. Die Integumente der Samenknospen oder Makrosporangien bilden sich zu trockenen oder saftigen Hüllen um, und das ganze Produkt mit Embryo, Endosperm und Schale heißt dann Same. Durch die Bildung dieses Samens unterscheiden sich die Gymnospermen von den Pteridophyten, während sie sich den Mono- und Dicotyledonen durch die Samenbildung anschließen. Der Same der Gymnospermen ist jedoch nicht von einem Fruchtknoten umgeben, was bei den Mono- und Dicotyledonen immer der Fall ist. Daher der Name Gymnospermen (von γυμνός nackt und σπέρμα Same).

1. Cycadeae.

In ihrem Habitus sind die Cycadeen den Baumfarnen und Palmen ähnlich. Der Stamm bleibt entweder sehr kurz und dick oder wird säulenförmig und trägt auf seinem Gipfel eine Krone großer gefiederter Blätter. Außer den großen gefiederten grünen Blättern entstehen, in abwechselndem Turnus mit diesen, kleine braungefärbte Blattschuppen, welche dann später, da sie nicht abfallen, die Oberfläche des Stammes dicht bedecken. Die sehr großen Blütenzapfen entstehen im Zentrum der Blätterkrone, und zwar die männlichen und weiblichen auf verschiedenen Exemplaren. Die männlichen Zapfen tragen viele schildförmige, an der Unterseite mit zahlreichen Pollensäcken (Mikrosporangien) versehene Sporophylle. Bei einigen findet Bestäubung durch Insekten statt (Dioon). Die weiblichen Zapfen haben Schuppen mit zwei Samenknospen (Makrosporangien). Bei der Gattung Cycas ist die weibliche Blüte kein Zapfen, sondern besteht aus einer großen Rosette gefiederter Sporophylle, an denen seitlich die Samenknospen stehen. Die Befruchtung erfolgt bei Cycas und Zamia durch Spermatozoiden, vermutlich auch bei den übrigen, welche noch nicht untersucht sind. Der reife Same besitzt häufig eine fleischige Hülle, welche jedoch kein Fruchtknoten ist, wie es den Anschein hat, sondern nur der Samenschale entspricht, da sie aus dem Integument der Samenknospe hervorgeht. Die Cycadeen zeigen ein eigentümliches Dickenwachstum und enthalten viel Gummischleim, welcher in Gummigängen im Stamm und in den Blattstielen enthalten ist. Die Cycadeen wachsen in Südamerika, Ostindien, Südafrika, Australien (ca. 90 Arten).

Cycas revoluta (China, Japan), *Cycas circinalis* (Ostindien), das Mark der Bäume liefert ein sagoartiges Mehl. *Encephalartos horridus* (Südafrika), *Dioon edule*, *Ceratozamia mexicana* (Mexiko). Die Arten der Gattung *Zamia* meist in Südamerika und Westindien. *Makrozamia* (Australien). Als Zierpflanzen werden viele Cycadeen in den prächtigen Gärten der Riviera kultiviert, liefern auch Leichenschmuck in ihren Blättern, die fälschlich als Palmenblätter bezeichnet werden.

2. Coniferae.

Die Coniferen sind Holzpflanzen, meistens Bäume, unter ihnen die Sequoia gigantea u. a. von 90 und mehr Metern Höhe. Die Nadelhölzer bilden bekanntlich in den kälteren Zonen der alten und neuen Welt ausgedehnte Wälder. Der Holzkörper der Coniferen ist dem des Dicotylenstammes ähnlich, aber dadurch charakterisiert, daß das sekundäre Holz keine Gefäße enthält und aus Tracheïden mit großen gehöften Tüpfeln besteht. Im Gegensatz zum Stamm der Cycadeen, welcher sich nicht verzweigt, haben die Coniferen eine reichliche Verzweigung. Die Blätter sind gewöhnlich klein, nadelförmig oder, wie bei den Cupressineen, schuppenförmig, bei Dammara und Gingko jedoch flächenförmig verbreitert, Phyllocladus erzeugt an Stelle der Blätter nur kleine farblose Schuppen und trägt als Assimilationsorgane Cladodien (vgl. S. 14). Die Blätter werden gewöhnlich viele Jahre alt, die Coniferen sind daher immergrün, doch werfen einige im Herbst die Blätter ab, z. B. von unseren einheimischen Coniferen die Lärche. Die Coniferen sind durch ihren Harzreichtum ausgezeichnet. Die männlichen Blüten bestehen aus einer mit Staubblättern besetzten kurzen Achse. Die Mikrosporangien stehen zu zwei oder mehreren an der Unterseite dieser schuppenförmigen Sporophylle. Die Pollenkörner sind bei manchen mit Flugblasen versehen. Der Bau der weiblichen Zapfen, an deren Sporophyllen meist zwei Makrosporangien (Samenknospen) sitzen, ist sehr verschieden, und wird deshalb für die systematische Einteilung der Coniferen benutzt. Doch sind die einzelnen Abteilungen derselben auch durch ihren Habitus gut zu unterscheiden.

1. Taxoideae.

Blüten diöcisch. Der Unterschied von den Pinoideen liegt besonders darin, daß die weiblichen Blüten keine Zapfen sind, sondern die reifen Samen beerenartig erscheinen, indem die äußere Samenschale fleischig wird oder eine fleischige Hülle (Arillus) die Samenknospe umwächst.

Ginkgoaceae. Die langgestielten Samenknospen haben eine pflaumenartig werdende Hülle. Laubblätter breit, fächerförmig. Spermatozoidenbildung.

Ginkgo biloba (China, Japan). Bei uns in botanischen Gärten angepflanzt.

Taxaceae. Samenknospen meist von schuppenförmigen Deckblättern umgeben (ca. 70 Arten).

Taxus baccata (Eibe) mit rotem, beerenähnlichem Samenmantel, früher in unsern Wäldern verbreitet, jetzt sehr zerstreut, ein großer Bestand in Westpreußen, einer in Bayern. *Phyllocladus trichomanoides* (Neuseeland, Borneo) mit blattartig verbreiterten Zweigen. *Cephalotaxus* (China, Japan).

Podocarpeae. Samenknospen ohne Deckblätter (ca. 60 Arten).

Podocarpus (stattliche Bäume auf den Bergen Afrikas, Neuseelands, Javas, in Chile). Samenknospen auf einem saftigen eßbaren Receptaculum sitzend.

2. Pinoideae.

Monöcische oder diöcische Bäume. Die weiblichen Blüten sind bei der Reife holzig werdende Zapfen (vgl. S. 54). Die Zapfenschuppen der jungen Zapfen sind entweder einfach oder bestehen aus zwei Schuppen, einer äußeren Deckschuppe und einer inneren Samenschuppe (Placenta), an welcher die Samenknospen sitzen. Die beiden Schuppen sind entweder getrennt oder mehr oder weniger miteinander verschmolzen. Die äußere Schuppe verschwindet in den meisten Fällen bei der Zapfenreife.

Praktisch teilt man die Pinoideen in zwei habituell leicht unterscheidbare Unterabteilungen: die tannenähnlichen Nadelbäume (Abietineen) und die Zypressen (Cupressineen) (300 Arten).

Abietineae.

Sowohl die Nadeln als auch die Schuppen (Sporophylle) der männlichen und weiblichen Zapfen stehen in spiraliger Anordnung. Pollenkörner häufig mit Flugblasen versehen. Die Abietineen sind mächtige Bäume mit einem durchgehenden Hauptstamm, dessen in regelmäßiger Altersfolge entwickelte Äste einen streng pyramidalen Wuchs bedingen. Davon macht nur die Kiefer im Alter eine Ausnahme, indem sie eine schirmförmige Krone bildet.

Araucariaceen (Schmucktannen). Schöne Bäume mit ausgebreiteten Ästen mit pfriemlichen oder flachen und starren Blättern. Die Zapfenschuppen sind einfach mit nur einer umgewendeten Samenknospe. Bei der Reife fallen die Zapfen auseinander.

Araucaria excelsa, Norfolktanne. *Araucaria imbricata* ist ein Waldbaum der chilenischen Anden, *Araucaria brasiliensis* ein Waldbaum Südbrasiliens. Andere Arten wachsen in Australien. *Agathis* oder *Dammara australis*, Kaurifichte (Neuseeland), liefert den Kaurikopal.

Sequoiaceae (Mammutbäume). Bäume von zum Teil riesenhaftem Wuchs, neben Eucalyptus die höchsten Bäume. Die Samenschuppe des Zapfens bildet nur einen Auswuchs der Deckschuppe mit zwei bis neun aufrechten Samenknospen.

Sequoia gigantea in der Sierra Nevada von Kalifornien gehört zu den höchsten Bäumen der Erde, mit Stämmen von 100 m Höhe und 12 m Durchmesser. *Taxodium distichum*, Sumpfzypresse (Nordamerika, Mexiko). Mächtige Stammreste vom fossilen *Taxodium distichum* finden sich in den Braunkohlenlagern von Senftenberg in der Lausitz. *Cryptomeria japonica* (Japan). *Sciadopitys* (Japan). *Cunninghamia*, *Glyptostrobus* (China). *Arthrotaxis* (Tasmanien).

Abietaceae (Tannen). Wald- und Forstbäume. Samen- und Deckschuppe des Zapfens sind vollständig frei. Bei der Zapfenreife vergrößern sich die Samenschuppen und werden holzig. Dabei kann die Deckschuppe verkümmern oder mit den Samenschuppen heranwachsen. An diesen sitzen zwei umgekehrte Samen, meist mit einem Flügel versehen, der durch Ablösen einer Gewebelamelle von der Innenseite der Samenschuppe entsteht.

Die Abietaceengattungen sind habituell dadurch verschieden, daß einige, z. B. Fichte und Tanne, nur mit Blättern besetzte gewöhnliche Langtriebe, andere vorwiegend aus Nadelbüscheln bestehende Kurztriebe bilden, wie Kiefer, Lärche und Zeder (134 Arten).

Zur Unterscheidung der Gattungen dienen die Zapfen. Der Zapfen der Kiefer ist kegelförmig, seine Schuppen mit einer breiten Fläche (Apophyse) versehen. Die Zapfen der Fichten und Tannen sind walzenförmig, erstere hängend, letztere aufrecht. Ihre Schuppen sind dünnrandig. Bei der Tanne fallen die einzelnen Schuppen bei der Reife von der stehenbleibenden Spindel ab, ebenso bei der Zeder, während die Fichten den ganzen Zapfen abwerfen. Der Lärchenzapfen ist klein und eiförmig.

Pinus, Kiefer. *P. silvestris*, gemeine Kiefer, Föhre, in Europa und Sibirien. *P. Cembra*, Arve, *P. Pumilio*, Legföhre, Krummholz in den Alpen. *P. Laricio*, Schwarzkiefer, Südosteuropa. *P. Pinaster*, Seekiefer. *P. halepensis*, Aleppokiefer, *P. Pinea*, Pinie, am Mittelmeer, *Pinus sibirica* in Sibirien und Nordrußland. *P. Strobus*, Weymouths-Kiefer, *P. ponderosa*, Pitschpine, und viele andere in Nordamerika und Kalifornien.

Cedrus, Zeder. *C. Libani* im Libanon. *C. atlantica* im Atlas. *C. Deodara* im Himalaja.

Larix, Lärche. *L. europaea*, Europa. *L. sibirica*, Sibirien, Nordrußland.

Picea, Fichte. *P. excelsa*, Fichte oder Rottanne, Nordeuropa, *P. orientalis*, Orient. *P. omorica*, Serbien. *P. Morinda*, Himalaja. *P. alba*, *P. nigra*, *P. sitchensis*, Nordamerika.

Abies, Tanne. *A. pectinata*, Weiß- oder Edeltanne, Europa. *A. Nordmanniana*, Kaukasus. *A. Pinsapo*, Südspanien. *A. balsamea*, liefert Kanadabalsam. *A. concolor*, *A. nobilis*, Nordamerika.

Tsuga, Hemlocktanne. *T. canadensis*, *Pseudotsuga Douglasii* (Douglastanne), beide in Nordamerika.

Cupressineae.

Blätter und Zapfenschuppen sind quirlig angeordnet. Die Samenschuppen tragen eine, zwei oder mehrere aufrechte Samenknospen. Pollenkörner ohne Flugblasen. Die Cupressineen sind Bäume und Sträucher mit kleinen, die Zweige dicht bedeckenden, selten nadelförmigen Blättern (ca. 60 Arten). Die Gattung Juniperus hat beerenähnliche Zapfen.

Cupressus sempervirens, *C. funebris* (Mittelmeer). *Chamaecyparis nutkaënsis* (nordwestl. Amerika), *Thuja occidentalis* (Nordamerika). *Biota orientalis* (China, Japan), Lebensbäume. *Libocedrus decurrens*, sogen. weiße Zeder (Felsengebirge, Kalifornien). *Callitris quadrivalvis* (Atlas), liefert Sandarakharz. *Juniperus communis*, Wacholder, *J. Sabina*, Sadebaum (Europa). *Juniperus virginiana*, sogen. rote Zeder (östl. Nordamerika).

3. Gnetaceae.

Die Gnetaceen, welche nur drei Gattungen umfassen, sind habituell von den übrigen Gymnospermen ganz verschieden, gehören jedoch wegen ihrer Befruchtungsvorgänge zu ihnen. Ephedra (Südeuropa, Orient) ist ein Strauch von schachtelhalmähnlichem Aussehen, mit kleinen schuppenförmigen Blättern, Gnetum umfaßt (trop. Asien und Amerika) Bäume, Sträucher und Lianen mit eiförmigen, gestielten Blättern. Welwitschia mirabilis (in den Sandwüsten Südwestafrikas) besitzt einen ganz kurz bleibenden Stamm, der überhaupt nur zwei sehr lange am Boden liegende Blätter erzeugt. Die Blüten der Gnetaceen bilden charakteristische Infloreszenzen. Die männlichen Blüten, gestielte Pollensäcke darstellend, von niederblattartigem Perianth umgeben, die weibliche Blüte aus einer von einem Perianth umgebenen Samenknospe bestehend, von einer Integumentröhre gekrönt. Bei Welwitschia gleichen die weiblichen Infloreszenzen äußerlich den Coniferenzapfen. Die Gnetaceen, deren Blüten Nektar ausscheiden, werden von Insekten bestäubt.

Man kann den Gymnospermen (Nacktsamige) die Mono- und Dicotyledonen als Angiospermen (Bedecktsamige) gegenüberstellen, aber beide wegen der Samenbildung als Samenpflanzen (Spermaphyten) zusammenfassen, um sie von den Kryptogamen (Sporophyten) zu trennen. Allein die Gymnospermen haben in ihrem Fortpflanzungsvorgang soviel Ähnlichkeit mit den Kryptogamen, daß eine scharfe Abtrennung manches gegen sich hat. Die Gymnospermen bilden zweifellos den Übergang von den höhern Kryptogamen zu den Angiospermen, und zwar zu den Dicotylen, mit denen sie auch das sekundäre Dickenwachstum gemein haben. Nach *von Wettstein* ist die einfachste Angiospermenblüte, die wir bei den Amentaceen finden, aus einer Gymnospermeninfloreszenz entstanden. Eine Verbindung von Gymnospermen und Monocotylen ist dagegen unmöglich. Es erscheint wahrscheinlich, daß die Monocotylen ein Seitenzweig der Dicotylen sind, vielleicht von Vorfahren der Polycarpicae abstammen und sich dann selbständig entwickelt haben.

Die Blütenpflanzen.

So große Verschiedenheiten auch Mono- und Dicotyledonen in Formenbildung und Größe aufweisen, so haben sie doch in der Bildung ihrer Blüte ein hervortretendes gemeinsames Merkmal und unterscheiden sich dadurch von allen andern Pflanzen, besonders auch von den Gymnospermen, deren Fortpflanzungsapparate zwar auch nach alter Gewohnheit Blüten genannt werden, aber viel weniger Ähnlichkeit mit den typischen Blüten als mit den Fortpflanzungsorganen der Pteridophyten haben.

Die Blüte ist ein Sproß, welcher statt der Laubblätter Sporophylle mit Sporangien, also Fortpflanzungsorgane, erzeugt. Die Anlage einer jungen Blüte ist von der eines Laubsprosses äußerlich nicht verschieden und bildet sich erst später ihrer Bestimmung gemäß aus, weshalb man die Blüte auch als metamorphosierten Laubsproß bezeichnen kann. Charakteristisch für die meisten Blüten ist im Gegensatz zum gewöhnlichen Laubsproß, daß die Blütenteile in konzentrischen Kreisen an einer sehr kurzbleibenden Achse angeordnet sind, wodurch die Rosettenform der meisten Blüten zustande kommt. Die Blüten der Blütenpflanzen enthalten im Gegensatz zu den Gymnospermen meistens beiderlei Geschlechter und sind Zwitterblüten. Bei vielen Pflanzen besteht die Blüte nur aus den Sexualorganen, also aus dem Fruchtknoten und den Staubgefäßen, z. B. bei den Piperaceen. In der Regel sind aber noch eine oder mehrere Blütenhüllen (das Perianth) vorhanden, welche die Fortpflanzungsorgane umgeben. In jeder Blüte folgen die Teile vom Zentrum nach außen in derselben Reihenfolge aufeinander, in einer vollständigen Blüte also steht zu innerst der Fruchtknoten (häufig in der Mehrzahl vorhanden), dann folgen die Staubgefäße, um diese das Perianth.

Perianth. Die Blütenhülle ist vielfach ganz unscheinbar und klein, z. B. bei unseren meisten Laubbäumen, gewöhnlich ist sie größer und durch Form und Farbe ausgezeichnet. In der Regel besteht das Perianth aus mehreren, meist zwei Kreisen von Blättern. Von den zwei Kreisen ist der äußerste Blattkreis dann gewöhnlich grün und auch an Gestalt vom anderen verschieden und heißt Kelch; der innere aus weißen oder buntgefärbten Blättern bestehende Hüllkreis heißt Blumenkrone. In vielen Fällen sind aber beide Blattkreise des Perianths ganz gleich, z. B. bei den meisten Monocotylen (Tulpen, Hyazinthen, Lilien usw.) und heißen dann zusammen Perigon. Die Blätter der Blumenkrone sind entweder völlig selbständig und frei (choripetale Blüten), z. B. bei der Nelke, Bohne, Hahnenfuß, oder sie sind miteinander teilweise oder ganz verwachsen (sympetale Blüten), z. B. Kürbis, Winde, Tollkirsche usw.

Andröceum. Man nennt die Gesamtheit der Staubgefäße einer Blüte das Andröceum (von ἀνήρ, ἀνδρός und οἶκος). Die Anzahl der Staubgefäße kann eine sehr verschiedene sein (eins bis zahlreiche). Diese Anzahl erscheint bei den Blüten mancher Arten dadurch größer, daß die Staubfäden sich verzweigen, z. B. bei den Hypericineen. Umgekehrt kommt bei anderen Pflanzen eine Verwachsung der Staubgefäße vor, z. B. beim Kürbis, Leguminosen. Verwachsung und Verzweigung kann sogar zusammen vorkommen, z. B. bei den Malvaceen. Nicht nur untereinander, sondern auch mit dem Fruchtknoten können die Staubgefäße verwachsen, z. B. bei Nymphaea. Wenn die Staubgefäße nur mit dem Griffel des Fruchtknotens zu einem Ganzen verwachsen sind, wie bei Aristolochia und den Orchideen, so heißt dieser Apparat Gynostemium (Griffelsäule). Endlich können die Staubgefäße auch mit den Kronenblättern verwachsen, was namentlich bei den Sympetalen häufig ist, es sieht dann später so aus, als ob die Staubgefäße aus der Innenfläche der Blumenkronblätter entsprängen. Die Staubgefäße erleiden bei manchen Pflanzen eine Verkümmerung zu Staminodien, die dann zuweilen nur reduzierte Organe ohne Funktion darstellen, manchmal als Nektarien dienen. Eine als Monstrosität vorkommende Umwandlung ist die von Staubgefäßen in Carpelle und diejenige in grüne mehr oder weniger vollkommene Laubblätter (Vergrünung). Bekannt ist, daß sich bei manchen Pflanzen die Staubgefäße in Blumenblätter umwandeln, z. B. bei den Rosen u. a., wodurch die gefüllten Blüten zustande kommen.

Gynäceum. Der Fruchtknoten oder die Gesamtheit aller Fruchtknoten einer Blüte heißt Gynäceum (γυναικεῖον, Frauenwohnung). Jeder Fruchtknoten besteht aus einem oder mehreren Fruchtblättern (Carpellen), welche mit ihren Rändern verwachsen und so ein geschlossenes Gehäuse bilden, welches die Samenknospen (Samenanlagen) enthält. Die Samenknospen sind aufrecht (atrop), d. h. sie stehen mit nach oben gewendeter Mikropyle im Fruchtknoten, oder sie sind durch Krümmung des Stieles mit der Mikropyle nach unten gewendet (anatrop) oder sind drittens gekrümmt (campylotrop). Besteht der Fruchtknoten nur aus einem einzigen mit seinen Rändern verwachsenen Carpell, so heißt er monomer, ist er durch Verwachsung mehrerer Carpelle entstanden, polymer. Wenn die Ränder der Carpelle einfach seitlich miteinander verwachsen, ohne in die Fruchtknotenhöhle hineinzuragen, so ist das Gynäceum einfächerig, wachsen dagegen die Carpellränder nach ihrer Verschmelzung in die Höhle des Fruchtknotens hinein, so entstehen Scheidewände, der Fruchtknoten wird mehrfächerig. Die Samenknospen entstehen im Innern des Fruchtknotens auf Gewebepolstern (Placenten), welche entweder Anschwellungen der im Fruchtknoten endigenden Sproßachse (Zentralplacenta) oder auch leistenförmige Polster auf den Carpellen (Parietalplacenta) sind. Nach oben bilden die Carpelle eine Verlängerung, den Griffel mit der Narbe. Der Fruchtknoten hat meist so viele Griffel, als ihn Carpelle zusammensetzen.

Symmetrie der Blüte. Der Gesamtbau der Blüte ist gewöhnlich so, daß sie sich durch eine oder mehrere Ebenen in spiegelbildliche Teile zerlegen läßt. Nur in seltenen Fällen ist dies unmöglich, und die Blüten sind asymmetrisch, z. B. Marantaceen, Valerianeen. Symmetrische Blüten, die sich durch mehr als zwei Ebenen in ähnliche Teile zerlegen lassen, heißen radiär (auch actinomorph, regelmäßig), z. B. Ranunculus, Fragaria usw. Kann eine Blüte nur durch eine Ebene in symmetrische Hälften zerlegt werden, so heißt die Blüte dorsiventral (zygomorph), z. B. Labiaten, Scrophularineen, Papilionaceen.

Stellungs- und Zahlenverhältnisse der Blütenteile. Die Blütenteile stehen gewöhnlich auf der verbreiterten Sproßachse, dem Blütenboden, und zwar in Quirlen angeordnet (cyklische Blüten) oder in Spiralen (acyklische Blüten). Zuweilen sind die Blütenblätter zum Teil spiralig, zum Teil quirlig gestellt (hemicyklische Blüten). Das zu innerst stehende Gynäceum kann zugleich oberhalb der Anheftungsstelle der übrigen Blütenteile stehen und heißt dann oberständig; steht der Fruchtknoten unterhalb der übrigen Blütenteile, so ist er unterständig. Von den vier Blattformationen der Blüte ist meistens je ein Quirl (Cyklus) vorhanden, also ein Cyklus Kelchblätter, Kronenblätter, Staubgefäße und Carpelle. Von den Staubblättern sind häufiger mehrere Quirle vorhanden. Gewöhnlich alternieren die Cyklen miteinander, d. h. die Glieder des einen stehen jedesmal den Zwischenräumen des vorraufgehenden gegenüber. In einigen Fällen stehen die Glieder aufeinanderfolgender Kreise nicht alternierend, sondern vor einander (superponiert). Die Anzahl von Organen, welche einen Quirl bilden, ist bei den Arten verschieden (eins bis viele). Am häufigsten sind dreigliedrige Quirle (bei den Monocotylen) und vier- oder fünfgliedrige (bei den Dicotylen. So stimmen also die Blüten großer Gruppen im allgemeinen in ihren Zahlenverhältnissen überein, doch treten nun Verschiedenheiten bei Gattungen und Familien dadurch auf, daß Glieder des einen oder anderen Kreises nicht zur Ausbildung gelangen (Abortus) oder vermehrt sind, oder durch Größenverhältnisse, Verwachsung usw. vom Typus abweichen.

Blütendiagramme. Zur Erleichterung der Übersicht über die Zahl und Stellung der Blütenteile bedient man sich der Blütendiagramme.

Fig. 1

Blütendiagramm.

Im Diagramm, welches einen schematischen Querschnitt der Blüte darstellt, ist die Anzahl der Organkreise einer Blüte durch konzentrische Kreise angedeutet und auf diesen die einzelnen Blütenteile eingetragen. Ein äußerer Perigonkreis oder ein Kelch wird durch den Bogen mit Mittelrippe, der innere Perigonkreis oder die Blumenkrone durch einen einfachen Bogen bezeichnet. Die Staubblätter sind durch die Form des Antherenquerschnittes, das Gynäceum durch den Fruchtknotenquerschnitt angegeben. Fehlende oder reduzierte Glieder deutet man durch Punkte an. Ein Punkt außerhalb des Diagrammes bedeutet die Mutterachse, an welcher die Blüte steht.

Blütenformeln. Außer den Diagrammen bedient man sich zur kurzen

Angabe der Zahlenverhältnisse der in Buchstaben und Zahlen geschriebenen Blütenformeln.

In diesen bedeutet: P. Perigon. — K. Kelch. — C. Corolle. — A. Andröceum. — G. Gynäceum.

Demnach wäre das oben gezeichnete Diagramm Fig. 1 als Formel ausgedrückt = K 3 C 3 A 3+3 G (3).

Die hinter den Buchstaben stehenden Zahlen bezeichnen die Anzahl der Blumenblätter, Staubgefäße usw. Jeder weitere Kreis *desselben Organs* wird mit dem + Zeichen angehängt. Das Fehlen von Gliedern oder Kreisen wird durch die Null angedeutet, die Vermehrung von Organen zu einer großen und unbestimmten Anzahl durch das Zeichen ∞. Verwachsung von Organen wird durch Einschließen in Klammern (...), Verdoppelung durch einen Exponenten bezeichnet. Ein Strich unter $\underline{G}$ bedeutet, daß das Gynäceum oberständig ist, ein Strich oberhalb $\overline{G}$, daß es unterständig ist. Das Minuszeichen bedeutet: *bis*. Aus den Blütenformeln lassen sich ähnlich wie bei chemischen Formeln Veränderungen einer typischen Anordnung erkennen, wodurch die scheinbar große Verschiedenheit von Blüten verschiedener Familien und Ordnungen oft verschwindet und vielmehr die Ähnlichkeiten hervortreten. Die alleinige Berücksichtigung des Blütendiagrammes ist aber immerhin einseitig und auch andere Formeigentümlichkeiten, wie der Samenknospen, des Endosperms, der Anatomie der Vegetationsorgane liefern Anhaltspunkte für die Verwandtschaft. Mit voller Sicherheit läßt sich die Verwandtschaft der Pflanzenfamilien überhaupt nicht feststellen. Daher auch die Verschiedenheit und die Unbeständigkeit der Systeme.

Blütenstände. Nicht immer stehen die Blüten einzeln an der Pflanze, sondern viele Pflanzen haben Verzweigungssysteme mit zahlreichen Blüten, welche man Blütenstände (Infloreszenzen) nennt. Die Form der Infloreszenzen ist eine mannigfaltige und oft charakteristisch für ganze Familien, so daß die Infloreszenzen systematisch verwertet werden, z. B. bei den Umbelliferen, Compositen u. a.

Frucht. Die Frucht besteht aus Fruchtwand (Pericarp) und Samen. Das Pericarp läßt vielfach drei Gewebeschichten unterscheiden (Epicarp, Mesocarp, Endocarp). Die Früchte öffnen sich entweder bei der Reife oder bleiben geschlossen. *Aufspringende Früchte* sind: die Balgkapsel, Hülse, Schote, Kapsel. *Schließfrüchte*: die Nuß, Caryopse, Steinfrucht, Beere. Bei den Umbelliferen und einigen anderen zerfällt der Fruchtknoten in Teile (*Mericarpien*), die wie eine ganze Frucht aussehen. Sammelfrüchte (*Syncarpien*) entstehen durch Verwachsen mehrerer Früchte einer Blüte, z. B. bei der Himbeere. Die Bezeichnung *Scheinfrucht* braucht man dann, wenn auch die Blütenachse mit an der Fruchtbildung teilnimmt, bei der Erdbeere, bei dem Apfel, bei der Feige. (Vgl. S. 58)

V. Dicotyledones.

Allgemeiner Charakter: Der Embryo besitzt, mit wenigen Ausnahmen zwei Cotyledonen, bei den meisten Schmarotzerpflanzen ist der Embryo unvollkommen ausgebildet. Der reife Same enthält neben dem Embryo ein größeres oder kleineres Endosperm, welches zuweilen auch ganz fehlt. (Vgl. S. 57) Bei der Keimung funktionieren die Cotyledonen als Saugorgane und gehen entweder darauf zugrunde oder entfalten sich oberirdisch. In der Regel entwickelt sich im Gegensatz zu den Monocotylen die Hauptwurzel des Keimes kräftig weiter und bildet das große Wurzelsystem der Dicotylen. Die Dicotylen besitzen zu einem Kreise zusammenschließende Gefäßbündel und ein durch das Cambium veranlaßtes sekundäres Dickenwachstum (Holzbildung). Nur wenige Familien besitzen einen anomalen Stengelbau, indem ihre Gefäßbündel wie bei den Monocotylen angeordnet sind, z. B. Piperaceen, Chenopodiaceen, Amaranthaceen, Nyctagineen, Begoniaceen u. a. Die Blätter der Dicotylen zeigen eine größere Mannigfaltigkeit ihres Umrisses, sind häufig verzweigt (geteilt, gefiedert usw.) und besitzen eine kompliziertere Nervatur als die der Monocotylen. Auch die Zahlenverhältnisse der Blütenteile sind weniger einfach und lassen sich nicht wie bei den Monocotylen auf eine Grundformel zurückführen. Die Dicotylen teilt man gewöhnlich nach dem gröberen Blütenbau zunächst in zwei große Abteilungen:

A) Choripetalae (Dialypetalae) mit getrennten Blumenkronblättern.

B) Sympetalae (Gamopetalae) mit Kronenblättern, welche zu einer röhren- oder glockenförmigen, meist am Rande geteilten Hülle verwachsen sind.

Beide Abteilungen zerfallen in zahlreiche Reihen, diese in Familien, Gattungen und Arten.

A. CHORIPETALAE.

Bei den Blüten der ersten Reihen sind die Blütenhüllen oft unvollkommen, oft fehlen sie ganz. In den anderen Reihen findet sich ein blumenkronähnlicher Kelch (Monochlamydeae) oder Kelch und freiblätterige Blumenkrone. Die Blüten sind cyklisch oder spiralig gebaut. Samenknospen meist mit zwei Integumenten.

1. Reihe. Piperinae.

Tropische und subtropische Pflanzen. Sträucher und Kräuter, zum Teil Kletterpflanzen mit einfachen, ganzrandigen Blättern und kleinen, in langen Ähren stehenden, nur von Deckblättchen gestützten Blüten, welche nur aus einem Fruchtknoten und zwei oder mehr Staubgefäßen, ohne jedes Perianth, bestehen. Anatomischer Bau des Stengels abweichend vom Dicotylentypus.

Fam. 1. Piperaceae. Durch aromatische und scharfe Stoffe ausgezeichnet. Samen mit Perisperm.

Ca. 1000 Arten, einheimisch in den feuchten, dichten Urwäldern Südamerikas, der Sundainseln und des asiatischen Festlandes. leben meist als Epiphyten. *Piper nigrum*, Pfeffer, Kulturpflanze der Sundainseln und Ostindiens. *Piper officinarum*, langer Pfeffer. *Piper Betle*, Betelpfeffer (Ostindien usw. kultiviert). *Cubeba officinalis* (Java). *Artanthe elongata* (Südamerika). *Peperomia blanda* u. a. Arten als Zierpflanzen.

Weniger wichtige Familien sind die ***Saurureen***, krautige Sumpf- und Wasserpflanzen, und die strauchartigen ***Chloranthecn***, beide in den Tropen, am Kap und in Nordamerika, ebenfalls mit scharfen und aromatischen Stoffen.

2. Reihe. Amentaceae.

Die Amentaceen sind sämtlich Bäume oder Sträucher. Unsere wichtigsten Laubbäume, Eichen, Buchen, Birken usw. gehören zu ihnen. Sie haben sehr kleine unvollkommene und unscheinbare Blüten, welche dafür in dichten Blütenständen (Kätzchen, Amentum) beisammenstehen, ein Merkmal, welches immerhin beachtenswert ist. Ein solcher Blütenstand besteht aus einer dünnen Spindel mit grünlichen Deckschuppen, in deren Achseln einzelne oder mehrere Blüten stehen. Die Deckschuppen sind Verwachsungen eines Deckblattes mit mehreren Vorblättern. Die Kätzchen sind entweder männlich oder weiblich, Zwitterblüten kommen nicht vor. Manchmal sind die Staubgefäße oder Fruchtknoten von einem rudimentären Perianth umhüllt. Männliche und weibliche Kätzchen sind entweder auf derselben Pflanze (monöcisch) oder auf verschiedenen Pflanzen (diöcisch) vorhanden. Die Pollenübertragung findet nur bei den Salicineen durch Insekten, sonst durch den Wind statt (Chalazogamie). Nach dem Verblühen fallen die männlichen Kätzchen als Ganzes ab. Trotz der Ähnlichkeit ihrer Blütenstände ist die Verwandtschaft der Amentaceenfamilien weniger eng, als es scheint. Man kann daher auch jede Familie als besondere Reihe auffassen. Am wenigsten Verwandtschaft mit den übrigen Amentaceen besitzen die Salicineen und Casuarineen.

Fam. 1. Betulaceae. Monöcisch. Die männlichen Kätzchen sind lang und walzenförmig, mit dreiblütigen Trugdöldchen besetzt. In jeder Deckschuppe stehen also drei Blüten beisammen. Bei der Birke besteht jede dieser Blüten aus zwei gespaltenen Staubgefäßen (jede Deckschuppe trägt daher zwölf halbe Antheren). Bei der Erle hat jede Blüte vier ungeteilte Staubfäden (unter jedem Deckblatt zwölf ganze Antheren), die von kleinen Perianthen umgeben sind. In den Deckschuppen der weiblichen Blütenstände stehen bei der Birke drei, bei der Erle zwei Fruchtknoten mit zwei langen Narben ohne jede weitere Blütenhülle. Männliche und weibliche Blütenkätzchen werden bei der Erle schon gegen Ende des Herbstes, wenn die Bäume noch belaubt sind, völlig ausgebildet und überwintern. Bei der Birke dagegen findet man im Winter nur die geschlossenen männlichen Kätzchen, die weiblichen treten erst mit dem Laubausbruch aus Winterknospen hervor. Die weiblichen Blütenstände vergrößern bei der Birke ihre Deckschuppen, so daß bei der Reife ein walzenförmiger Zapfen entsteht, dessen Schuppen mit den geflügelten kleinen Samen abfallen. Bei der Erle werden die weiblichen Kätzchen bei der Reife durch Verholzung der Schuppen zu kleinen Zapfen, die nach dem Ausfliegen der Samen noch bis zum nächsten Frühjahr hängen bleiben. Zwei Gattungen, Birke und Erle (50 Arten).

Die *Betulaceen* bewohnen die nördlichen, gemäßigten und kalten Zonen (Europa, Nordasien, Nordamerika). *Betula verrucosa*, gemeine Birke. *Betula pubescens*, Haarbirke. *Bet. nana*, Zwergbirke (arktische Zone). *Alnus glutinosa*, Schwarzerle. *A. incana*, Weißerle. *A. viridis*, Grünerle (Alpen und Voralpen).

Fam. 2. Corylaceae. Monöcisch. Männliche Kätzchen, lang walzenförmig, wie bei den Betulaceen, weibliche Blütenstände sind knospenähnliche oder lockere Ähren. Beiderlei Kätzchen überwintern. Die männliche Blüte besteht nur aus drei bis zwölf gespaltenen, mit ihrer Deckschuppe verwachsenen Staubgefäßen, deren Antheren behaart sind. Die Schuppen der weiblichen Kätzchen tragen zwei Blüten. Jede weibliche Blüte ist nur ein Fruchtknoten mit rudimentärem Perianth, deren Vorblätter sich bei der Fruchtreife zu einer gelappten und zerschlitzten Hülle vergrößern, die die reife Frucht umhüllt, bekannt bei der Haselnuß. Nur drei Gattungen. Hasel, Weißbuche und Hopfenbuche (28 Arten).

Die Familie ist einheimisch besonders in Europa und Nordamerika. *Corylus avellana* (Hasel), *C. colurna* (Orient), *Carpinus Betulus*, Hain- oder Weißbuche (Mitteleuropa, diesseits der Alpen). *Ostrya carpinifolia*, Hopfenbuche (Südeuropa).

Fam. 3. Cupuliferae. Monöcisch. Der Mehrzahl nach Bäume mit einfachen, gesägten, buchtigen oder unregelmäßig eingeschnittenen Blättern. Einige sind immergrün (Quercusarten, Nothofagusarten). Männliche Kätzchen, teils lang und dünn bei der Eiche und Kastanie, teils kurz büschelig bei der Buche. Die männlichen Blüten besitzen ein kleines, vier- bis siebenspaltiges Perianth und vier bis vierzehn Staubgefäße. Die weiblichen Blüten, bestehend aus einem Fruchtknoten und rudimentärem Perianth, bilden kleinere Gruppen. Der Fruchtknoten ist dreifächerig, enthält sechs Samenanlagen, von denen aber nur eine sich entwickelt. Bei der Buche erscheinen die Blüten mit dem Laube an den jungen Trieben, die weiblichen an der Spitze, die männlichen an den Blattachseln. Bei der Kastanie stehen männliche und weibliche Blüten an langer gemeinsamer Spindel in den Blattachseln der neuen Triebe. Bei Quercus stehen die weiblichen Blüten an der Spitze des jungen Triebes, die männlichen Kätzchen kommen aus Knospen vorjähriger Triebe. Die weiblichen Blüten werden einzeln (Eiche), zu zweien (Buche) oder zu dreien (Kastanie) von einer aus Hochblättern gebildeten, sich nach der Blüte vergrößernden Hülle (Cupula) umgeben, welche bei der Eiche endlich die reife Frucht napfförmig umgibt, bei der Buche und Kastanie zwei oder drei Früchte vollständig umwächst und dann bei der Reife wie eine Kapsel aufspringt. Nur wenige Gattungen, Eiche (200), Buche (4), Kastanie (30), Nothofagus (12), Pasania (100 Arten).

In Europa und Nordamerika einheimische Waldbäume, eine Anzahl Quercusarten auch in Gebirgen Vorderasiens und Südamerikas. *Quercus pedunculata*, Stieleiche, Sommereiche. *Q. sessiliflora*, Trauben-, Winter- oder Steineiche. *Q. Cerris* (Südosteuropa). *Q. infectoria*, Gallapfeleiche (Kleinasien). *Q. Ilex* und *Q. Suber*, Korkeiche (Südeuropa). *Q. rubra*, *Q. palustris*, *Q. nigra*, nordamerikanische Arten. *Fagus silvatica*, Rotbuche mit den Varietäten der Blutbuche und Blattspielarten. *Castanea vesca*, echte Kastanie (Südeuropa, in Mitteleuropa eingeführt). Nothofagusarten in Chile und Patagonien, Pasania malayisch.

Fam. 4. Juglandaceae. Monöcisch. Bäume mit gefiederten Blättern. Männliche Blüten gewöhnlich in langen Kätzchen. Jede Blüte hat zwei bis vierzig Staubgefäße mit kleinem Perianth. Weibliche Blüten stehen in kleinen Gruppen beisammen, bestehen aus einem Fruchtknoten mit kleinem Perianth. Steinfrucht. (14 Arten.)

Juglans regia, Walnuß (aus Persien stammend). *J. nigra* und *J. cinerea* (Nordamerika). *Carya olivaeformis*, *alba* usw., Hickorynuß (Nordamerika). *Pterocarya caucasica* (Kaukasus).

Fam. 5. Salicaceae. Bäume und Sträucher mit lanzettförmigen, runden oder breiten Blättern, tragen entweder nur männliche oder nur weibliche Kätzchen (diöcisch). Die männlichen Blüten bestehen aus zwei oder zahlreichen von einer einfachen oder zerschlitzten Kätzchenschuppe bedeckten Staubfäden, die weiblichen aus einem Fruchtknoten ohne Perianth. Bei den Weiden ist ein zahnförmiger, bei den Pappeln ein becherförmiger Diskus vorhanden. Doch scheiden nur die Weiden Honig ab und sind Insektenblüter, die Pappeln sind ohne Honig und daher Windblüter. Nur zwei Gattungen. Weide (170) und Pappel (18 Arten). Frucht eine Kapsel voll behaarter Samen.

Die *Salicaceen* bewohnen die nördlich gemäßigte Zone und beide kalten Zonen. Sie lieben Feuchtigkeit und besiedeln die Flußufer. In den Tropen spärlich vertreten. *Salix pentandra. Salix fragilis,* Bruchweide. *Salix alba. Salix viminalis,* Korbweide. *S. Caprea,* Sahlweide. *S. babylonica,* Trauerweide (aus Mesopotamien stammend). Niedrig am Boden kriechend sind die in den Hochgebirgen und in den Polarländern wachsenden Gletscher- und Polarweiden, *S. herbacea, reticulata, polaris* usw., zahlreiche Bastarde. *Populus alba,* Silberpappel. *P. tremula,* Zitterpappel, Espe. *P. nigra. Populus pyramidalis* (aus dem Orient), bei uns nur männlich.

Die kleine subtropische Familie der ***Myricaceen*** ist in Moor und Heiden durch *Myrica Gale* bei uns vertreten.

Fam. 6. Casuarineae. Vorwiegend in Australien heimische Bäume und Sträucher, deren Zweige fast wie die Sprosse der Schachtelhalme aussehen. Die diklinen Blüten sind sehr einfach und bilden kätzchenähnliche Blütenstände. In ihren Fortpflanzungsvorgängen zeigen die Casuarineen Ähnlichkeit mit den Amentaceen (Chalazogamie). Die Früchte werden von den verholzenden klappenartigen Vorblättern eingeschlossen.

Casuarina equisetifolia u. a. (25 Arten). Australien und tropische Küsten der alten Welt.

3. Reihe. Urticinae.

Zu den Urticinen gehören sowohl Bäume (Ulmen, Maulbeer) wie Stauden und Kräuter, vielfach mit geteilten Blättern (Hanf, Hopfen, Nesseln). Die Blüten sind klein, meist diklin, auch hier nur mit kelchähnlichem Perianth versehen, und bilden gewöhnlich dichte Blütenstände. Typische Blütenformel P4—5 A4—5 (superponiert) G (1—2), einfächerig, meist oberständig. Windbestäubung allgemein. Die Früchte sind bei einigen (Ficus, Morus, Artocarpus) eigentümliche Scheinfrüchte.

Fam. 1. Ulmaceae. Bäume. Bei Ulmus sind die Blätter an der Basis unsymmetrisch. Blüten in dichten Trugdolden, meist zwitterig. P4—6 A4—12 $\underline{G}$2. Früchte bei Ulmus geflügelt. Windblüter.

Heimisch in der nördlich gemäßigten Zone, einige in Nordindien und China (100 Arten). *Ulmus campestris,* Rüster. *Ulmus effusa. Ulmus montana* blühen vor dem Laubausbruch. *Celtis australis,* Zürgelbaum (Mittelmeerländer). *Celtis occidentalis* (Nordamerika).

Fam. 2. Moraceae. Meistens Bäume, zum Teil Sträucher, mit Milchsaft. Blätter einfach und gelappt, oft dimorph. Blüten eingeschlechtig, monöcisch oder diöcisch in kätzchenähnlichen Blütenständen oder kugeligen, linealen und scheibenformigen Rezeptakeln eingefügt. Früchte nußartig, oft zu auffallend gestalteten Sammelfrüchten (Syncarpien) vereinigt, wobei die fleischig gewordenen Blütenhüllen mit verwachsen. Anatomisch durch Vorkommen der Cystolithen bemerkenswert.

Die Familie (ca. 800 Arten) ist in den tropischen und subtropischen Wäldern einheimisch und gehört durch ihre Produkte zu den nützlichsten Pflanzenfamilien. *Morus alba,* weißer Maulbeerbaum (in Persien, China, Mittel- und Südeuropa angebaut). *Morus nigra* (Kleinasien), *Broussonetia papyrifera,* Papiermaulbeerbaum (Japan). *Ficus Carica,* Feigenbaum (Asien, Südeuropa) mit birnförmigen, hohlen Rezeptakeln (Feige), die die Blüten beherbergen. Die Bestäubung findet durch hineinkriechende Gallwespen statt (Caprifikation). *Ficus elastica*, Gummibaum (Ostindien), liefert Kautschuk. *Ficus Sycomorus*, Sykomore (Ägypten), Holz der Mumiensärge. Viele Ficusarten leben als Epiphyten in den Urwäldern. *Ficus bengalensis*, Banyan (Ostindien). *Artocarpus incisa* und *integrifolia*, Brotfruchtbäume (Ostindien, Südseeinseln). Dorsteniaarten (Südamerika) mit auffallenden Blütenständen. Biologisch interessant ist *Cecropia peltata* (Südamerika) als Ameisenpflanze. *Antiaris toxicaria* (Java, Upasbaum) mit sehr giftigem und *Galactodendron utile*, Kuhbaum (Guyana), mit genießbarem Milchsaft.

Fam. 3. Cannabineae. Kleine, nur drei Arten umfassende Familie. Blüten diöcisch, die männlichen Blüten bestehen aus fünf von einem grünlichen Perigon umgebenen Staubfäden, die weiblichen aus einem einfächerigen Fruchtknoten mit zwei langen Narben.

Cannabis sativa, Hanf (aus Ostindien), einjährige, aufrechte Pflanze mit tief geteilten Blättern. *Humulus Lupulus*, Hopfen, bei uns heimische perennierende Schlingpflanze mit gelappten, rauhen Blättern. Beim Hopfen bilden die weiblichen Blütenstände kugelige Ähren, in deren Deckschuppen die weiblichen Blüten stehen. Bei den kultivierten Pflanze verkümmern die Blüten; nach der Blütezeit vergrößern sich die Deckschuppen und tragen auf ihrer Innenseite goldgelbe Drüsen (Lupulin, Hopfenbitter). *Humulus japonica* (Japan).

Fam. 4. Urticaceae. Blüten durch Abort des einen Geschlechts meist eingeschlechtig, Windblüter mit elastisch beweglichen Staubfäden. Blätter und Stengel bei vielen mit Brennhaaren versehen.

Verbreitet in den Wäldern des tropischen Asiens, bei uns wenige Arten als Unkräuter. *Urtica dioica* und *U. urens*. *Parietaria erecta*. *Boehmeria nivea* (China, Japan), deren Bastfasern (Ramié) zu Gespinsten verwendet werden.

4. Reihe. Loranthiflorae.

Blüten mit vierzähligen Kreisen, kronenartigem Kelch, fehlender Blumenkrone. A ein oder zwei Kreise. Frucht: Beere oder Steinfrucht. Die meisten sind, trotzdem viele von ihnen Chlorophyll enthalten, Schmarotzer von auffallenden Formen.

Fam. 1. Santalaceae. Kräuter, Sträucher und Bäume, die mit Haustorien ihrer Wurzeln auf Wurzeln anderer Pflanzen schmarotzen. Die Samenknospen sind ohne Integument, Samen daher ohne Samenschale.

Besonders in Australien, Südafrika, Ostindien und auf Inseln des Stillen Ozeans (250 Arten). *Santalum album* (Ostindien). *Myzodendron* (Chile). *Thesium montanum* und *intermedium* auf Wiesen bei uns.

Fam. 2. Loranthaceae. Meist auf Bäumen schmarotzende Sträucher, gewöhnlich mit immergrünen Blättern. Blüten meistens diklin. Bei Viscum sind die vielfächerigen Antheren mit der Blütenhülle ganz verwachsen. Der Fruchtknoten ist mit der Blütenachse und die Samenknospen sind mit den Fruchtknoten verwachsen, daher bei der Reife beerenartige Scheinfrüchte darstellend. Durch die klebrige Viscinschicht haften die durch Vögel verbreiteten Samen an den Ästen der Bäume und keimen, wobei sie eigentümliche Haustorien (Senker) in Rinde und Holz treiben. Auch die Nährpflanze zeigt an der Anheftungsstelle des Schmarotzers auffallende Wucherungen (Holzrosen des Phoradendron in Mexiko).

Die *Loranthaceen* sind besonders im tropischen Asien und Amerika heimisch, wo sie durch ihren Artenreichtum (850) und durch ihre prächtigen Blüten auffallen. *Nuytsia floribunda*, ein nicht parasitischer Baum Südwestaustraliens. Bei uns *Viscum album* (Mistel) auf Laub- und Nadelhölzern. *Loranthus europaeus*, auf Eichen (selten).

Fam. 3. Balanophoreae. Chlorophyllose, fleischige Schmarotzer von gelber oder rötlicher Farbe auf Wurzeln verschiedener Pflanzen. Die Vegetationsorgane sind bei ihnen ganz reduziert und stellen meist eine blattlose, der Nährwurzel aufsitzende Knolle dar, aus der dann die seltsam geformten Blütenstände hervorbrechen. Die meist diklinen kleinen Blüten mit verkümmertem oder fehlendem Perigon und integumentlosen Samenknospen bilden sonderbar geformte, kopf- oder kolbenförmige Blütenstände, die aus der Knolle, ohne jede Laubblattbildung, hervorkommen.

(40 Arten.) Sie leben hauptsächlich in Wäldern und Savannen des tropischen Asiens, Amerikas, seltener in Südafrika, mit einer Art, *Cynomorium coccineum*, in Südeuropa. *Balanophora-Arten* auf Java. *Sarcophyte sanguinea* (Kap). *Scybalium fungiforme* (Rio Janeiro), *Helosia brasiliensis* (Brasilien). *Langsdorffia hypogaea* (Brasilien).

5. Reihe. Serpentariae.

Familien von zweifelhafter systematischer Stellung. Blüten radiär oder zygomorph, mit großem blumenähnlichen Kelch, Corolle fehlend. Die Staubblätter in einem oder zwei sechszähligen Kreisen sind bei einem Teil der Gattungen mit dem Griffel verwachsen. G 6 zu einem unterständigen Fruchtknoten verwachsen.

Fam. 1. Aristolochiaceae. Perennierende, krautartige Pflanzen oder Schlingpflanzen mit nierenförmigen oder herzförmigen Blättern. Blüten zygomorph oder radiär mit einem aus drei Blättern verwachsenen Perigon A 6—36 $\overline{G}$ (4—6), meistens sechsfächerig, mit breiter Narbe. Frucht eine Kapsel. Die Bestäubungseinrichtungen sind bemerkenswert.

Vorwiegend in Südamerika, seltener Nordamerika und Asien (200 Arten). Bei uns *Asarum europaeum*, *Aristolochia Clematitis*. *Aristolochia Serpentaria*, Schlangenwurzel, in Nordamerika. Wurzel gegen Schlangenbiß benutzt. *Aristolochia Sipho* (Nordamerika), bei uns als Laubenpflanze gezogen.

Fam. 2. Rafflesiaceae. Fleischige, blattlose, chlorophyllfreie Parasiten auf Wurzeln und Wurzelstöcken anderer Pflanzen; meist Tropenbewohner mit sehr merkwürdigen Blütenformen.

(Ca. 30 Arten.) Bekannt ist namentlich *Rafflesia Arnoldi* in den Wäldern Javas und Sumatras mit verkümmertem, pilzfadenähnlichem, im Innern der Wirtspflanze lebenden Vegetationskörper, aus dem riesenhafte, übelriechende, gelbrote Blüten von einem Meter Durchmesser entstehen. Andere Gattungen sind *Cytinus* (Südeuropa), *Hydnora* (Afrika), *Pilostyles* (Südamerika), *Brugmansia* (Java).

6. Reihe. Centrospermae.

Meistens krautige Pflanzen von sehr verschiedenem Habitus (Rhabarber, Runkelrübe, Fuchsschwanz, Nelken usw.). Bei einigen Familien besitzen die Blüten Kelch und lebhaft gefärbte Kronen, bei andern nur ein einfaches Perianth und sind dann gewöhnlich klein und zu dichten Blütenständen vereinigt. Der Fruchtknoten ist in der Regel oberständig, einfächerig, mit einer centralen Samenknospe oder mehreren auf einer centralen Placenta sitzenden Samenknospen (daher Centrospermen).

Fam. 1. Polygonaceae. Kräuter, zum Teil mit kräftigen, knotig verdickten, hohlen Stengeln und den Stengel röhrig umfassenden Blattscheiden (Ochrea). Laubtriebe oft kräftig aus dicken Wurzeln und Rhizomen entspringend. Blüten radiär, klein, mit kelchähnlichem Perigon, zu dichten Ähren, Rispen oder Trugdolden vereinigt, P4—6 A4—9 $\underline{G}$(2—3) einfächerig, mit einer aufrechten Samenknospe. Frucht eine linsenförmige oder dreikantige Schließfrucht, eine große Mannigfaltigkeit verschiedener meist durch Entwicklung der Blütenhüllen gebildeter Flügel- und Borstenanhänge zeigend, welche der Verbreitung der Früchte durch Tiere und Wind dienen. Manche Polygoneen sind reich an sauren oxalsauren Salzen (Sauerampfer).

Artenreiche Familie (750) hauptsächlich in den gemäßigten Klimaten der nördlichen Halbkugel, an Meeresküsten sowohl wie auf Gebirgen, in Sümpfen und auf trockenen Feldern. *Rumex alpinus*, Mönchsrhabarber (Alpen). *R. Acetosa*, Sauerampfer. *R. Acetosella*, *Coccoloba uvifera* (Westindien), liefert Kinogummi. *Mühlenbeckia adpressa* (Australien). *Polygonum Fagopyrum*, Buchweizen. *P. amphibium*. *P. viviparum*. *P. Bistorta*. *Rheum australe* (Himalaja). *Rheum officinale*, *Rheum palmatum*, Rhabarber (Westchina, Tibet). *Rheum undulatum*.

Fam. 2. Chenopodiaceae. Die meisten sind Kräuter mit dreieckigen Blättern, viele von graugrüner Färbung, welche durch zahlreiche, die Stengel und Blätter bedeckende Drüsenhaare hervorgerufen wird, manche mit fleischigen Organen (Salicornia). Die kleinen grünlichen Blüten sind zu dichten Infloreszenzen vereinigt. Blüten mit einfachem, kelchähnlichem Perigon. P0—5 A1—5 $\overline{G}$(2—5) einfächerig mit campylotropen Samenknospen. Durch Verkümmerung sind die Blüten häufig eingeschlechtig. Die Blütenhülle verwächst meistens mit der Frucht und bildet dann eine zu Flügeln und Dornen umgestaltete oder saftige Fruchthülle (Beta, Blitum).

Die *Chenopodiaceen* sind eine größere Pflanzenfamilie (500 Arten), fast über die ganze Erde, vorwiegend in außertropischen Ländern, verbreitet. Zum Teil sind sie Salzpflanzen (Halophyten) und bewohnen die asiatischen Salzsümpfe und Steppen sowohl, als unsere Meeresküsten und die Umgebung der Salinen. Viele sind Unkräuter an Wegen und auf Schutthaufen (Ruderalflora). *Atriplex hortensis*. *Spinacia oleracea*, Spinat (aus dem Orient stammend). *Blitum virgatum* (Südeuropa). *Chenopodium ambrosioides* (Mexiko). *Ch. Quinoa* (Chile, Peru), Nahrungspflanze. *Ch. Vulvaria*. *Ch. album*. *Ch. bonus Henricus*, verbreitete Unkräuter. *Beta vulgaris*, ihre Varietäten *Beta Cicla* u. a., als Runkelrüben kultiviert. *Salicornia herbacea* (am Seestrande). *Salsola Kali*, Salzpflanze. *Haloxylon Ammodendron* (Saxaul) in den zentralasiatischen Steppen.

Fig. 2

Diagramm von Celosia.

Fig. 3

Diagramm von Phytolacca.

Fam. 3. Amarantaceae. In Stengeln und Blättern den Chenopodiaceen ähnlich. Die kleinen Blüten mit trockenem, oft hochrotem Perigon bilden lange, dichte Blütenstände. P4—5 A1—5 G(2—3). Besitzen zum Teil anormalen Stengelbau.

Mit 500 Arten vorzugsweise in Südamerika und Ostindien verbreitet, die deutschen Arten sind Unkräuter. *Amarantus Blitum*. *A. frumentaceus*, ostindische Nahrungspflanze. *A. sanguineus, atropurpureus* und andere ostindische Arten als Zierpflanzen bei uns kultiviert (Fuchsschwänze). *Celosia cristata* (Ostindien, Südamerika).

Fam. 4. Caryophyllaceae. Meistens Kräuter mit knotigen Stengeln, gegenständigen, vorwiegend einfachen, linealen Blättern. Blüten bei einer Anzahl ebenfalls unscheinbar mit fehlender Blumenkrone, bei den meisten jedoch mit vollkommener, lebhaft gefärbter Blüte. Die Blumenblätter sind unten lang zugespitzt, der Fruchtknoten gestielt, oben einfächerig, unten mehrfächerig. Die umfangreiche Familie wird zweckmäßig in mehrere Unterfamilien gegliedert (1500 Arten).

Fig. 4

Diagramm von Scleranthus.

a) *Paronychieae.* K (4—5) C (0—5) A 5 oder 10 $\underline{G}$ (2—5). Blüten reduziert, grünlich.

Herniaria glabra, Scleranthus annuus, bei uns auf sandigen Äckern.

b) *Alsineae.* Kelch freiblätterig. K 5 C 5 A 5—10 $\underline{G}$ (2—5).

Sagina nodosa, Spergula arvensis, Stellaria Holostea, Cerastium arvense u. a. in unserer Flora verbreitet.

c) *Sileneae.* Kelchblätter verwachsen. K 5 C 5 A 5+5 $\underline{G}$ (2—5).

Dianthus, Nelke mit verschiedenen Arten, *Dianthus Caryophyllus,* Gartennelke, *Saponaria officinalis,* Seifenkraut. *Lychnis,* Lichtnelke in mehreren Arten bei uns. *Agrostemma Githago,* Kornrade. *Silene inflata.* Die *Caryophyllaceen* sind weit verbreitet, vorwiegend jedoch in Südeuropa, in den Tropen fehlen sie fast ganz. Bei uns in Deutschland bilden die *Sileneen* und *Alsineen* einen verbreiteten Florenbestandteil. Die *Alsineen* reichlich in den Hochalpen und Polargegenden.

Zu den *Centrospermen* gehören noch mehrere weniger wichtige Familien, die ***Nyctagineen*** (tropisches Südamerika). Der Fruchtknoten verwächst bei der Reife mit der Basis der Blumenkrone zum Anthocarp. *Mirabilis longiflora* (Mexiko), *Bougainvillea spectabilis* (Peru) mit prächtig violetten Hochblättern, die ***Phytolaccaceen*** (warme Zone), *Phytolacca deccandra* (Nordamerika) mit farbstoffliefernden Beeren, die ***Portulacaceen*** (Kap, Südamerika), *Portulaca grandiflora* (Chile), Zierpflanze, *Portulaca oleracea,* Gemüsepflanze, die ***Aizoaceen,*** eine durch die artenreiche Gattung *Mesembryanthemum* bemerkenswerte Familie (Südafrika).

7. Reihe. Polycarpicae.

Pflanzen von verschiedener Tracht, teils Kräuter, teils Sträucher und Bäume. Blüten mit einfacher Blütenhülle oder mit Kelch und Krone, zahlreichen Staubfäden und meist zahlreichen aus einem Carpelle gebildeten Fruchtknoten. (Einen Fruchtknoten besitzen ausnahmsweise Actaea, Delphinium Consolida.)

Fam. 1. Nymphaeaceae. Wasserpflanzen mit schildförmigen Blättern, mit großen Blüten, deren zahlreiche Blumenblätter und Staubgefäße vielfache Übergänge ineinander zeigen; mit mehreren aus einem Fruchtblatt gebildeten Fruchtknoten oder einem aus mehreren Fruchtblättern gebildeten, vielfächerigen Fruchtknoten (45 Arten).

Vorwiegend in den Tropen verbreitet. *Nelumbium speciosum,* rosafarbene Lotosblume, mit Früchten, die in grubenartigen Vertiefungen des Blütenbodens sitzen (Indien), früher den Ägyptern heilig und im Nil wachsend, jetzt dort verschwunden. *Cabomba*, warmes Amerika. *Nymphaea alba*, Seerose, *Nuphar luteum*, Teichrose, beide bei uns. *Nymphaea Lotos*, weiße Lotosblume, *Nymphaea coerulea*, blaue Lotosblume, beide im Nil. *Victoria regia* mit ungewöhnlich großen Blättern, in den Strömen Südamerikas, *Euryale ferox*, tropisches Asien. Die kleine Familie der ***Ceratophylleen,*** mit *Ceratophyllum demersum* u. a., in unsern Gewässern, schließt sich hier an.

Fam. 2. **Ranunculaceae.** Krautartige Pflanzen, seltener kletternde Sträucher (Clematis) und Wasserpflanzen (Batrachium usw.). Blätter sehr verschieden geformt, häufig lappig geteilt, zuweilen fein verzweigt. Blütenstände mit wenigen größeren Blüten. Blütenformel bei den Gattungen verschieden. $K3-6\ C0-\infty\ A5-\infty\ \underline{G}1-\infty$, gewöhnlich $K5\ C5\ A\infty\ \underline{G}\infty$. Nektarien der Blüten vollkommen ausgebildet. Die Früchte sind mehrsamige Balgkapseln (Paeonieen, Helleboreen) oder einsamige Nüßchen (Anemoneen), Früchte bei Pulsatilla und Clematisarten mit dem bleibenden, lang-federförmigen Griffel gekrönt. Die Ranunculaceen sind durch Produktion von giftigen und narkotischen Alkaloiden ausgezeichnet.

Fig. 5

Diagramm der Ranunculaceen-Blüte (Aquilegia).

Verbreitet in der nördlich gemäßigten Zone, im hohen Norden und in den Hochalpen, bei uns einen Hauptbestandteil der Flora bildend. (1200 Arten.) Clematisarten in Wäldern, Ranunculusarten auf Wiesen und in Wäldern verbreitet. *Hepatica triloba. Pulsatilla vulgaris, Anemone nemorosa*, verbreitete Frühlingspflanzen. *Adonis vernalis* u. a. Arten auf Äckern. *Trollius europaeus*, auf feuchten Wiesen. *Helleborus niger*, Nießwurz. *Eranthis hiemalis*, Südeuropa, bei uns erste Frühlingspflanze in Gärten. *Nigella sativa, Aquilegia vulgaris, Aconitum Napellus*, Eisenhut. *Delphinium Consolida*, Rittersporn. *Paeonia officinalis*, Pfingstrose, Südeuropa. *Paeonia Moutan*, China.

Fam. 3. **Magnoliaceae.** Bäume mit ganzrandigen Blättern, sommergrünen oder immergrünen lederartigen Blättern. Die Blüten gleichen denen der Ranunculaceen und sind oft sehr groß. Bei den Magnolien stehen die Fruchtknoten auf einer verlängerten Achse, bei der Reife hängen die Samen an den abgerollten Spiralfasern des Funiculus aus den geöffneten Balgkapseln heraus.

Fig. 6

Diagramm der Menispermeneen-Blüte.

Wachsen mit 100 Arten in Nordamerika, China, Japan, Südamerika und Australien. *Illicium anisatum* (China). *Liriodendron tulipifera*, Tulpenbaum (Nordamerika). *Magnolia grandiflora* (Nordamerika).

Den *Magnoliaceen* ist eine Reihe von meist tropischen Familien verwandt; die ***Calycanthaceen*** sind Sträucher Nordamerikas und Japans mit wohlriechenden Blüten, die ***Anonaceen*** tropische Bäume, unter denen die Anonaarten wegen ihrer wohlschmeckenden Früchte kultiviert werden. Haben wie die Myristicaceen ein zerklüftetes Endosperm. Von den ***Myristicaceen,*** Bäume der heißesten Region Asiens und Südamerikas, mit diöcischen Blüten, ist *Myristica fragrans* wichtig, welche die Muskatnüsse und den Samenmantel *(arillus)* unter dem Namen Macis oder Muskatblüte liefert. Die ***Menispermeneen*** mit mondförmigen Samen sind diöcische Schlingpflanzen der Tropen. *Jatrorrhiza palmata*, Mozambique. *Ana-*

mirta Cocculus, Indien. Die kleine formenreiche Familie der **Berberideen** (150 Arten) ist bei uns nur durch *Berberis vulgaris*, die Berberitze, und Epimedium vertreten. Im Aufspringen der Antheren gleichen sie den Laurineen. *Mahonia aquifolium*, *Podophyllum peltatum* aus Nordamerika.

Fam. 4. Lauraceae. Immergrüne Holzpflanzen der warmen und tropischen Zone mit ganzrandigen Blättern. Blüten klein, mit einfachem, meist sechsteiligem Perianth und einem Fruchtknoten. Staubfäden in verschiedener Zahl mit Antheren, die sich in charakteristischer Form durch Klappen öffnen. Die Staubfäden einer Blüte sind ungleich geformt, außer normalen sind einige mit zwei Drüsen versehen, einige zu Staminodien reduziert. Mit den Polycarpicae durch die Monimiaceen verbunden. Werden auch als verwandt mit den Thymelaeaceen angesehen. Frucht Beere oder Steinfrucht, von einer Cupula umgeben.

Fig. 7

Lauracen (Cinnamomum).

Die *Lauraceen* sind ausgezeichnet durch Produktion ätherischer Öle; unter ihnen befinden sich wichtige Handelspflanzen (ca. 1000 Arten).

Laurus nobilis, Lorbeer (Südeuropa). *Cinnamomum ceylanicum*, Zimtbaum (auf Ceylon, Java, in Westindien und Brasilien kultiviert). *Cinnamomum Cassia* (China), Zimtkassie. *Camphora officinarum* (China, Japan) liefert den Kampher. *Sassafras officinale* (Nordamerika), laubwechselnd. *Persea gratissima*, sog. Avokatobirne (tropisches Amerika kultiviert).

8. Reihe. Rhoeadinae.

Meistens Kräuter, unter den Cappárideen auch Sträucher und Bäume. Blüten mit zweigliedrigen Hüllkreisen; bei Fam. 3 und 4 eine viergliedrige Corolle mit gekreuzten Blumenblättern. Zwei oder mehrere zweigliedrige, oder aus zahlreichen Staubfäden bestehende Staubblattkreise. Charakteristisch für die Rhoeadinen ist der oberständige, aus zwei oder mehr Carpellen bestehende Fruchtknoten, in welchem die Placenten mit den Samenknospen an den verwachsenen Rändern der Carpelle sitzen. Der Fruchtknoten bleibt entweder einfächerig oder wird durch die nach innen vorspringenden wandständigen Placenten zwar mehrkammerig, besitzt aber seltener (bei den Cruciferen) eine häutige sog. falsche Scheidewand.

Fig. 8

Diagramm der Papaveraceen-Blüte (Chelidonium).

Fam. 1. Papaveraceae. Ein- bis zweijährige milchsaftführende Kräuter oder Stauden mit weichen, geteilten, zuweilen behaarten Blättern. Blüten einzeln (bei Papaver groß) oder in Blütenständen. Der zweiblätterige Kelch fällt beim Aufblühen ab. Staubgefäße zahlreich. $K2\ C2+2\ A\infty\ \underline{G}(2)$ bis ∞. Die Frucht ist bei Papaver eine mit der vielstrahligen Narbe gekrönte Kapsel (Mohnkopf), bei Chelidonium, Glaucium schotenähnlich, doch ohne Scheidewand.

Fig. 9

a

a) Gynäceum v. Papaver.

Vorzugsweise in der nördlich gemäßigten Zone, in Nordamerika und Europa. *Papaver Rhoeas*, Mohn, Unkraut unserer Getreidefelder. *Papaver somniferum* (Orient), zur Gewinnung des Opiums angebaut im Orient, Ägypten,

Indien. *Glaucium luteum* (Südeuropa). *Chelidonium majus*, Schöllkraut. *Bocconia cordata* (Chile), *Eschscholtzia californica* (Kalifornien) (ca. 150 Arten).

Fam. 2. Fumariaceae. Zarte, meist bläulich oder graugrün bereifte Pflanzen mit fein verzweigten Blättern, zuweilen andere Pflanzen umrankend. Blüten meist zygomorph mit Sporn, oder bilateralsymmetrisch. K 2 C 2+2 A 2+2 G (2). Es sind zwei Bündel von je drei Staubgefäßen vorhanden, doch besitzen die zu beiden Seiten des mittleren stehenden Staubgefäße nur halbe Antheren. Frucht eine schotenähnliche Kapsel.

Hauptsächlich in der nördlich gemäßigten Zone verbreitet (150 Arten). *Fumaria officinalis*, Unkraut unserer Weinberge und Äcker. *Corydalis cava* und *solida*, in Gebüschen. *Dicentra spectabilis*, Zierpflanze (Japan).

Fig. 10

Diagramm der Fumariaceen-Blüte.

Fig. 11

Diagramm der Cruciferen-Blüte.

Fam. 3. Cruciferae. Meistens grasgrün oder bläulich-grün erscheinende Kräuter oder Stauden, oft dicht behaart. Die Blätter sind häufig als dem Boden anliegende Rosette vorhanden. Blüten meist gelb oder weiß in langgestreckten Blütentrauben, mit vier Kelch- und vier kreuzständigen Blumenblättern, vier langen und zwei kurzen Staubgefäßen und einem Fruchtknoten, der zur für diese Familie charakteristischen Schote heranwächst. Blütenformel K 2+2 C 4 A 2+2·2 $\underline{G}$ (2). Ausgezeichnet sind die Cruciferen durch Produktion schwefelhaltiger ätherischer Öle.

Die Cruciferen sind eine sehr artenreiche (1900 Arten), fast über die ganze Erde verbreitete Familie, vorzugsweise in Europa und Kleinasien, auch als Bestandteil der arktischen und alpinen Flora vorkommend. Wegen der Formenähnlichkeit der Gattungen und Arten sind die Cruciferen schwierig zu unterscheiden. Die Einteilung beruht auf der Schotenform und der Form des Embryos. Das ist zwar eine künstliche Einteilung, die sich aber bis jetzt durch keine bessere natürliche hat ersetzen lassen. Man teilt danach die Cruciferen zunächst ein, in:

1. *Siliquosae*, mit längeren Schoten,
2. *Siliculosae*, mit kürzeren Schoten,
   a) *latiseptae*, b) *angustiseptae*,
3. *Nucamentaceae*, mit nicht aufspringenden, nußähnlichen Schoten,
4. *Lomentaceae*, mit Gliederschoten.

Jede Abteilung teilt man wieder nach der Lage der embryonalen Wurzel zu den Keimblättern und nach deren Form in *Pleurorhizeae* ═O, *Notorrhizeae* O̿, *Orthoploceae* \O, *Spirolobeae* ||| O und *Diplecolobeae* ||||| O.

1. *Siliquosae*. *Arabideae* ═O *Matthiola annua*, Levkoje (Südeuropa, Orient), *Cheiranthus Cheiri*, Goldlack, *Nasturtium officinale*, Brunnenkresse, *Barbarea stricta*, *Arabis albida* und zahlreiche andere Arten. *Cardamine pratensis*, *Dentaria bulbifera*. *Sisymbrieae* O̿. *Hesperis matronalis*, Nachtviole, *Alliaria officinalis*, *Sisymbrium officinale*. *Brassiceae* \O. *Brassica oleracea*, an den Küsten Westeuropas heimisch, ist die Stammpflanze aller kultivierten Kohlvarietäten, des Kohlrabi, Rot- und Weißkohl, Wirsing, Winterkohl usw. *Brassica Rapa*, Ölpflanze (Rübsamen), die Varietät mit dicker Wurzel liefert die weiße Rübe und Teltower Rübe. *Brassica Napus*, ebenfalls als Ölpflanze (Raps) und als Gemüsepflanze (Steckrübe) angebaut. *Sinapis arvensis* und *alba*, Senf. 2a. *Si-*

liculosae latiseptae. Alysseae =O. *Alyssum calycinum, Draba verna, Cochlearia officinalis,* Löffelkraut. *Cochlearia Armoracia,* Meerrettich. *Lunaria biennis.* 2b. *S. angustiseptae. Thlaspeae* =O mit den Gattungen *Thlaspi, Teesdalea, Iberis, Biscutella. Lepidieae* O. *Lepidium sativum,* Gartenkresse, *Capsella bursa pastoris,* Hirtentäschel. 3. *Nucamentaceae. Isatideae* O, *Isatis tinctoria,* Waid, Farbpflanze. 4. *Lomentaceae. Rhaphaneae* O. *Raphanus sativus,* Rettich, Radieschen. *Rhaphanus Rhaphanistrum,* Hederich, lästiges Unkraut.

Mit den *Cruciferen* verwandt ist die tropische Familie der ***Capparideen,*** zu der auch der am Mittelmeer heimische Kappernstrauch, *Capparis spinosa,* gehört. Auch die Familie der ***Resedaceen*** (Mittelmeerländer) kann hier angeführt werden, obgleich sie andererseits (Parietalplacenta) mit den Cistifloren verwandt ist. Die *Resedaceen* haben zygomorphe Blüten mit zerschlitzten Kronenblättern K 4—8 C 4—8 A 3—40 G (2—6). *Reseda odorata* und *luteola.*

9. Reihe. Cistiflorae.

Die Reihe umfaßt habituell sehr verschiedene Familien, die auch zu den folgenden Reihen hinneigen. Gemeinsamer Blütencharakter sind die fünfgliedrigen Blütenkreise (G 3)! Staubgefäße sind gewöhnlich zahlreicher als Kronenblätter, die größere Anzahl ist aber häufig nur durch Verzweigung der Staubfäden bedingt, der Fruchtknoten ist ein- oder mehrfächerig, oberständig mit parietalen Placenten, Blüten zum Teil zygomorph.

Fam. 1. Cistaceae. K 5 C 5 A ∞ G (3—5). Fruchtknoten ein- oder fünf- bis zehnfächerig. Charakterpflanzen der Mittelmeerzone (160 Arten) mit meist gegenständigen Blättern und zartblätterigen, rosenähnlichen Blumenkronen mit vielen Staubfäden. Die Früchte sind Kapseln.

Cistus creticus und *ladaniferus. Helianthemum vulgare.*

Fam. 2. Violaceae. Kräuter mit entwickelten Nebenblättern. K 5 C 5 A 5 G (3). Fruchtknoten einfächerig. Blüten zygomorph, gespornt. Außer den an Insektenbestäubung angepaßten kommen auch kleistogame Blüten vor, die sich selbst befruchten. Frucht eine Kapsel.

Kräuter auf der nördlichen Erdhälfte, in den Tropen Holzpflanzen (450 Arten). *Viola odorata,* Veilchen. *Viola tricolor,* Stiefmütterchen, mit zahllosen Varietäten.

Von den übrigen Familien der *Cistifloren* sind die ***Bixaceen*** Holzpflanzen des tropischen Südamerikas, die ***Ternstroemiaceen,*** zu denen der Tee, *Thea chinensis,* und *Camellia japonica* gehören, Holzpflanzen der warmen Zone. Die ***Hypericaceen*** mit gegenständigen, an Öldrüsen reichen Blättern, — ihre Blüten sind durch fünf vielfach geteilte Staubgefäße ausgezeichnet — sind bei uns durch *Hypericum perforatum* u. a. Arten vertreten. Die kleine Familie der ***Tamariscineen*** (Tamarisken) mit *Tamarix germanica* und *gallica* ist in der Mittelmeerregion und den afrikanischen und asiatischen Steppen verbreitet. Zu den tropischen ***Clusiaceen*** gehört der Gummi Gutti liefernde Baum Indiens *Garcinia Morella,* zu den ebenfalls tropischen ***Dipterocarpeen*** *Hopea splendens,* ein Baum Ostindiens, welcher Dammarharz liefert. Die ***Dilleniaceen*** sind tropische Bäume mit großen Blüten. Biologisch interessant sind die Familien der ***Droseraceen, Sarracenieen*** und ***Nepentheen.*** Sie gehören zu den sogenannten insektenfressenden Pflanzen *(Insectivoren)* und besitzen zu diesem Zwecke mannigfaltige Einrichtungen ihrer Blätter. Zu den *Droseraceen* gehört *Drosera rotundifolia,* welche auch bei uns auf Torfmooren wächst, die sporadische *Aldrovandia vesiculosa,* die nordamerikanische *Dionaca muscipula,* das spanische *Drosophyllum*

Fig. 12

Diagramm der Hypericineen-Blüte.

lusitanicum. Die *Sarracenieen* besitzen krugförmig umgestaltete Blätter, sie wachsen auf Mooren Nordamerikas. Am auffallendsten sind die tropischen (ostindischen) *Nepenthaceen* durch ihre großen kannenförmigen Fangorgane (Kannenpflanzen). Die ***Elatineen*** sind kleine Wasser- und Uferpflanzen mit quirlständigen Blättern.

10. Reihe. Opuntinae.

Die Reihe umfaßt nur die eine Familie der Cacteen, die mit den Mesembryanthemeen Ähnlichkeit, andererseits zu den Saxifraginen Beziehungen zeigt.

Fam. 1. Cactaceae. Pflanzen mit saftigen, fleischigen, zylindrischen, kugelförmigen oder flachen Stämmen, gewöhnlich unverzweigt und in der Regel ganz ohne Blätter, mit auf Blattpolstern stehenden Dornen besetzt. Sie besitzen große Einzelblüten mit zahlreichen, gewöhnlich spiralig stehenden Kelch-, Kronen- und Staubblättern, $K\infty\ C\infty\ A\infty\ G\,4{-}\infty$. Der Fruchtknoten ist einfächerig mit wandständigen Placenten und einem langen Griffel versehen.

Wachsen vorwiegend in wasserarmen Regionen Amerikas (Mexiko, Chile). 1500 Arten. Manche haben sich nach Indien, Nordafrika und Europa verbreitet. *Melocactus*, *Mamillaria*, *Echinocactus*, *Cereus*, *Phyllocactus*, *Rhipsalis* u. a. in zahlreichen Arten in unseren Gewächshäusern kultiviert. *Cereus grandiflorus*, Königin der Nacht (Westindien), mit duftenden, *Cereus nycticalus* mit duftlosen Blüten. *Cereus giganteus* (Mexiko), baumhoch werdend. *Opuntia Ficus indica* (Südamerika), Feigencactus, wegen der eßbaren Früchte in Südeuropa vielfach gepflanzt. Opuntiaarten dienen auf den Kanaren und in Südamerika zur Kochenillezucht.

11. Reihe. Passiflorinae.

Eine Reihe von zweifelhafter Stellung, die mit den Cacteen, durch die Parietalplacenta, auch mit den Cistifloren, aber andererseits auch mit den Curcurbitaceen verwandt scheint. K, C, A meistens fünfzählig, C oft fehlend. Ein bis zwei Kreise von fünf Staubfäden oder sehr viele Staubgefäße. G(3) ober-, halb- oder ganz unterständig, einfächerig mit wandständigen Placenten.

Fam. 1. Passifloraceae (390 Arten). Meistens Kletterpflanzen der Tropen, besonders Amerikas, mit merkwürdig gestalteten Blüten mit farbiger Nebenkrone. Der Fruchtknoten und die Staubfäden sitzen auf einem stielartigen Träger (Gynophor).

Passiflora coerulea, edulis u. a.

Fam. 2. Papayaceae. Tropische milchsaftführende Bäume mit handförmigen Blättern, Blüten eingeschlechtig.

(28 Arten.) *Carica Papaya*, Melonenbaum (Südamerika).

Fam. 3. Loasaceae. Meist mit Brennhaaren versehene Kletterpflanzen des tropischen Amerikas und Asiens (250 Arten).

Loasa urens. Blumenbachia lateritia.

Fam. 4. Begoniaceae mit ca. 420 Arten, besonders in den Wäldern von Mexiko, Mittel- und Südamerika und im tropischen Asien heimisch, bei uns als Blattpflanzen kultiviert, mit schiefen Blättern und schönfarbigen Blüten, welche monöcisch sind.

Begonia Rex (Ostindien) und andere Arten.

12. Reihe. Columniferae.

Diese Reihe trägt ihren Namen von dem für einen Teil der hierher gehörigen Familien charakteristischen Merkmal, daß die Filamente der Staubgefäße zu einer Röhre verwachsen sind, die wie eine die Antheren tragende Säule (columna) aus der Blüte hervorragt. Dies Merkmal fehlt aber bei den Tiliaceen.

Fam. 1. Malvaceae. Kräuter, Stauden, Sträucher und Bäume mit gelappten Blättern, reichlich behaart (Sternhaare), in der Regel mit großen, lebhaft gefärbten, trichterförmigen Blüten. Blütenformel K (5) C 5 A 5 $\underline{G}$ (3—∞). Der Kelch ist oft noch von einem Außenkelch umgeben. Die fünf Filamente sind am Grunde zu einer Röhre verwachsen, oben verzweigt, daher sind scheinbar sehr viele Staubgefäße vorhanden. G gewöhnlich aus vielen Carpellen bestehend und vielfächerig, in jedem Fache eine oder viele Samenknospen. Die Frucht ist eine aufspringende Kapsel (Gossypium) oder zerfällt in Teilfrüchte. Als Bestandteil der Blätter, Stengel und Wurzeln ist Pflanzenschleim vorherrschend.

Mit Ausnahme der arktischen Länder sind die *Malvaceen* überall verbreitet (900 Arten), vorwiegend in Südamerika und im tropischen Asien. Bei uns als Unkräuter und angebaut. *Althaea officinalis*, Eibisch. *Althaea rosea* (aus Persien), Stockrose. *Malva rotundifolia* u. a. *Hibiscus syriacus* und *chinensis*. *Malope trifida*, *Lavatera trimestris*, Südeuropa. Abutilonarten aus Mexiko als Warmhauspflanzen beliebt. Von ostindischen Hibiscusarten werden die Bastfasern zu Gespinsten gebraucht. *Gossypium herbaceum*, *arboreum* u. a. Arten, Kulturpflanzen Spaniens, Chinas, Indiens, Nord- und Südamerikas, Afrikas, liefern die Baumwolle, welche ein Haarkleid der Samen ist.

Nahe verwandt mit den *Malvaceen*, oft auch mit ihnen vereinigt, sind die ***Bombaceen***, Bäume des tropischen Amerikas mit zuweilen tonnenförmigen Stämmen (Bombax), die Gattung *Eriodendron* mit baumwollähnlichen Haaren auf der Fruchtwand; *Durio zibethinus* ein Baum Ostindiens mit Früchten von berühmtem Wohlgeschmack für die Eingeborenen. Der Affenbrotbaum, *Baobab*, *Adansonia digitata* (tropisches Afrika). Auch die den *Malvaceen* ähnliche und verwandte Familie der ***Sterculiaceen***, Bäume mit großen ganzrandigen oder handförmig gelappten Blättern, ist tropisch. *Cola acuminata*, Kolanuß, Afrika. Die artenreiche tropische Familie der ***Büttneriaceen*** wird vielfach mit den *Sterculiaceen* vereinigt, zu ihr gehört *Theobroma Cacao*, der Kakaobaum, in Zentral- und Südamerika, Westindien, Asien, Afrika kultiviert, dessen gurkenähnliche Frucht die Kakaobohnen enthält.

Fam. 2. Tiliaceae. Blütenformel K 5 C 5 A 5 oder 10 G (5) oder (2—10).

Fig. 13

Diagramm der Tiliaceen-Blüte.

Sie weichen von den übrigen Columniferen dadurch ab, daß die fünf tiefgeteilten und daher scheinbar zahlreichen Staubfäden nicht zu einer Säule verwachsen sind, wodurch die Tiliaceenblüte ein anderes Aussehen gewinnt als die der Malven usw. Frucht kapsel- oder nußartig.

Die *Tiliaceen*, obgleich durch die Linde bei uns weit verbreitet, sind doch eigentlich eine tropische Familie, wo sie mit 350 Arten vertreten sind. *Tilia platyphyllos*, Sommerlinde. *Tilia parvifolia*, Winterlinde. *Tilia argentea*, Silberlinde (aus Ungarn). Blütenstand mit Hochblatt. *Corchorus capsularis*, Kulturpflanze Ostindiens, liefert in ihren Bastfasern die Jute. *Sparmannia africana* (Kap), unter dem Namen Zimmerlinde bei uns beliebt.

13. Reihe. Gruinales.

Ihren Namen hat die Reihe von den einem Kranichschnabel gleichenden Geraniaceenfrüchten (grus, gruis, der Kranich), ein Merkmal, welches aber nicht allen Familien der Reihe zukommt. Die gewöhnliche Blütenformel ist K5 C5 A 5+5 $\underline{G}$5, fünffächerig. Die Ordnung enthält nur Kräuter und kleine Sträucher.

Fam. 1. Geraniaceae. Blüten radiär oder zygomorph, zuweilen mit fünf fertilen und fünf bis zehn sterilen Staubgefäßen, $\underline{G}$(5). Die fünf Fruchtknotenfächer sind an eine zentrale Säule angewachsen, von welcher sie sich bei der Reife mit einer hygroskopischen Granne völlig ablösen und an den aufgerollten Schnäbeln an der Spitze hängen bleiben.

In gemäßigten Klimaten, am häufigsten am Kap (630 Arten). Bei uns Geraniumarten als Wald- und Ruderalpflanzen. Pelargoniumarten und deren Spielarten (Kap) als Zierpflanzen.

An die *Geraniaceen* schließt sich die kleine in Südamerika heimische Familie der ***Tropaeoleen,*** mit schildförmigen Blättern und schönfarbigen zygomorphen Blüten (K5 C5 A8 G(3). Hierher gehört *Tropaeolum majus* aus Peru), *Tropaeolum tricolor.* Die ***Oxalideen*** sind im tropischen Amerika und am Kap verbreitet. Blüten mit zehn fertilen Staubgefäßen, Blätter kleeähnlich, bei Lichtwechsel beweglich. Bei uns nur ein paar Oxalisarten, *Oxalis acetosella,* Sauerklee, *Oxalis stricta.* Einige mexikanische Arten sind durch dicke eßbare Wurzeln ausgezeichnet. *Oxalis tuberosa*, *esculenta* usw. *Averrhoa Carambola,* ostindische Baumstachelbeere. Die ***Lineen,*** zu denen der blau blühende Flachs, *Linum usitatissimum* gehört, haben schmale Blätter; in den Blüten sind nur fünf Staubfäden fertil. Flachsvarietäten mit aufspringenden und geschlossenen Samenkapseln. Die ***Balsamineen*** haben zygomorphe Blüten und ihre Kapselfrüchte sind wegen des elastischen Aufspringens bemerkenswert. Bei uns *Impatiens nolitangere,* in Wäldern und ostindische Arten als Zierpflanzen. Zu den ***Erythroxyleen,*** südamerikanischen Bäumen und Sträuchern mit kleinen regelmäßigen Blüten, gehört *Erythroxylon Coca,* der Kokastrauch. Zu den ***Malpighiaceen*** gehören Lianen der Tropenwälder mit merkwürdigem anatomischen Bau ihrer tauartigen Stämme.

Fam. 2. Polygalaceae. Stauden oder niedrige Sträucher mit einfachen Blättern. Blüten zygomorph; K5, davon zwei größer und blumenblattartig, C3 (zwei Kronenblätter abortiert), das vordere Kronenblatt größer und kahnförmig mit pinselförmiger Spitze. A8 zu einer Röhre verwachsen, mit welcher auch die Krone verschmolzen ist. G(2) zweifächerig. Die Polygaleen sind auch mit den Sapindaceen verwandt.

Am Kap und in Südamerika häufiger, seltener in anderen Erdteilen (780 Arten). *Polygala Senega* (Nordamerika), *Polygala amara,* bei uns auf Wiesen.

14. Reihe. Terebinthinae.

Wegen der Ähnlichkeit ihres Blütenbaues mit dem der vorigen Reihe werden die Terebinthineen auch mit den Gruinales vereinigt. Die Blüte der Terebinthineen ist unterschieden und charakterisiert durch eine ring- und becherförmige Gewebebildung (Diskus) zwischen Andröceum und Gynäceum, welche ein Nektarium ist. Der Fruchtknoten ist gewöhnlich fünffächerig. Die zu dieser Reihe gehörigen Familien zeigen viel Übereinstimmung. Die Terebinthineen sind fast alle Pflanzen, welche Gummiharze und Terpene produzieren, daher meist Harzgänge besitzen oder reichlich mit Öldrüsen in den Blättern und Früchten versehen sind und schon bei der Berührung oder durch den Geruch ihre aromatischen Eigenschaften verraten.

Fam. 1. Rutaceae. Kräuter, Bäume und Sträucher zum Teil mit harten Blättern. Blütenformel K 5 C 5 A 10 (seltener 5) $\underline{G}$ 2—5. Die Fruchtblätter bilden entweder mehrere einfächerige Fruchtknoten oder verwachsen zu einem mehrfächerigen. Blüten zuweilen mit vierzähligen Kreisen.

Artenreiche Familie (760 Arten), besonders in der warmen Zone (Kap, Australien). *Ruta graveolens, Raute*, und *Dictamnus Fraxinella* in unserer Flora. *Pilocarpus pinnatifolius* (Brasilien). *Barosma crenata* und andere Arten am Kap.

Fam. 2. Aurantiaceae. Bäume und Sträucher, zum Teil dornig, mit immergrünen einfachen oder zusammengesetzten Blättern, alle Teile aromatisch. Blüten mit kurzem, glockigem Kelch, typisch fünf, gewöhnlich aber vier bis acht Kronenblättern. Staubgefäße in mehrere Bündel verwachsen, Fruchtknoten vielfächerig. Die charakteristische Aurantiaceenfrucht entsteht dadurch, daß bei der reifen Frucht die Fruchtknotenfächer durch ein Gewebe saftiger Zellen ausgefüllt werden, welche aus der inneren Fruchtknotenwand hervorwachsen und die saftige eßbare Ausfüllung der Fruchtknotenfächer bilden. Die Aurantiaceen bilden in ihren Samen häufig mehrere Embryonen.

Fig. 14

Diagramm der Aurantiaceen-Blüte.

Die *Aurantiaceen* sind fast alle im wärmeren Asien heimisch (60 Arten). Die wichtigste Gattung *Citrus* ist von dort in alle wärmeren Erdgegenden beider Welten verbreitet, so daß ihre Arten z. B. in den Mittelmeerländern geradezu typische Kulturpflanzen geworden sind.

Citrus medica (den Alten bekannt), mit sehr großen dickschaligen Früchten, liefert Zitronat. *Citrus Limonum*, Limone (von den Arabern im 10. Jahrhundert nach Europa gebracht), ebenso *Citrus Aurantium*, bittere Pomeranze. Eine Varietät ist die süße aus China stammende Apfelsine, ebenso die Mandarine. *Citrus Bergamia*, Bergamotte.

Wegen der dazu gehörigen Nutzpflanzen verdienen noch einige der tropischen und warmen Zone angehörige Familien Erwähnung. Die ***Zygophylleen***, meist Holzpflanzen ohne Sekretbehälter mit gegenständigen, oft gefiederten Blättern, zu denen *Guajacum officinale*, ein Baum Westindiens gehört, der das Pockholz liefert. Die vorzugsweise im tropischen Amerika heimischen ***Simarubeen*** sind Bäume und Sträucher mit gefiederten Blättern, meist diklinen oder polygamen Blüten. Die Pflanzen sind reich an Bitterstoffen, *Quassia amara* liefert das Quassiaholz (Surinam). Balsamliefernde Bäume sind die ***Burseraceen*** mit dreizähligen oder unpaarig gefiederten Blättern und kleinen, ebenfalls meist diklinen Blüten. Sie enthalten in den Balsamgängen der Rinde aromatische Harze und Balsame, die teils freiwillig ausfließen und an der Luft erhärten, teils durch Verwundung der Rinde gewonnen werden. *Boswellia serrata* (Persien) liefert Weihrauch; *Balsamodendron Myrrha* (Arabien), die Myrrhe, *Icica Ici ariba* (Brasilien), Elemiharz. Zu den ***Meliaceen*** gehört *Swietenia Mahagoni* und *Cedrela odorata*, beides holzliefernde Bäume.

15. Reihe. Aesculinae.

Blütenkreise fünfzählig. Blüten im Gegensatz zur vorigen Reihe häufig zygomorph. Doppelt soviel Staubgefäße als Kronenblätter oder durch Abortus weniger, gewöhnlich sieben. G̲(2—3), zwei- bis dreifächerig. In der Blüte ist zuweilen ein Diskus vorhanden, jedoch außerhalb des Andröceums, zwischen diesem und der Corolle. Die Aesculinen sind Bäume, Sträucher oder holzige Lianen.

Fam. 1. Sapindaceae. Holzpflanzen, unter den tropischen viele Lianen mit bemerkenswerter anormaler Stammanatomie. Blätter unpaarig gefiedert oder handförmig geteilt. Blütenstände in end- oder achselständigen Trauben. Blüten meist zygomorph, K5 C5 A5—8 (bei Aesculus 7) G̲ meist (3), dreifächerig, Fruchtformen sehr mannigfaltig (1060 Arten).

Fig. 15

Diagramm der Blüte von Aesculus.

Aesculus Hippocastanum, Roßkastanie (Balkanhalbinsel, seit 1576 in Deutschland). *Aesculus Pavia* (Nordamerika) mit roten Blüten. *Aesculus macrostachya* (Nordamerika). *Paullinia sorbilis* (Südmerika). *Sapindus saponaria* (tropisches Amerika). *Koelreuteria paniculata* (China).

Fam. 2. Aceraceae. Bäume und Sträucher mit gegenständigen Blättern und Zweigen. Blüten radiär in dolden- und traubenförmigen Blütenständen. K5 C5 A8 G̲(2), zweifächerig. Staubfadenzahl schwankend, auch Neigung zum Abort des einen Geschlechts, daher verschiedene Blütenformen nebeneinander. Frucht eine nußartige Spaltfrucht mit flügelförmigen Anhängseln.

In Wäldern Europas, Nordamerikas, Gebirgen Asiens wachsend (120 Arten), fehlen sie in Afrika und den Tropen. *Acer platanoïdes, A. Pseudoplatanus, A. campestre*, bei uns einheimisch. *Acer saccharinum* (Nordamerika), Zuckerahorn. *Acer tataricum* (Südeuropa).

Die Familie der ***Anacardiaceen,*** welche teils in den Tropen, teils in den wärmeren Gegenden der alten und neuen Welt zu Hause ist, kann an die *Sapindaceen* sowohl, wie an die vorhergehende Reihe angeschlossen werden. *Anacardium orientale* (Ostindien) und *occidentale* (tropisches Amerika), bemerkenswert durch die birnenförmige Ausbildung des Fruchtstieles bei der Reife der Nuß, welche oben auf der Scheinfrucht aufsitzt. *Mangifera indica*, Mangobaum, in den Tropen wegen der Früchte kultiviert. Die Sumacharten *(Rhus)* liefern teils Gerbstoffe in ihren Früchten, wie *Rhus coriaria* (Südeuropa), teils in Gallen ihrer Blätter, *Rhus semialata* (China), ferner Wachs, *Rhus succedanea* (Japan), Lack, *Rhus vernicifera* (Japan). Dem Orient gehören an *Pistacia vera, Pistacia Terebinthus*, Terebinthe, *Pistacia lentiscus* (Mastixbaum) im Mittelmeergebiet. *Schinus molle* (Pfefferbaum), in den Anden heimisch, angepflanzt in Südeuropa.

16. Reihe. Frangulinae.

Meist strauchartige Pflanzen mit kleinen grünen oder weißen, radiären Blüten. Kelch gewöhnlich verwachsenblättrig, mit vier- bis fünfteiligem Saum, vier bis fünf Kronenblättern, vier bis fünf Staubgefäßen (nur ein Kreis von den typisch zweien entwickelt), Fruchtknoten von einem Diskus umgeben, zwei- bis fünffächerig.

Fam. 1. Celastrineae. Blüten gewöhnlich vierzählig. K4 C4 A4 G̲(4). Staubfäden auf dem Diskus stehend. Samen von einem Arillus umgeben.

In Nordamerika, Asien, am Kap, in Europa (450 Arten). *Evonymus europaeus*, mit rosafarbenen, vierklappigen Früchten, aus denen bei der Reife die orangefarbenen Samen am Samenstrang heraushängen. *Evonymus japonica. Staphylea pinnata*, Pimpernuß, mit blasenförmiger Kapsel.

Fam. 2. Aquifoliaceae. Der vorigen Familie ähnlich, aber ohne Diskus. Frucht eine Steinfrucht.

In Westindien, Südamerika, am Kap, Nordamerika, seltener in Asien (280 Arten), in Europa nur durch *Ilex aquifolium* vertreten (Rheinprovinz, Nord- und Ostseeländer). *Ilex paraguayensis*, Maté (Brasilien). Zahlreiche Ilexarten bei uns als Zierpflanzen kultiviert.

Fam. 3. Vitaceae. Mit Ranken versehene Kettersträucher mit gelappten Blättern. Die kleinen grünlichen vier- bis fünfzähligen Blüten in rispenförmigen Ständen. Staubgefäße vor den Kronenblättern stehend. $\underline{G}(2)$, zwei- bis dreifächerig. Der Diskus besteht aus getrennten Drüsen. Beim Aufblühen lösen sich die Kronenblätter bei einigen Arten von der Basis, und die Krone wird mützenförmig abgeworfen. Beerenfrucht.

Fig. 16

Diagramm der Ampelideen-Blüte (Vitis).

In den Tropen und gemäßigten Gegenden heimisch (360 Arten). *Vitis vinifera*, Weinstock, in zahlreichen Varietäten kultiviert. Eine kleinfrüchtige, kernlose, in Griechenland kultivierte Varietät von *Vitis vinifera* ist die Korinthe. *Vitis Labrusca* u. a. (Nordamerika). *Ampelopsis hederacea*, wilder Wein (Nordamerika). *Cissus discolor* (Java). *Cissus hydrophora*, eine Liane Brasiliens, läßt beim Durchschneiden des Stammes reichlich Wasser ausfließen.

Fam. 4. Rhamnaceae. Meistens dornige Sträucher, im Habitus sonst sehr verschieden. Blüten klein und unscheinbar, vier- bis fünfzählig, mit Diskus, Staubfäden vor den Kronenblättern stehend. Die Blütenachse nimmt an der Kronenbildung teil (Hypanthiumbildung). Die Frucht ist eine Steinfrucht oder Kapsel.

Die *Rhamneen* sind sowohl tropisch als auch in den temperierten und gemäßigten Gebieten verbreitet (500 Arten). *Rhamnus cathartica*, Kreuzdorn und *Rhamnus Frangula*, Faulbaum, Pulverholz, bei uns, *Rhamnus saxatilis*, (Südeuropa), *Rh. chlorophora* (China). *Ceanothus americana* (Nordamerika). *Colletia cruciata* (Chile). *Phylica ericoides* (Kap). *Zizyphus vulgaris*, Mittelmeerländer.

17. Reihe. Tricoccae.

Die Reihe ist in erster Linie durch die große Familie der Euphorbiaceen vertreten und besitzt folgende Merkmale: Blüten diklin, gewöhnlich monöcisch, Bütenhülle fehlend, einfach oder doppelt. Fruchtknoten oberständig, meistens dreifächerig, aus dem sich eine dreiteilige Spaltfrucht bildet, deren drei Teilfrüchte von der Mittelsäule oft mit großer Gewalt abspringen, daher Tricoccae, vom griechischen treis drei, und Kokkos, Beere.

Fam. 1. Euphorbiaceae. Eine ebenso mannigfaltige, wie auffallende Gestalten zeigende Famille: Kräuter, Bäume, Sträucher, Lianen mit einfachen oder tiefgeteilten Blättern und cactusähnliche Succulenten umfassend. Die Euphorbiaceen sind anatomisch durch ihre Milchröhren ausgezeichnet, welche meistens scharfe und giftige, bei Verletzungen hervorquellende Milchsäfte enthalten, deren Hauptbestandteil in vielen Fällen technisch brauchbarer Kautschuk ist. Manche lagern in ihren dicken Wurzeln reichlich Stärke ab und sind Nahrungspflanzen, bei andern enthält die Rinde aromatische Stoffe, andere produzieren Wachs oder Farbstoffe. Männliche Blüten in den einfachsten Fällen, nur ein nacktes Staubgefäß, die weiblichen ein nacktes Carpell. Bei den meisten Euphorbiaceen ist jedoch Perigon, seltener Kelch und Krone vorhanden. A gewöhnlich 2—∞. Eine nähere Verwandtschaft mit den übrigen Reihen ist schwer nachzuweisen. Die Euphorbiaceen haben eine isolierte Stellung.

Bei manchen Gattungen, z. B. bei der Gattung *Euphorbia*, bilden die aus einem Staubgefäß bestehenden männlichen und die aus einem gestielten Fruchtknoten bestehenden weiblichen Blüten einen eigentümlichen Blütenstand, die wie eine Einzelblüte aussieht. Beiderlei Blüten (zwei bis zwölf männliche und eine weibliche) stehen in einer krugförmigen, am Rande oft mit halbmondförmigen Drüsen besetzten Hülle (Cyathium).

4500 Arten im tropischen Amerika, weniger im tropischen Asien und Afrika. Die cactusähnlichen Euphorbiaceen wachsen am Kap, in Nordafrika und auf den westafrikanischen Inseln. In Europa gibt es ca. 120 Arten vorzugsweise in den Mittelmeerländern. In Deutschland ca. 20 untereinander ähnliche Arten. *Mercurialis annua* und *perennis*. *Euphorbia Cyparissias*, *E. helioscopia* und andere Unkräuter bei uns. Cactusähnlich sind: *E. Canariensis* (Kanarische Inseln), *E. officinarum* (tropisches Afrika), *E. Caput Medusae* und *meloformis* (Kap), *E. splendens* (Madagaskar). — *Hippomane Mancinella*, Manzanillobaum (Westindien), mit überaus giftigem Milchsaft. *Stillingia sebifera* (China, Cuba), Talgbaum. *Caelebogyne ilicifolia* (Australien). *Hevea brasiliensis* oder *Siphonia elastica* (Guyana, Brasilien), liefert den besten Kautschuk des Handels. *Manihot utilissima* (Südamerika), Nahrungspflanze, Tapioca. *M. Glaziovii*, Ceara-Kautschuk. *Ricinus communis*, ein Baum, heimisch in Südasien, bei uns als Zierstrauch gezogen. In tropischen Gegenden angebaut zur Gewinnung des Ricinusöls. *Rottlera tinctoria* (Ostindien). *Croton Eluteria* (Antillen und Bahamainseln). *Croton Tiglium* (Ostindien). Die wegen ihrer bunten Blätter kultivierten, in den Gärten als Croton bezeichneten Formen gehören *Codiaeum variegatum* an. *Hura crepitans* (tropisches Amerika). *Phyllanthus falcatus* (Westindien) und andere Phyllanthusarten sind durch *Cladodien* ausgezeichnet.

An die *Euphorbiaceen* schließen sich mehrere Familien an, die aber auch zu den *Rhamneen* gestellt werden. Die ***Buxaceen*** (30), Sträucher der gemäßigten Zone, *Buxus sempervirens*, Buxbaum. *Oldfielda africana*, Westafrika (Eisenholz). Die ***Empetreen*** (nur 4 Arten), kleine heidekrautähnliche Sträucher mit diöcischen Blüten in Europa, Nord- und Südamerika. *Empetrum nigrum* auf Torfmooren Nordeuropas. Die ***Callitrichieen,*** Wasserpflanzen Europas und Nordamerikas, mit einer Gattung Callitriche.

18. Reihe. Umbelliflorae.

Die Reihe ist charakterisiert durch den Blütenstand der hierher gehörigen Pflanzen, welcher meistens eine zusammengesetzte Dolde (umbella) ist. Blüten gewöhnlich radiär.

Fam. 1. Umbelliferae. Einjährige oder ausdauernde Kräuter, unter ihnen manche von 2—3 Meter Höhe. Stengel hohl mit Scheidewänden an den Knoten. Blätter mit entwickelter Blattscheide den Stengel umfassend, gewöhnlich fiederteilig, selten einfach, bei manchen Eryngien monocotylenähnlich. Der Blütenstand ist eine typisch einfache oder zusammengesetzte Dolde. Ausnahmsweise ist die Dolde auf eine einzelne Blüte reduziert (Azorella, Xanthosia). Blütenformel: $K 5\ C 5\ A 5\ \overline{G}(2)$, mit Griffelpolster (Diskus). Die Früchte sind von charakteristischer Gestalt (Umbelliferenfrucht) und zerfallen bei der Reife in zwei an einem gegabelten Stiel (Carpophor) hängenbleibende Teilfrüchte mit je einem Samen. Die Früchte besitzen meist fünf Rippen, in den Tälchen dazwischen Ölgänge (Vittae). Auch in den Stengeln befinden sich Balsamgänge, denn die Umbelliferen sind durch Sekretion zum Teil aromatischer, zum Teil aber auch giftiger Stoffe ausgezeichnet. Die Einteilung der Umbelliferen erfolgt in erster Linie auf Grund der Formverhältnisse der Frucht; doch wird auch der anatomische Bau derselben herangezogen. Zu Hauptabteilungen wird der Querschnitt der Frucht benutzt. (Orthospermen, Campylospermen, Coelospermen.)

Die Familie umfaßt ca. 2600 Arten, besonders in gemäßigten und kälteren Gegenden der nördlichen Halbkugel, Osteuropa, Mittelasien, in den Tropen nur auf Gebirgen. In den innerasiatischen Steppen (Persien, Turkestan) bilden die großen Umbelliferen einen ausdrucksvollen Bestandteil der Flora, bei uns sind sie Wald-, Wiesen- und Sumpfpflanzen. *Orthospermae: Sanicula europaea. Hacquetia Epipactis. Astrantia major. Eryngium planum. Cicuta virosa*, Wasserschierling, äußerst giftig. *Apium graveolens*, Sellerie. *Petroselinum sativum*, Petersilie. *Carum Carvi*, Kümmel. *Pimpinella Anisum* (aus dem Orient), Anis. *Oenanthe Phellandrium*, Wasserfenchel. *Foeniculum officinale*, Fenchel. *Levisticum officinale*, Liebstöckel. *Archangelica officinalis. Anethum graveolens*, Dill. *Pastinaca sativa. Heracleum Sphondylium.* Die persischen Stauden *Ferula erubescens, Scorodosma foetidum, Dorema Ammoniacum* liefern *Galbanum, Asa foetida* und Ammoniakharz. *Daucus Carota*, Mohrrübe, mit vielen lang- und kurzwurzeligen Spielarten (Karotten). *Azorella*, von polsterförmigem Wuchs, in den Anden. — *Campylospermae: Anthriscus silvestris. Chaerophyllum bulbosum*, Kerbel. *Conium maculatum*, Schierling. *Coelospermae: Coriandrum sativum*, Koriander.

Fam. 2. Araliaceae. Meist Bäume und Sträucher mit kleinen Blüten in Dolden. Frucht: Steinfrucht oder Beere.

Ca. 660 besonders im tropischen Asien, Amerika, China, Japan, Ostindien und im mittleren Nordamerika lebende Arten. *Hedera Helix*, Efeu. *Aralia spinosa* (Nordamerika). Panaxarten in China. *Aralia papyrifera*, ebenda. *Aralia edulis*, Nahrungspflanze (Japan).

Fam. 3. Cornaceae. Meist strauchartig mit gegenständigen, einfachen Blättern. Blüten häufig vierzählig. K(4) C 4 A 4 $\overline{G}$(2). Die doldigen Blütenstände sind bei manchen mit einer blumenkronähnlichen Hülle umgeben, z. B. bei *Cornus suecica, C. florida, Benthamia fragifera.* Die Früchte sind Steinfrüchte.

In den gemäßigten Klimaten Europas, Afrikas, Asiens und Amerikas (115 Arten). *Cornus mas*, Kornelkirsche. *C. sanguinea*, Hartriegel. *Aucuba japonica* (Japan).

19. Reihe. Saxifraginae.

Die Reihe der Saxifraginen zeigt die mannigfachsten Ähnlichkeiten nicht nur mit den folgenden Reihen der Myrtifloren (durch die Philadelpheen) und der Rosifloren (durch die Saxifragaceen), sondern auch mit den Frangulinen und Vaccinieen und ist aus dem Grunde schwer kurz zu charakterisieren. Blüten meistens mit fünfgliedrigen Kreisen. K fast stets ausgebildet. C oft klein oder 0. A besteht meistens aus zwei Kreisen, mit Staubfäden in verschiedener Anzahl. Fruchtknoten ebensoviel oder weniger (wenigstens einer) als Kronenblätter. Die Carpelle sind entweder völlig getrennt und bilden einzelne aus einem Fruchtblatt bestehende Fruchtknoten, oder die Carpelle bilden durch Verwachsung einen zweifächerigen Fruchtknoten. Der Fruchtknoten ist entweder ganz oberständig, halb oder ganz unterständig.

Fam. 1. Saxifragaceae. Meistens Kräuter mit kurzem Stamm, daher oft rasenartig wachsend, vielfach mit fleischigen Blättern. Manche sondern an den Blatträndern kohlensauren Kalk in Form weißer Krusten ab. Die Blüten sind gewöhnlich radiär, selten zygomorph. Die Blütenkreise sind vier- oder fünfgliederig, Kelch und Krone sind vorhanden, jedoch ist letztere zuweilen unterdrückt. G(2—5) in allen Übergängen vom oberständigen zum unterständigen Fruchtknoten. Häufigste Blütenformel: K5 C5 A5+5 G(2).

Die *Saxifragaceen* (650 Arten) wachsen auf höheren Bergen Europas, Asiens, Nordamerikas. In Europa bilden sie, durch zierliche Blüten ausgezeichnet, einen wesentlichen Bestandteil der Alpenflora. *Saxifraga cernua, S. granulata, Chrysosplenium alternifolium* und zahlreiche andere Arten bei uns. *Heuchera americana* (Nordamerika).

Fam. 2. Crassulaceae. Pflanzen von verschiedenem Habitus, meistens mit sehr dicken, fleischigen, bereiften Blättern, die durch rosettenförmige Anordnung auffallen. Blüten radiär, Blütenteile in wechselnder Anzahl. Früchte meist Balgkapseln.

Die *Crassulaceen* (500 Arten) wachsen vorwiegend in Europa und am Kap und sind Charakterpflanzen dürrer sonniger Standorte.

Sedum acre u. a. bei uns. *Sempervivum tectorum.* *Bryophyllum calycinum,* Tropen, mit Brutknospen auf den Blättern. Viele Arten von *Crassula, Echeveria, Cotyledon, Sempervivum* usw. als Teppichbeetpflanzen beliebt.

Fam. 3. Ribesiaceae. Sträucher mit gelappten Blättern. Blüten meist in Trauben, oft klein und grünlich, zuweilen mit blumenblattähnlich gefärbten größeren Kelchblättern, K5 C5 A5 G(2). Frucht eine Beere.

127 Arten. In Nordamerika und im mittleren Asien zu Hause, wenige Arten in Europa. *Ribes rubrum* und *R. nigrum*, Johannisbeere. *Ribes Grossularia*, Stachelbeere. *Ribes alpinum. Ribes aureum* (Nordamerika) und *sanguineum*, ebendaher, als Zierpflanzen bei uns in Anlagen.

Es schließen sich den *Saxifragaceen* noch mehrere kleinere Familien an, die ***Parnassieen*** mit *Parnassia palustris.* Die ***Cephaloteen*** mit *Cephalotus follicularis*, einer Insektivore Australiens. Die ***Hydrangeen*** sind Sträucher Nordamerikas und Japans, von denen *Hydrangea hortensis*, die Hortensia aus Japan u. a. bei uns kultiviert werden. Von den ***Philadelpheen,*** Sträucher Nordamerikas, Japans und Indiens, ist in Europa heimisch *Philadelphus coronarius;* Deutziaarten in China und Japan. Die ***Pittosporeen*** sind in Australien und Ostasien einheimisch. Die ***Hamamelideen*** sind Bäume Nordamerikas und Japans, sowie Kleinasiens; *Liquidambar orientale* liefert den Storaxbalsam. Die ***Plataneen*** sind ahornähnliche Bäume mit monöcischen Blüten. *Platanus occidentalis* (Nordamerika). *Platanus orientalis* (Asien). Die 120 Arten umfassende Familie der ***Podostemaceen*** bilden merkwürdig gestaltete Pflanzen fast vom Habitus der Lebermoose, welche größtenteils im tropischen Südamerika und auf Ceylon wachsen. Sie wachsen in strömenden Bächen und klammern sich mit eigentümlichen Haftorganen (Hapteren) an Felsen an.

20. Reihe. Rosiflorae.

Kräuter und Sträucher, seltener Bäume. Die Blüten sind in der Regel radiär. Blütenformel K5 C5 A5—∞ meistens 20—30 G1—∞. Charakterisiert sind die Rosifloren dadurch, daß die Blütenachse meist zu einem Organ heranwächst, welches alle Übergänge von der flachen, schüsselförmigen bis zur vertieften, krugförmigen Gestalt zeigt, wodurch das sogenannte Hypanthium oder Receptaculum entsteht, auf dessen Rande die Kronenblätter und Staubgefäße stehen. Die Carpelle nehmen die Mitte des Hypanthiums ein und stehen je nach dessen flacher oder vertiefterer Form höher oder tiefer in der Blüte. Das Hypanthium nimmt häufig an der Fruchtbildung teil, so daß die Rosiflorenfrucht nicht nur aus dem reifen Fruchtknoten allein besteht, sondern Scheinfrüchte, wie die Hagebutte, Erdbeere, Apfelfrucht, entstehen. Die Rosiflorenblüten haben miteinander äußerlich große Ähnlichkeit, unterscheiden sich aber durch die Anzahl der Fruchtknoten und durch die Fruchtbildung. Die Rosifloren besitzen vielfach gefiederte und geteilte Blätter. Die Familie ist meistens in den gemäßigten und kalten Klimaten der nördlichen Halbkugel verbreitet (2000 Arten).

Fam. 1. Spiraeaceae. K 5 C 5 A 10—∞ G 1—12, gewöhnlich 5. Die Früchte sind Kapseln mit zwei oder vielen Samen.

Spiraea Filipendula, *Sp. salicifolia*, *Sp. ulmifolia*, Ziersträucher, ebenso *Sp. opulifolia* (Nordamerika), *Sp. sorbifolia* (Sibirien). *Kerria japonica* (Japan).

Fam. 2. Rosaceae. Meist mit Stacheln versehene Sträucher mit gefiederten Blättern. K 5 C 5 A ∞ G ∞. Die zahlreichen aus einem Carpell gebildeten Fruchtknoten stehen im Grunde und an der Wandung des krugförmigen oben verengten Hypanthiums, durch dessen obere Öffnung nur die Griffel hervorragen. Bei der Reife werden die Früchte zu harten Nüßchen, welche von dem fleischigen Hypanthium umgeben sind (Hagebutte).

Die Familie umfaßt nur die Gattung *Rosa*. *Rosa canina*. Heckenrose. *Rosa pomifera*. *Rosa gallica*. *Rosa centifolia*, *Rosa damascena* u. a. liefern Rosenöl. Die zahlreichen Gartenrosen sind durch künstliche Kreuzung entstanden.

Fam. 3. Dryadaceae. K 5 C 5 A 15—30 G ∞. Die Mitte des Hypanthiums erhebt sich hier kegelförmig oder halbkugelig, und auf diesem Receptaculum stehen die zahlreichen Fruchtknoten. Bei der Reife entstehen durch Wachstum des Receptaculums Scheinfrüchte. Bei der Erdbeere wird das Receptaculum fleischig (eßbar), die eigentlichen Früchte sind die kleinen harten Nüßchen, welche die Oberfläche der Erdbeere bedecken. Bei der Himbeere ist das Receptaculum kegelförmig, die Früchte selbst sind saftig, verwachsen aber miteinander und bilden eine vom Receptaculum ablösbare Sammelfrucht (ebenso bei der Brombeere).

Dryas octopetala, arktisch-alpine Pflanze. *Geum urbanum*. *Fragaria vesca*, Erdbeere. *Fragaria grandiflora*, Ananaserdbeere (Südamerika). Potentillaarten bei uns. *Rubus Idaeus*, Himbeere. *Rubus fruticosus*, Brombeere. *Rubus Chamaemorus*, Multebeere.

Fam. 4. Poteriaceae. (Sanguisorbeae.) K 4—5 C 4—5 A 4—30 G 1—3. Das Receptaculum schließt hier die reifen Früchte ein und wird trocken oder hart.

Poterium Sanguisorba, *Sanguisorba officinalis*, Wiesenpflanzen bei uns. *Agrimonia Eupatoria*, *Alchimilla vulgaris*, an Wegrändern. *Hagenia abyssinica* (Abyssinien).

Fam. 5. Pomaceae. K 5 C 5 A 10—∞ G (2—3). Bei der Reife verwachsen die Fruchtknoten unter sich und mit dem krugförmigen Receptaculum, welches fleischig wird (Apfelfrucht) und auf seiner Spitze die vertrockneten Blütenteile trägt.

Pirus Malus, Apfelbaum, wild in Wäldern, in zahllosen Varietäten kultiviert. *P. communis*, Birne, ebenfalls. *P. spectabilis* (China). *Cydonia vulgaris* (in Kleinasien), Quitte. *Cydonia japonica*, Zierstrauch. *Sorbus aucuparia*, Vogelbeere. *S. domestica*, *S. Aria*. *Crataegus Oxyacantha*, Weißdorn. *Mespilus germanica* und *japonica*, Mispeln.

Fam. 6. Pruneae oder Amygdalaceae. K5 C5 A20—30 G1 mit freistehendem Fruchtknoten. Das Hypanthium fällt samt dem Kelch vor der Reife der Frucht ab. Die Frucht ist eine Steinfrucht mit saftigem Fleisch (Pflaumen, Pfirsiche) oder lederartiger Außenschicht (Mandel).

Amygdalus communis, Mandelbaum (aus Nordafrika). *Persica vulgaris*, Pfirsich (aus Kleinasien). *Prunus armeniaca* (aus Armenien), Aprikose. *Prunus spinosa*, Schlehe. *Prunus domestica*, Pflaume (aus Kleinasien). *Prunus insititia*, Mirabelle, Reineclaude, *Prunus avium*, süße Kirsche (Europa). *Prunus Cerasus*, saure Kirsche (Kleinasien), *Prunus Padus*. *Prunus Lauro-Cerasus*, Kirschlorbeer (aus Kleinasien), in Südeuropa verbreitet. *Prunus Mahaleb* (liefert die Weichselrohre).

21. Reihe. Leguminosae.

Kräuter, Sträucher und Bäume, manche Lianen, allermeistens mit dreizähligen oder gefiederten Blättern. Blüten zygomorph (Fam. 1, 2) oder radiär (Fam. 3). Charakteristisch für die Leguminosen ist die Frucht (Hülse, legumen), welche aus einem Carpell besteht und bei der Reife gewöhnlich an ihren beiden Nähten aufspringt. Die Hülse ist entweder nicht gefächert oder durch eine Längswand, bei einer Anzahl auch durch Querwände gefächert.

Fam. 1. Papilionaceae. Die meisten Papilionaceen sind einjährige oder ausdauernde Kräuter, seltener Sträucher und Bäume. Blüte zygomorph, sogenannte Schmetterlingsblüte, welche gebildet wird aus einem oberen größten Blumenblatt (Fahne), zwei kleineren seitlichen (Flügel) und zwei unteren zu einem kahnförmigen Gebilde (Schiffchen) verwachsenen Blumenblättern. Die zehn Staubfäden sind nur selten getrennt (Sophoreen), gewöhnlich alle oder mit Ausnahme von einem zu einer Röhre verwachsen (monadelphisch oder diadelphisch). Blütenformel: K5 C5 A(10) oder (9)+1 G1. Frucht eine Hülse von sehr verschiedener Gestalt.

Die aus ca. 5000 Arten bestehende Papilionaceenfamilie ist über die ganze Erde verbreitet, in den Tropen mit Bäumen vorherrschend. In der deutschen Flora sind die einheimischen und kultivierten Arten ein hervorragender Bestandteil. Man teilt die *Papilionaceen* in mehrere Unterfamilien.

a) *Trifolieae*. A diadelphisch 9+1, Blätter dreizählig, gezähnt. *Ononis spinosa*, Hauhechel. *Trifolium pratense*, *Tr. repens*, *Tr. hybridum*, *Tr. incarnatum*, Kleearten, *Medicago sativa*, Luzerne (aus Persien). *Melilotus officinalis*. *Trigonella Foenum graecum* (Südeuropa).

b) *Loteae*. A diadelphisch 9+1, Blätter dreizählig, ungezähnt. *Lotus corniculatus*. *Anthyllis vulneraria*.

c) *Galegeae*. A diadelphisch 9+1, Blätter gefiedert, ohne Ranke. Blüten in langen Trauben. *Astragalus creticus* (Kreta), *A. verus* (Orient), *A. Tragacantha* (Südeuropa), Traganthsträucher, *Indigofera tinctoria* (Ostindien). Indigopflanze. *Glycyrrhiza glabra* (Südeuropa) und *Gl. glan-*

dulifera (Südosteuropa), Süßholz. *Colutea arborescens* (Südeuropa). *Robinia Pseudacacia* (Nordamerika). *Wistaria chinensis* (China).

d) *Vicieae.* A diadelphisch 9+1, Blätter gefiedert mit Ranke. *Vicia Faba*, Saubohne. *Vicia sativa*, Wicke. *Lens esculenta*, Linse. *Pisum sativum*, Erbse, *Lathyrus sativus. Orobus vernus.*

e) *Hedysareae.* A diadelphisch, Gliederhülse. *Coronilla Emerus* (Südeuropa). *Ornithopus sativa*, Serradella (Portugal). *Onobrychis sativa*, Esparsette. *Desmodium gyrans* (Ostindien). *Arachis hypogaea*, Erdnuß (Südamerika, besonders Argentinien).

f *Phaseoleae.* A diadelphisch, Blätter dreizählig, mit Stipellen. *Phaseolus vulgaris*, Gartenbohne. *Erythrina crista galli* (Brasilien). *Abrus precatorius* (Ostindien). *Physostigma venenosum* (tropisches Westafrika). Die Phaseoleen sind meist Schlingpflanzen.

g) *Genisteae.* A monadelphisch. *Genista tinctoria*, Ginster. *Sarothamnus scoparius. Spartium junceum. Cytisus Laburnum*, Goldregen. *Lupinus luteus*, Lupine.

h) *Dalbergieae.* A monadelphisch. Hülse nicht aufspringend. *Pterocarpus santalinus* (Ostindien), Sandelholz. *Dipteryx odorata* (Guyana), Tonkabohne.

i) *Sophoreae.* Staubfäden alle frei, *Sophora japonica* (Japan). *Myroxylon Pereirae*, liefert Perubalsam.

Fam. 2. Caesalpiniaceae. Bäume, Sträucher und Lianen mit gefiederten Blättern und zygomorphen Blüten (800 Arten).

Meist tropische Bäume. *Gleditschia triacanthos* (Nordamerika). *Caesalpinia brasiliensis* (Brasilien), Fernambukholz. *Haematoxylon campechianum* (Zentralamerika), Campecheholz. *Tamarindus indica* (Indien), Tamarinde. *Cassia Fistula*, Röhrencassie (Ostindien). *C. obovata, C. lenitiva* u. a. (Afrika), Sennesblätter. *Cassia marylandica* (Nordamerika). *Copaïfera multijuga* (Brasilien). *Ceratonia Siliqua* (Südeuropa). *Cercis siliquastrum* (Südeuropa). Trachylobiumarten in Südamerika und Ostafrika liefern Kopal. *Gymnocladus canadensis* (Nordamerika). *Bauhinia scandens*, Liane (Indien).

Fam. 3. Mimosaceae. Bäume und Sträucher (1300 Arten). Blüten radiär, meistens in dichten Blütenständen. Staubfäden gewöhnlich zahlreich, Kelch und Krone meistens klein, so daß der ganze Blütenstand anscheinend nur aus Staubfäden besteht. Laubblätter fein gefiedert.

In tropischen und subtropischen Regionen, besonders in Australien und Afrika. *Acacia Seyal, Acacia arabica* u. a. liefern Gummi arabicum. *Acacia Catechu* (Ostindien), *Mimosa pudica* (Südamerika). Zahlreiche australische Acaciaarten werden bei uns als Zierpflanzen in Gewächshäusern kultiviert. *Prosopis dulcis* und *juliflora*, Mezquitestrauch (Mexiko).

22. Reihe. Myrtiflorae.

Sie sind mit den Rosifloren am meisten verwandt, Bäume, Sträucher und Kräuter, von den Rosifloren durch ihre gegenständigen, einfachen, selten gezähnten Blätter unterschieden. Die Blüten sind gewöhnlich radiär mit zwei- bis fünfgliederigen, aber auch mit mehrgliederigen Kreisen. Kelch und Krone sind vorhanden. A in zwei Kreisen, zuweilen mit sehr zahlreichen Staubfäden.

Fam. 1. Oenotheraceae. Meistens Kräuter, zum Teil Wasser- und Sumpfpflanzen. Ihre Blüten sind durch Farbenschönheit ausgezeichnet, zuweilen ist der Kelch gefärbt, die Blumenblätter oft tief geteilt. Auch die Narbe ist oft vierteilig. Gewöhnliche Blütenformel, K(4) C 4 A 4 oder 4+4 $\overline{G}$(4), vierfächerig.

Die *Oenotheraceen* (490 Arten) sind meist Nordamerikaner, die Gattung *Fuchsia* vorwiegend südamerikanisch, *Epilobium* europäisch. *Oenothera biennis*, Nachtkerze (Nordamerika), bei uns verbreitet. *Epilobium angustifolium*, Weidenröschen. *Clarkia elegans*, Kalifornien. *Fuchsia coccinea* (Chile). *Fuchsia corymbiflora* (Mexiko). *Circaea lutetiana* (A 2), Waldpflanze bei uns. *Trapa natans*, Wassernuß, mit eigentümlich geformten Früchten.

Fam. 2. Lythraceae. Kräuter, Sträucher und Bäume. Stengel oft vierkantig, meist mit sechszähligen Blüten K (6) C 6 A 6 oder 6+6 $\underline{G}$ (2—6). Fruchtknoten oberständig. Blüten zuweilen zygomorph. Staubfäden zuweilen in großer Zahl, bis 200.

Die Familie umfaßt 450 Arten, besonders in Südamerika, einige im wärmeren Asien, wenige in Europa und Nordamerika. Die *Lythraceen* sind durch Produktion von Farbstoffen und adstringierenden Stoffen bemerkenswert. *Lythrum salicaria*, Weiderich, heterostyl, trimorph. *Cuphea floribunda* (Mexiko). *Lawsonia inermis* (Ostindien), Farbpflanze. *Physocalymna floribunda* (Brasilien). *Sonneratia alba* und *acida*, indische Mangrovepflanzen.

Verwandt mit den *Oenotheraceen* ist die Familie der ***Halorrhagideen*** (160 Arten). Blüten klein und unvollkommen, meist diklin-monöcisch. Griffel getrennt. Vorwiegend Wasserpflanzen, weit verbreitet in allen Erdteilen. *Hippuris vulgaris*, Tannenwedel, bei uns in Sümpfen. *Myriophyllum verticillatum*. *Gunnera scabra* (Chile). Die kleine Familie der ***Rhizophoreae*** (60 Arten) umfaßt tropische Bäume, welche an den Flußmündungen und Küsten mit anderen Pflanzen zusammen (*Avicennia, Aegiceras, Sonneratia, Bruguiera*) die sog. Mangroveformation bilden. *Rhizophora mucronata* (indische Küsten), *Rhizophora Mangle* (atlantische Küsten) mit in der Frucht auswachsenden Keimpflanzen.

Fam. 3. Myrtaceae. Sträucher und Bäume, zum Teil zu den höchsten gehörig, manche am Boden kriechend, andere kletternd. Blätter meist gegenständig, immergrün, pergamentartig fest. Alle Teile sind mit Öldrüsen versehen, da die Myrtaceen reichlich aromatische Stoffe erzeugen. Blüten radiär, durch ihre zahlreichen, oft schönfarbigen Staubgefäße charakterisiert. G unterständig. Früchte: Beeren oder Kapseln.

Große Familie von ca. 2750 Arten, vorwiegend in den Tropen verbreitet, besonders in Südamerika, Ostindien, Neuholland; in Europa ist nur die Myrte einheimisch. *Myrtus communis*, Myrte. *Myrtus Pimenta* (Westindien) liefert den Piment. *Caryophyllus aromaticus* (Molukken, Zanzibar usw.). *Melaleuca Leucadendron* (Ostindien, Kajeputöl). *Metrosideros vera* (Neuseeland). *Leptospermum Thea* (Australien), Teesurrogat. *Punica Granatum*, Granatapfel (Persien), in Südeuropa eingewandert. Zahlreiche *Myrtaceen* werden in unseren Gewächshäusern als Zierpflanzen kultiviert. In den Tropen nehmen die *Myrtaceen* an der Bildung der Wälder einen hervorragenden Anteil, besonders in Australien. Hier ist auch die Heimat der bis 100 Meter Höhe und 6 bis 7 Meter Durchmesser erreichenden Eucalyptusarten, *Eucalyptus amygdalina* u. a., *Eucalyptus globulus* auch in Italien und anderswo zur Entwässerung sumpfiger Gegenden eingeführt. Die gewöhnlich mit den *Myrtaceen* vereinigte Familie der ***Lecythideen*** zeichnet sich durch ihre großen holzigen, büchsenähnlichen Kapseln aus. *Bertholletia excelsa*, Paranuß und *Lecythis Ollaria* (Brasilien). Die ***Combretaceen*** in den Tropen der alten und neuen Welt.

Fam. 4. Melastomaceae. Bäume oder Sträucher, seltener Kräuter.

An ihren großen, gegenständigen Blättern mit charakteristischer Nervatur kenntlich. Blüten radiär, gewöhnlich in schönblütigen, ansehnlichen Rispen.

Die 1800 Arten umfassende Familie ist fast ganz tropisch und tritt namentlich in der südamerikanischen Vegetation hervor. *Centradenia rosea* (Mexiko). *Medinilla speciosa* (Java). *Lasiandra argentea* (Brasilien). *Tamonea* (Südamerika).

23. Reihe. Thymelinae.

Diese Reihe ist den Myrtifloren am nächsten, vielleicht auch den Rhamnaceen verwandt durch das Hypanthium. Blüten radiär, vierzählig mit kronenartigem Kelch (Perigon), Krone fast immer fehlend. A ein oder zwei Kreise, $\underline{G}$ 1. Frucht meist eine Steinfrucht.

Die hierher gehörigen Familien sind die **Thymelaeaceen** (460 Arten) mit *Daphne Mezereum*, Seidelbast, deren Blüten vor dem Laube erscheinen. Auch *Daphne Laureola*, *Daphne Cneorum*, *Passerina annua*, bei uns. *Pimelea decussata* (Australien). *Gnidia simplex* (Kap). *Lagetta lintearia* (Westindien), Spitzenbaum. Die **Elaeagneen**, Bäume und Sträucher mit dornigen Zweigen, im mittleren Asien und auf den Sundainseln, in Nordamerika und Europa heimisch. *Elaeagnus angustifolia*, Oleaster (Südeuropa) und andere als Parkpflanzen bei uns. *Hippophaë rhamnoïdes*. Ferner gehört hierher die artenreiche für das Kap und Australien charakteristische Familie der **Proteaceen**, welche durch Mannigfaltigkeit ihrer Formen ausgezeichnet ist. *Leucadendron argenteum* (Kap). *Hakea-* und *Banksiaarten* (Australien).

B. SYMPETALAE.

Blütenhülle aus Kelch und Krone bestehend, mit verwachsenblätteriger Blumenkrone. Die Blüten sind stets cyklisch nach dem einfachen Typus K 5 C(5) A 5 G(2) gebaut oder darauf zu beziehen. Die Staubfäden sind gewöhnlich eine Strecke mit den Kronenblättern verwachsen, oben frei. Samenknospen meist mit einem Integument und kleinem Nucellus.

I. Pentacyclicae.

Blüten mit fünf Organkreisen, nämlich außer Kelch, Krone und Fruchtblättern, mit zwei Staubblattkreisen ausgerüstet. Doch ist oft der äußerste Staubfadenkreis rudimentär oder fehlt ganz. Auch kommen Samenknospen mit zwei Integumenten vor, wie bei den Choripetalen. Bei manchen hierhergehörigen Familien sind die Blüten auch choripetal und die Staubfäden frei, daher ist die nähere Verwandtschaft der Pentacyclicae mit Choripetalen wahrscheinlich.

1. Reihe. Ericinae.

Meist niedrige, holzige Sträucher, einige stattlicher, einige baumähnlich, mit kleinen, einfachen, gewöhnlich immergrünen oder mehrere Jahre dauernden, breiten, lederartigen Blättern. Blüten gewöhnlich radiär. Blütenformel Kn C(n) An+n G(n) mehrfächerig, n=4 oder 5. Staubfäden meist ganz frei. Die Antheren besitzen häufig auf ihrer Spitze hornähnliche Anhängsel (daher heißt die Reihe auch die der „Bicornes").

Fam. 1. Ericaceae. Blütenformel wie oben, n=4—6, G oberständig.

Holzige Pflanzen mit kleinen, dichtstehenden, harten Laubblättern. (Heidesträucher.) Frucht: Kapsel, Beere oder Steinfrucht.

Familie von 700 Arten über die ganze Erde verbreitet, vorwiegend jedoch am Kap, Nordamerika, Europa. Manche bilden in Mittel- und Nordeuropa die Heiden. a) *Arbuteae* (Frucht: Beere oder Steinfrucht). *Arbutus Unedo*, Erdbeerbaum (Südeuropa). *Arctostaphylos uva ursi*, Bärentraube. b) *Andromedeae* (Frucht: eine fachspaltige Kapsel). *Andromeda polifolia*. *Clethra arborea* (Madeira). *Gaultheria procumbens*, Wintergrün (Nordamerika). c) *Ericeae* (Frucht: eine fachspaltige oder zerfallende Kapsel). *Erica arborea* (Südeuropa, Teneriffa). *Calluna vulgaris*, gemeines Heidekraut. *Erica Tetralix*, Glockenheide.

Fam. 2. Rhodoraceae. Blüten etwas zygomorph, meist freiblätterig, selten krugförmig oder röhrig glockig. In der Blütenformel gewöhnlich n=5. A 5—10, Antheren ohne Hörner. G oberständig (270 Arten).

Rhododendron ferrugineum und *hirsutum*, Alpenrose, in den Alpen die Höhe von 1300—1800 Metern charakterisierend. *Rh. ponticum* (Mittelasien), Zierpflanze bei uns. *Rh. arboreum* (Himalaja). *Azalea procumbens* (Alpen). *Azalea pontica* (Kaukasus), japanische und nordamerikanische *Azaleen* bei uns als Zierpflanzen. *Ledum palustre* (auf norddeutschen Torfmooren). *Kalmia* (Nordamerika).

Fam. 3. Vaccinieae. In der allgemeinen Blütenformel n=4 oder 5. G unterständig. C gamopetal oder choripetal.

In Europa und Nordamerika in Wäldern, auf Heiden und Mooren verbreitet (320 Arten). *Vaccinium Myrtillus*, Heidelbeere. *V. vitis idaea*, Preißelbeere. *V. maderense* (Madeira). *Oxycoccus palustris*, Moosbeere.

Fam. 4. Pirolaceae. In der Blütenformel n gewöhnlich =5. C nur am Grunde verwachsen. Antheren ohne Hörner. G oberständig. Embryo ganz unvollkommen ausgebildet.

Pflanzen der Nadelwälder Europas, Nordamerikas und Nordasiens (30 Arten). *Pirola umbellata*, *P. uniflora* u. a. Zu den *Pirolaceen* stellt man gewöhnlich die chlorophyllosen ***Monotropeen*** mit wenigen (10) Arten, Humuspflanzen; bei uns *Monotropa Hypopitys*, Fichtenspargel.

Fam. 5. Epacridaceae. Die Blütenformel ist die des obigen Typus, n gewöhnlich = 8. G oberständig. Heideähnliche Pflanzen Australiens (430 Arten).

Epacris grandiflora u. a., beliebte Kalthauspflanzen.

2. Reihe. Diospyrinae.

Sämtlich Bäume und Sträucher, meistens den Tropen angehörig. Mit radiären Blüten, gewöhnlich K 4 C(4) A 4+4 G 4, aber auch fünfzählige, seltener drei-, sieben- und achtzählige Kreise. Von den beiden Staubblattkreisen ist der erste rudimentär oder fehlt ganz. Frucht meist eine Beere.

Fam. 1. Sapotaceae (600 Arten). Bäume mit Milchsaft.

Palaquium Gutta (Ostindien) liefert Guttapercha. *Sideroxylon triflorum* (Martinique), Eisenholz. *Achras Sapota* (Westindien, Südamerika). *Butyrospermum Parkii*, Schibutterbaum (Westafrika), andere Arten in Ostindien.

Fam. 2. Ebenaceae (320 Arten). Blüten meist diklin.

Diospyros Lotus (Asien, Südeuropa, Nordafrika). *Diospyros Ebenum* (Ostindien, Ceylon), Ebenholz. *Diospyros Kaki* (China).

Fam. 3. Styraceae (120 Arten). Blumenkrone fast freiblätterig.

Styrax Benzoin (Sundainseln, Siam), liefert die Benzoë.

3. Reihe. Primulinae.

Blüten radiär. K(5) C(5) A0+5 $\underline{G}$(5). Ein Staubfadenkreis ist ganz unterdrückt, daher stehen die Staubfäden nicht, wie gewöhnlich, abwechselnd mit den Kronenblättern, sondern vor ihnen. G einfächerig mit zentraler Placenta.

Fam. 1. Primulaceae. Kräuter von sehr verschiedenem Habitus, vielfach mit grundständigen Rosetten von einfachen Blättern. Blüten selten einzeln, gewöhnlich zahlreichere auf langgestielter Dolde. Placenta mit vielen Samenknospen. Die Dimorphie der Staubgefäße ist bemerkenswert. (500 Arten.)

Fig. 17

Diagramm der Primulaceen-Blüte.

Verbreitet in gemäßigten und kälteren Gegenden, viele in der alpinen Flora. Die tropischen ebenfalls meistens in Gebirgen. *Androsace septentrionalis. Primula officinalis, Primula elatior*, Frühlingspflanzen bei uns. *Primula Auricula*, Aurikel. *Primula chinensis*, Gartenprimel, *Cyclamen europaeum*, sog. Alpenveilchen. *Lysimachia vulgaris. Anagallis arvensis. Hottonia palustris. Glaux maritima.*

Die Familie der ***Myrsineen*** vorwiegend im tropischen Amerika und Asien. *Clavija ornata* (Venezuela). *Ardisia crenulata* (Antillen). *Aegiceras majus* (indische Küsten), Mangrovepflanze. Die ***Plumbagineen*** sind Bewohner der Meeresküste, der Sand- und Salzsteppen am Mittelmeer und in Südrußland. *Armeria vulgaris. Plumbago europaea* (Südeuropa). *Statice Limonium.*

II. Tetracyclicae.

Blüten mit vier Organkreisen, außer Kelch, Krone und Fruchtblättern nur ein Kreis Staubgefäße. Fruchtknoten gewöhnlich aus zwei Carpellen. Es gibt Tetracyclicae mit oberständigem und mit unterständigem Fruchtknoten.

a) Mit oberständigem Fruchtknoten.

4. Reihe. Tubiflorae.

Blüten radiär, in der Regel mit mehr oder weniger röhriger oder trichterförmiger Blumenkrone (daher Tubifloren). Blütenformel K 5 (C(5) A 5) $\underline{G}$(2) bis $\underline{G}$(5).

Fam. 1. Convolvulaceae. Kräuter, Stauden oder Sträucher, häufig windende Pflanzen, oft mit Milchsaft versehen, mit wechselständigen, ganzen, herzförmigen oder gelappten Blättern. Blütenformel wie oben. G meist zweifächerig. Kelch freiblätterig, sich nach der Blütezeit vergrößernd. Blumenkrone radiär, trichterförmig, mit fünflappigem Saum.

(1000 Arten.) Vorzüglich in tropischen und warmen Regionen, besonders Mittelamerika, Westindien. *Convolvulus arvensis. C. sepium. C. Scammonia* (Südeuropa). *Ipomoea purga* (Mexiko). *Batatas edulis* (Südamerika). Den *Convolvulaceen* nahe stehen die auf Klee, Lein usw. schmarotzenden ***Cuscuteen,*** denen Chlorophyll ganz fehlt. *Cuscuta europaea. C. Epilinum u. a.* Die kleine Familie der ***Polemoniaceen*** (270 Arten), bei uns durch einige Zierpflanzen bekannt, ist vorwiegend in Kalifornien zu Hause. *Polemonium coeruleum. Phlox Drummondii* (Texas). *Gilia tricolor* (Kalifornien). *Collomia grandiflora* (Nordamerika). *Cobaea scandens* (Mexiko). ***Hydrophyllaceen*** (170 Arten). *Nemophila, Wigandia,* meist Nordamerikaner.

Fam. 2. Borraginaceae oder Asperifoliae. Meistens krautartige, rauh und borstig behaarte Pflanzen mit ganzrandigen oder gezähnten Blättern und dorsiventralen Infloreszenzen. Blütenformel wie oben die des Typus. Blumenkrone meist röhrig mit flachem Saum. $\underline{G}$ (2). Da sich jedes Carpell nochmals einschnürt, so wird der Fruchtknoten scheinbar vierfächerig und zerfällt bei der Reife in vier einsamige Nüßchen. (Unterschied von der Familie der Solanaceen, mit der die Borragineen jedoch verwandt sind.) Unter den Tubifloren stehen die Borragineen den Hydrophyllaceen am nächsten, mit den Labiaten haben sie eine ähnliche Fruchtbildung gemein, stehen ihnen aber doch ferner.

Die *Borragineen* (1550 Arten) sind vorwiegend im Mittelmeergebiet verbreitet. Bei uns viele als Unkräuter. *Heliotropium peruvianum* (Peru). *Cerinthe minor* (Südeuropa). *Echium vulgare. Pulmonaria officinalis. Anchusa officinalis. Alkanna tinctoria* (Südeuropa). *Myosotis palustris*, Vergißmeinnicht. *Symphytum officinale. Borrago officinalis.*

Fam. 3. Solanaceae. Vorwiegend krautartige Pflanzen, selten Sträucher oder Bäume, mit einfachen buchtig-gelappten, selten gefiederten Blättern. Blätter in vielen Fällen eigentümlich gepaart. Blüten glocken-, trichter- oder tellerförmig, scheinbar radiär, selten deutlich zygomorph. K 5 C (5) A 5 $\underline{G}$ (2). Frucht Beere oder Kapsel mit vielen Samen. Der Kelch vergrößert sich in vielen Fällen nach dem Verblühen und umgibt die reife Frucht. Die Solanaceen sind durch narkotische Stoffe (Alkaloide) ausgezeichnet und viele unter ihnen Giftpflanzen.

Verbreitet sind die *Solanaceen* (1700 Arten) besonders in den südamerikanischen Tropen, bei uns wachsen viele als Unkräuter, die zum Teil eingewandert sind. *Nicotiana Tabacum*, Tabak (Südamerika). *Petunia nyctaginiflora* (Südamerika). *Datura Stramonium*, Stechapfel. *Datura arborea* (Mexiko). *Hyoscyamus niger*, Bilsenkraut. *Physalis Alkekenghi* (Südeuropa). *Capsicum annuum*, Spanischer Pfeffer (Südamerika). *Solanum tuberosum*, Kartoffel. *Lycopersicum esculentum*, Tomate (Südamerika). *Atropa Belladonna*, Tollkirsche. *Lycium barbarum.* Nahe verwandt mit den *Solanaceen* ist die kleine Familie der ***Nolanaceen*** (westliches Südamerika), welche in der Fruchtbildung den *Borragineen* gleicht und daher die *Solanaceen* mit jenen verbindet.

5. Reihe. Labiatiflorae.

Kräuter oder Sträucher, selten Bäume, vereinzelt Lianen. Blüten zygomorph, K(5) C(5) A(5) $\underline{G}$(2). Die Blumenkrone ist rachenförmig oder zweilippig, indem von den fünf Kronenblättern zwei zur Oberlippe, drei zur Unterlippe verwachsen. Von den fünf Staubgefäßen abortiert gewöhnlich eins, daher hat die Blüte nur vier Staubfäden, von denen zwei lang, zwei kürzer sind.

Fig. 18 Fig. 19

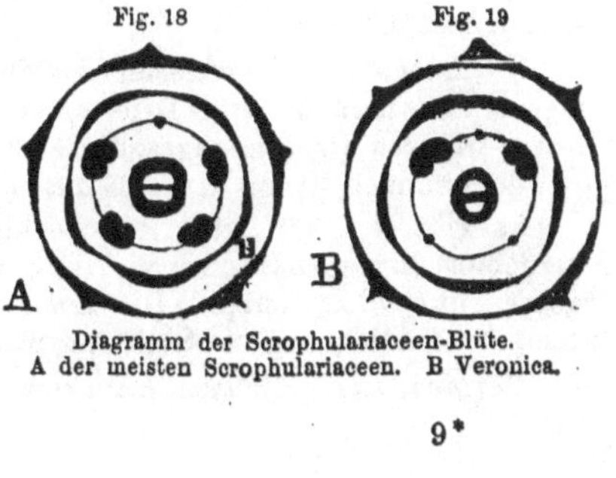

Diagramm der Scrophulariaceen-Blüte.
A der meisten Scrophulariaceen. B Veronica.

Fam. 1. Scrophulariaceae. Meist perennierende Kräuter, selten Sträucher oder Bäume mit abwechselnden oder gegenständigen Blättern. Blüten zygomorph, zuweilen rachenförmig, gewöhnlich mit zwei langen und zwei kurzen

Staubgefäßen, zuweilen nur zwei (Veronica) oder fünf (Verbascum), Fruchtknoten zweifächerig. In den Verhältnissen der Staubfäden gleichen die Scrophularineen den Labiaten, sie sind aber auch den Solanaceen nah verwandt. Die von ihnen produzierten Stoffe sind sehr verschieden: Schleim, Bitterstoffe und giftige Glycoside.

Artenreiche Familie (2600 Arten), vorwiegend in der gemäßigten Zone, aber auch als Gebirgspflanzen der Tropen auftretend. *Verbascum Thapsus.* Königskerze. *Scrophularia nodosa. Paulownia imperialis,* Baum Japans. *Digitalis purpurea,* Fingerhut. *Linaria vulgaris. Mimulus moschatus* (Columbien). *Gratiola officinalis,* Gottesgnadenkraut. *Torenia asiatica* (Ostindien). *Calceolaria purpurea* (Chile). *Veronica officinalis,* Ehrenpreis. *Buddleia salicifolia* (Kap). *Euphrasia officinalis. Rhinanthus major, Melampyrum arvense, Lathraea squamaria,* drei Schmarotzer auf Wurzeln anderer Pflanzen, obgleich sie mit Ausnahme von *Lathraea* Chorophyll enthalten.

Fig. 20

Diagramm der Plantagineen-Blüte.

Nahe verwandt mit den *Scrophulariaceen* sind folgende Familien: Die ***Acanthaceen*** (2050 Arten), Kräuter Südamerikas und Indiens, durch *Acanthus mollis* im Mittelmeergebiet vertreten. *Thunbergia alata* (Ostindien) u. a. Die ***Bignoniaceen*** (500 Arten) sind Bäume oder Lianen mit schönen Blüten, der südamerikanischen Flora angehörig; *Eccremocarpus scaber* (Chile). *Catalpa cordifolia* (Nordamerika), Trompetenbaum. *Jacaranda obtusifolia* (Südamerika), Palisanderholz. Die ***Gesneraceen*** (1100 Arten) sind schönblühende Pflanzen des tropischen Amerikas, Asiens, des Kaplandes und Australiens. *Gloxinia speciosa* (Brasilien). *Achimenes coccinea* (Jamaika). *Streptocarpus,* durch eigentümliches Wachstum bemerkenswert. Die ***Orobanchcen*** sind den *Gesneraceen* ähnlich im Blütenbau, aber chlorophyllarme Schmarotzer auf Wurzeln von Leguminosen, Berberis, Efeu, Hanf usw. *Orobanche* mit ca. 100 Arten, auch bei uns, aber besonders im Mittelmeergebiet heimisch. Die ***Lentibularieen*** (250 Arten) sind meist Tropenbewohner, in stehenden Gewässern wachsend. Die Gattungen *Utricularia* und *Pinguicula* sind als *Insektivoren* von Interesse. Die ***Plantagineen,*** durch die Wegericharten, *Plantago,* bei uns zu den häufigsten Unkräutern gehörig, sind von den übrigen Familien durch ihre radiären vierzähligen Blüten verschieden. K 4 C 4 A 4 (gleichlang) G (2) ein- oder zweifächerig.

Fam. 2. Labiatae. Mit typischer Lippenblüte mit oft helmförmiger Oberlippe, A 4 (zwei lange, zwei kurze). Bei der Gattung Salvia, Rosmarinus u. a. sind nur zwei Staubfäden vorhanden. $\underline{G}$ (2), wie bei den Borragineen durch Einschnürung vierteilig. Der Stengel der Labiaten ist vierkantig mit gegenständigen Blättern, welche mit dem folgenden, höherstehenden Blattpaar sich kreuzen. Die Labiaten sind den Scrophularineen weniger verwandt als die vorhergehenden Familien, sie stehen eigentlich nur den Verbenaceen nahe.

Die *Labiaten* sind ausgezeichnet durch Produktion aromatischer ätherischer Öle, welche vielfach durch Drüsenhaare, die die Pflanzen bekleiden, sezerniert oder in inneren Drüsen abgeschieden werden. Narkotische Pflanzen oder Giftpflanzen kommen unter den *Labiaten* nicht vor.

Es gibt ca. 3000 Arten, welche über die ganze Erde verbreitet, im Mittelmeergebiet ihre größte Entwicklung haben. Im Norden Europas und alpin wachsen nur sehr wenige. Die *Labiaten* werden nach der Form der Blumenkrone, Zahl, Richtung der Staubfäden usw. in mehrere Unterfamilien eingeteilt.

Ocimoideae. *Ocimum Basilicum* (Ostindien). *Coleus Verschaffeltii, Lavan-*

dula vera (Südeuropa), Lavendel. *Pogostemon Patschouli* (China). *Menthoideae. Mentha piperita*, Pfefferminze. *Mentha crispa. Mentha aquatica. Lycopus europaeus. Satureïnae. Origanum vulgare, Origanum Majorana*, Majoran (Orient). *Thymus vulgaris*, Thymian, *Thymus Serpyllum*, Quendel. *Satureja hortensis*, Bohnenkraut. *Melissinae. Melissa officinalis. Hyssopus officinalis*, Ysop. *Monardeae. Rosmarinus officinalis*, Rosmarin. *Salvia officinalis*, Salbei. *Salvia splendens* (Brasilien). *Nepeteae. Glechoma hederacea*, Gundelrebe. *Stachydeae. Stachys recta. Marrubium vulgare. Galeopsis ochroleuca. Lamium album. Ballota nigra. Molucella laevis* (Syrien). *Melittis Melissophyllum. Prunella vulgaris. Ajugeae. Ajuga reptans. Teucrium Scordium.*

Fam. 3. Verbenaceae. Meistens strauchartig, jedoch einige zu den höchsten Tropenbäumen gehörig, Blütenverhältnisse ähnlich wie bei den Labiaten.

Die *Verbenaceae* (760 Arten) sind besonders im tropischen Amerika und Asien verbreitet. Bei uns nur *Verbena officinalis. Vitex agnus castus* (Südeuropa). *Tectonia grandis* (Ostindien), Teakholz. *Clerodendron fragrans* (Japan). Den *Verbenaceen* nahe verwandt erscheinen die Avicenniaarten, welche an tropischen Küsten mit *Rhizophoreen* zusammen als Mangrovepflanzen leben. *Avicennia tomentosa* und *nitida* (tropisches Amerika). *Avic. officinalis* (Indien).

6. Reihe. Contortae.

Eine Reihe ohne ausgesprochene gemeine Merkmale, wenn auch die gedrehte Knospenanlage, welche der Reihe den Namen gibt, vielfach vorkommt. Blüten radiär, mit vier- oder fünfzähligen Kreisen; die Oleaceen nur mit zwei Staubfäden. Blätter meist gegenständig.

Fam. 1. Oleaceae. Bäume und Sträucher, mit gegenständigen, meistens ganzrandigen, bisweilen lederartigen, immergrünen Blättern (Olea europaea). Die Blütenstände sind häufig reichblütige Rispen. Vier Kelchblätter, Blumenkrone vierteilig, zwei Staubfäden. Fruchtknoten zweifächerig. Frucht sehr verschieden.

Fig. 21

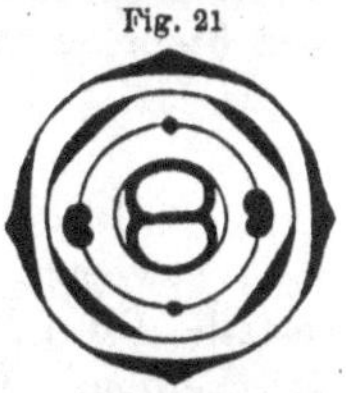

Diagramm der Oleaceen-Blüte.

Die *Oleaceen* (300 Arten) kommen in der nördlich gemäßigten und subtropischen Zone der alten und neuen Welt vor. *Olea europaea*, Ölbaum (aus Asien), in den Mittelmeerländern kultiviert. *Chionanthus virginiana* (Nordamerika). *Fraxinus excelsior*, Esche. *Fraxinus Ornus*, Mannaesche (Südeuropa). *Syringa vulgaris* (aus Persien). *Forsythia viridissima* (China). Nahe verwandt mit den *Oleaceen* ist die kleine tropische Familie der ***Jasmineen***. *Jasminum officinale* (Ostindien).

Fam. 2. Gentianaceae. Kräuter, Stauden oder niedrige Sträucher, mit gegenständigen oder in Quirlen stehenden, kahlen Blättern; Blüten lebhaft gefärbt, meist glocken- oder trichterförmig, zuweilen am Rande gewimpert, häufig in gabelzweigigen Blütenständen. K(4—5) C(4—5) A(4—5) $\underline{G}$(2), gewöhnlich einfächerig mit parietalen Placenten.

In 800 Arten über die ganze Erde verbreitet, Bestandteil der Alpenflora sowohl, als Steppenpflanzen der Tropen. *Gentiana lutea, G. verna, G. ciliata, G. acaulis, G. germanica* u. a. *Erythraea Centaurium*, Tausendgüldenkraut. *Menyanthes trifoliata*, Sumpfpflanze mit großen kleeähnlichen Blättern, *Limnanthemum nymphaeoides*, schwimmende Wasserpflanze mit kreisförmigen Blättern.

Fam. 3. Apocynaceae. Meistens Sträucher und Lianen, seltener Bäume, mit Milchsaft versehen, und gegenständigen einfachen Blättern.

Die häufig trichter-, seltener krugförmigen Blüten sind durch die kopfförmige Narbe, die einen tellerförmigen Saum hat, charakterisiert. Früchte mannigfaltig, häufig zwei Balgfrüchte, Same mit Haarschopf.

Meistens tropische Pflanzen (1035 Arten). Bei uns nur *Vinca minor*, Immergrün. *Vinca major* (Südeuropa). *Tanghinia madagascariensis* (Madagaskar). *Cerbera Thevetia* (Südamerika), beide mit giftigem Milchsaft. *Aspidosperma Quebracho* (Südamerika). *Apocynum cannabinum* (Nordamerika). *Nerium Oleander* (Südeuropa). *Landolphia comorensis* (Afrika), Kautschukpflanze. *Strophantus hispidus*. Verwandt mit den *Apocyneen* sind die tropischen ***Loganiaceen*** (550 Arten), von denen viele durch Gifte ausgezeichnet sind. *Strychnos Nux vomica* (Ostindien), mit strychnin- und brucinhaltigen Samen. *Strychnos toxifera* (Guayana) und *Strychnos Tieuté* (Java) liefern Pfeilgifte der Indianer (Curare). *Ignatia amara* (Philippinen) mit strychninhaltigen Samen.

Fam. 4. Asclepiadaceae. Vielgestaltige Familie, Sträucher, Kräuter, Kletterpflanzen, manche blattlos, fleischig, von cactusähnlichem Habitus. Reichlich mit Milchsaft versehene Pflanzen. Die Blüten sind von eigentümlichem, kompliziertem Bau. Namentlich sind die Staubgefäße auffallend gebaut, mit kurzem Filament, welches häufig kronblattartige Anhängsel trägt. Die Pollenkörner sind wie bei den Orchideen zu keulenförmigen Pollenmassen verklebt und deren Stiele durch einen Klemmkörper verbunden (Translatoren), welcher an den Insektenbeinen haften bleibt. Frucht balgkapselähnlich. Samen mit seidigem Haarschopf.

Die *Asclepiadaceen* (1700 Arten) sind besonders in Indien und im tropischen Südamerika, die sukkulenten Formen in Südafrika verbreitet. In Europa nur ein paar Gattungen, *Cynanchum Vincetoxicum*, Waldpflanze bei uns. *Periploca graeca* (Syrien). *Solennostemma Argel* (Ägypten, Nubien). *Asclepias Cornuti* (Nordamerika), mit seidenähnlichen Samenhaaren. *Hoya carnosa* (tropisches Asien). *Ceropegia elegans* (Ostindien). Merkwürdig sind die am Kap wachsenden blattlosen Stapeliaarten, mit schönen, meist übelriechenden Blüten.

b) Mit unterständigem Fruchtknoten.

7. Reihe. Rubiinae.

Vorwiegend Kräuter und Sträucher, zum Teil Bäume von mannigfacher Gestalt. Blüten teils radiär, teils zygomorph. Die Blätter stets gegenständig, oft scheinbar quirlig. Die Rubiinen sind sowohl mit den Loganiaceen unter den Contorten, als auch durch die Caprifoliaceen mit den Cornaceen und Araliaceen verwandt.

Fam. 1. Rubiaceae. Kräuter, Sträucher und Bäume, zum Teil an ihren großen Nebenblättern erkennbar, welche mit den Laubblättern einen Quirl bilden. Kelch mit dem Fruchtknoten verwachsen, oft rudimentär, oder mit vier- bis fünfteiligem Saum, Blumenkrone vier- bis fünfteilig, vier bis fünf Staubfäden. Fruchtknoten zwei-, selten mehrfächerig.

Große, 4500 Arten zählende Familie, die *Stellaten* vorwiegend in Europa, auch in Ebenen Deutschlands häufig, in Südamerika und Australien dagegen in Gebirgshöhen; die übrigen meist baum- und strauchartigen *Rubiaceen* sind in tropischen Urwäldern verbreitet. *Stellatae* (mit großen Nebenblättern). *Galium verum*, Labkraut. *G. cruciatum*, *G. Aparine* u. a. *Asperula odorata*, Waldmeister. *Rubia tinctorum*, Krapp (aus dem Orient). *Coffeaceae* (kleine Nebenblätter, Steinfrucht). *Coffea arabica*, Kaffeebaum, aus Abyssinien, in Arabien, Ost- und Westindien, Brasilien usw. kultiviert. *Cephaëlis Ipecacuanha* (Brasilien).

Psychotria emetica (Neu-Granada). *Chiococca racemosa* (Mexiko). *Richardsonia scabra* (Brasilien). *Cephalanthus occidentalis* (Nordamerika). Cinchonaceae (Frucht eine vielsamige Kapsel). *Cinchona Calisaya* und zahlreiche andere Arten sind die Chinabäume, welche nur an den Abhängen der Anden von Peru und Bolivia in bedeutender Meereshöhe wild wachsen, jetzt aber auch auf Java und in Ostindien usw. kultiviert werden. *Uncaria acida* (Java, Sumatra), Gambirpflanze. *Gardenia florida* (China, Japan).

Fam. 2. Caprifoliaceae. Vielgestaltige Familie. Große oder kleinere Sträucher, Kletterpflanzen und kleinere krautähnliche Pflanzen, gewöhnlich mit gegenständigen, einfachen, gelappten oder gefiederten Blättern. Nebenblätter fehlen meist. Blütenstände ebenfalls sehr verschieden. Blüten radiär oder zygomorph. Kelch zwei- bis fünfzählig. Krone mit fünfspaltigem Saum oder unregelmäßig zweilippig. Staubgefäße fünf. Fruchtknoten zwei- bis fünffächerig. Frucht eine Beere.

Die Familie ist mit 340 Arten vorwiegend in der nördlich gemäßigten Zone, in Europa, Asien, Nordamerika verbreitet, bei uns manche als Unterholz in Wäldern. *Linnaea borealis*. *Symphoricarpus racemosus* (Schneebeere). *Diervilla canadensis* (Nordamerika). *Weigelia rosea* (Japan). *Lonicera Caprifolium* (aus Südeuropa), Geißblatt. *L. Periclymenum*, *L. Xylosteum* usw. *Viburnum Opulus*, Schneeball. *V. Tinus* (Südeuropa). *Sambucus nigra*, Holunder. *S. racemosa*. *S. Ebulus*. *Adoxa moschatellina*.

Fam. 3. Valerianaceae. Kräuter und Stauden mit gegenständigen, einfachen oder geteilten Blättern. Blüten in vielblütigen endständigen Trugdolden. Blüten zygomorph. Kelch rudimentär oder zu einem Kranz von Haaren umgebildet, der sich nach dem Verblühen noch vergrößert (Pappus). Andröceum unvollständig, gewöhnlich nur drei Staubfäden, oder zwei (Fedia) oder einer (Centranthus) $\overline{G}$ (3), dreifächerig, jedoch enthält nur eines von den Fächern eine Samenknospe.

Fig. 22

Fig. 23

Diagramm der Valerianeen. Valeriana. Centranthus.

350 Arten im mittleren Europa und Asien verbreitet, seltener in Nordamerika und Afrika; in Südamerika Gebirgspflanzen. *Valeriana officinalis*, Baldrian. *V. dioica*. *Centranthus ruber* (Südeuropa). *Fedia Cornucopiae* (Südeuropa). *Valerianella olitoria*, Feldsalat. *Nardostachys Jatamansi*, *Narde* (Himalaja).

8. Reihe. Campanulinae.

Blüten radiär, glockenförmig oder zygomorph. Blütenformel K 5 C(5) A(5) $\overline{G}$(2—5), G gewöhnlich dreifächerig. Die Staubgefäße stehen in der Regel auf dem Blütenboden und sind nicht mit der Krone verwachsen. Die Antheren sind mehr oder weniger zu einer Röhre verklebt, wodurch sich die Campanulinen den Aggregaten nähern.

Fam. 1. Campanulaceae. Milchsaftführende Kräuter mit einfachen, oft linealen, wechselständigen oder Wurzelrosetten bildenden Blättern. Blüten glockenförmig oder röhrig, manchmal tief geteilt, bei Phyteuma, mit oben zusammenhängenden Zipfeln.

Fig. 24
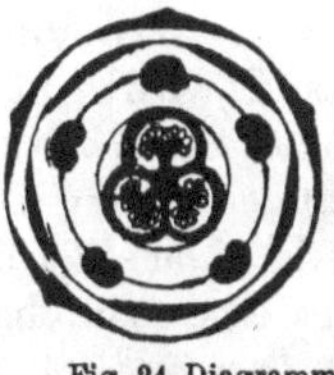
Fig. 25

Fig. 24 Diagramm der Campanulaceen-Blüte. Fig. 25 Gynäceum von Lobelia.

Blüten in traubigen oder ährigen zuweilen kopfförmigen und von einer Hülle umgebenen Blütenständen (Jasione).

Die *Campanulaceen* (750 Arten) gehören meist dem gemäßigten Europa und Asien an. *Jasione montana. Wahlenbergia hederacea. Platycodon grandiflorum* (Sibirien). *Phyteuma spicatum. Campanula Rapunculus*, Rapunzel, zahlreiche Campanulaarten in unserer Flora. *Specularia Speculum.*

Fam. 2. Lobeliaceae. Milchsaftführende Kräuter, weniger Sträucher oder Bäume mit abwechselnden, einfachen oder fiederteiligen Blättern mit zygomorphen Blüten. Staubfäden oben röhrig verwachsen, unten frei. G zweifächerig.

Fig. 26

Diagramm der Cucurbitaceen-Blüte. Die Verwachsung der Staubfäden ist durch die Klammern angeordnet.

Meist tropische Pflanzen (420 Arten), einige in Nordamerika, am Kap, in Australien, bei uns nur *Lobelia Dortmanna. Lobelia inflata* (Nordamerika). *Siphocampylus bicolor* (Georgien). *Clintonia elegans* (Columbien).

Fam. 3. Cucurbitaceae. Rankenpflanzen mit rauhen oder behaarten Stengeln und Blättern, welche gewöhnlich gelappt oder handförmig geteilt sind. Blüten groß und einzeln oder kleinere in Blütenständen, gewöhnlich diklin, monöcisch oder diöcisch. In der männlichen Blüte sind von den fünf Staubgefäßen zwei Paare verwachsen, so daß eines frei bleibt, oder alle sind zu einer Säule verwachsen, welche das Zentrum der männlichen Blüten einnimmt. Der Fruchtknoten besteht aus drei Carpellen mit sehr dicken, fleischigen Placenten, welche den ganzen Raum innerhalb der Fruchtwand ausfüllen und die saftreiche Masse der Kürbis-, Gurken- und Melonenfrüchte bilden, in die die Samen eingebettet erscheinen. Die Cucurbitaceen zeigen auch Verwandtschaft mit den Begoniaceen, mit den Passifloren und Papayaceen.

Die *Cucurbitaceen* (760 Arten) sind vorzugsweise in der tropischen und warmen Zone verbreitet. Bei uns wild nur *Bryonia alba* und *dioica*, Zaunrübe, *Citrullus Colocynthis* (Orient). *Citrullus vulgaris*, Wassermelone. *Ecbalium Elaterium* (Südeuropa). *Lagenaria vulgaris* (Ostindien), Flaschenkürbis, Calebasse. *Cucumis sativa*, Gurke. *Cucumis Melo*, Melone. *Cucurbita Pepo*, Kürbis.

9. Reihe. Aggregatae.

Die Aggregaten, so genannt wegen ihrer zu einem Köpfchen vereinigten Blüten, umfassen die beiden Familien der Dipsaceen und Compositen. Es sind Kräuter oder Sträucher, nur unter den Compositen sind einige Bäume. Die Blüten sind radiär oder zygomorph nach dem Typus K 5 C 5 A 5 $\overline{G}$ (2—3). Die Blätter sind vorwiegend fiederteilig.

Fam. 1. Dipsaceae. Blüten in kugeligen Blütenständen; der ganze Blütenstand wird von einer vielblätterigen Hülle, Involucrum, umgeben. (Ähnlichkeit mit den Compositen.) Jede Einzelblüte ist von einem doppelten Kelch umgeben, von denen der innere oft borstenförmig ist. C vier- oder fünfspaltig. Das Andröceum besteht aus vier freien Staubfäden, durch Abortieren des einen Staubgefäßes. G 1, einfächerig mit einem Samen.

Die *Dipsaceen* mit nur 150 Arten sind besonders in den Mittelmeerländern und im Orient verbreitet. Einige Arten bei uns. Sie fehlen gänzlich in Amerika, auf den Südseeinseln und in Australien. *Dipsacus Fullonum*, Weberkarde. *Succisa pratensis, Knautia arvensis*, Wiesenunkräuter. *Scabiosa caucasica* (Kaukasus).

Fam. 2. Compositae. Die Compositen können auch als besondere Reihe (Synandrae) von den Dipsaceen getrennt werden. Durch ihren eigentümlichen, einer Einzelblüte ähnlichen Blütenstand sind sie charakterisiert. Die kleinen Einzelblüten sind entweder radiär mit röhrenförmiger Blumenkrone oder zygomorph mit zungenförmiger (selten zweilippiger) Krone. Der Kelch fehlt oder ist in einen Pappus umgewandelt. Das ganze Blütenköpfchen ist dagegen von einem ein- oder mehrreihigen Hüllkelch umgeben. Bei den verschiedenen Gattungen besteht der Blütenkopf entweder nur aus radiären Blüten (Röhrenblüten) oder nur aus zygomorphen (Zungenblüten) oder aus beiden, und dann stehen die Zungenblüten an der Peripherie und bilden einen oftmals anders gefärbten Kranz (z. B. bei den Astern). Die Blüten des Randes sind oft weiblich, zuweilen ganz steril (Centaurea). In den Zwitterblüten sind die fünf Staubfäden kurz, die Antheren lang und miteinander verklebt, so daß sie eine Röhre bilden, durch welche der zweiästige Griffel hervorragt. Der Fruchtknoten, aus zwei Carpellen gebildet, ist einfächerig. Die Frucht ist eine dünnwandige Nuß (Achaene). Zahlreiche außereuropäische Compositen weichen vom normalen Verhalten dadurch ab, daß die Köpfchen nur einblütig sind, von einheimischen gehört nur Echinops zu diesen Ausnahmen.

Fig. 27

Diagramm der Compositen-Blüte.

Die *Compositen* sind die größte phanerogame Familie (13100 Arten), welche über die ganze Erde verbreitet, besonders artenreich am Kap und in Nordamerika auftritt. Die bei uns wachsenden 227 Arten zeigen habituell die größte Übereinstimmung, die ausländischen dagegen weichen davon mannigfach ab, es gibt unter diesen sukkulente, binsenähnliche, dornige Formen und je näher dem Äquator, je mehr Holzpflanzen. Die Compositen sind ausgezeichnet durch Produktion verschiedener Stoffe, von Bitterstoffen, ätherischen Ölen, Milchsäften, Inulin.

Man teilt die *Compositen* in mehrere Abteilungen: *Cynareae* (Blüten zwitterig und röhrenförmig bei den *Centaureen* mit ganz sterilen Randblüten). *Echinops sphaerocephalus*, Kugeldistel (Südeuropa). *Carlina acaulis*, *Centaurea Jacea*. *Centaurea cyanus*, Kornblume. *Cnicus benedictus*. *Carthamus tinctorius*, Saflor (Ägypten). *Cirsium arvense*, *Carduus crispus*, verbreitete Distelarten. *Cynara Scolymus*, Artischocke. *Silybum Marianum* (Südeuropa). *Lappa major*, Klette. *Onopordon Acanthium*. *Xeranthemum radiatum* (Südeuropa). *Cichoriaceae*. (Blüten zwitterig mit zungenförmiger Krone, die meisten enthalten Milchsaft.) *Cichorium Intybus*, Cichorie. *Cichorium Endivia*, Endivie (Orient). *Hypochaeris radiata* und *glabra*. *Tragopogon pratensis*, *Scorzonera hispanica*, Schwarzwurzel (Südeuropa). *Taraxacum officinale*, Löwenzahn. *Prenanthes purpurea*. *Lactuca virosa*. *Lactuca sativa*, Salat. *Sonchus oleraceus*, Gänsedistel. *Crepis foetida*. *Hieracium Pilosella* u. a. Arten. *Corymbiferae*. Blüten des Köpfchens meistens von zweierlei Form, radiäre, röhrenförmige, zwitterige Blüten in der Mitte (Scheibenblüten), und zygomorphe, zungenförmige, weibliche peripherisch (Strahlenblüten). *Tussilago Farfara*, Huflattich. *Petasites officinalis*. *Aster chinensis* (China). *Aster alpinus*. *Galinsoga parviflora*. *Erigeron canadensis* (Nordamerika), gemeines Unkraut bei uns. *Bellis perennis*, Gänseblümchen. *Inula Helenium*, Alant. *Dahlia variabilis* (Mexiko), Georgine. *Helianthus tuberosus*, Topinambur. *Helianthus annuus*, Sonnenblume. *Anthemis nobilis*. *Anacyclus officinarum*. *Achillea Millefolium*. Schafgarbe. *Matricaria Chamomilla*, Kamille. *Chrysanthemum Leucanthemum*. *Artemisia Absinthium*, Wermut. *Artemisia vulgaris*, Beifuß. *Tanacetum vulgare*,

Rainfarn. *Gnaphalium dioicum*. *Gnaphalium Leontopodium*, Edelweiß. *Raoulia* und *Haastia*, polsterförmige, einem Schafpelz ähnliche Pflanzen Neuseelands. *Doronicum cordatum*. *Arnica montana*. *Senecio vulgaris*, Kreuzkraut. *Calendula officinalis*, Ringelblume. *Labiatiflorae*. Südamerikanische Arten mit zweilippiger Blumenkrone: Mutisiaarten.

VI. Monocotyledones.

Allgemeiner Charakter: Der Embryo ist gewöhnlich klein im Verhältnis zum großen Endosperm. Das einzige Keimblatt (Cotyledo) bleibt bei der Keimung gewöhnlich im Samen stecken und dient als Saugorgan zur Aufnahme der Nährstoffe des Endosperms. Das Wurzelsystem der Monocotylen besteht aus Seitenwurzeln, die aus dem Stamme entspringen, da die Hauptwurzel der Keimpflanze bald zu wachsen aufhört. Der Stamm besitzt Gefäßbündel ohne Cambium, weshalb bei den meisten Monocotylen kein sekundäres Dickenwachstum stattfindet (Ausnahmen vergl. S. 28). Die Blätter sind gewöhnlich ganzrandig mit parallelem Verlauf der Blattnerven. Die Blüten sind sehr verschieden gestaltet; bei den Araceen und Gräsern z. B. unscheinbar, bei den Liliifloren u. a. groß und gefärbt; das Perianth zeigt selten den Unterschied von Kelch und Krone, sondern ist gewöhnlich ein Perigon. In der Regel bestehen die Blüten aus fünf alternierenden Organkreisen nach der Formel:

$$Pn + n\,An + n\,Gn,$$

in welcher n in der Regel = 3 ist.

n kann seltener auch 2, 4 oder 5 sein. Abweichende Formeln sind vielfach auf die Grundformel zurückführbar.

Die Monocotylen zerfallen in sieben größere Reihen mit Familien als Unterabteilungen. Die Verwandtschaft der Reihen untereinander ist nur zum Teil erkennbar.

1. Reihe. Glumiflorae.

In der Tracht sehr übereinstimmende Pflanzen, einjährig oder mit dünnen im Boden hinkriechenden Rhizomen versehen, aus denen oberirdische dünne Sprosse (Halme) mit langen Internodien und schmalen Blättern hervorgehen. Die Blüten sind klein und unscheinbar, anstatt von einer Blumenkrone, nur von dicht gestellten, trockenen Hochblättchen (Glumen oder Spelzen genannt) umgeben, und diese kleinen Blüten sind zu ähren- und rispenförmigen Blütenständen vereinigt. Die Blüten sind im Perigon und im Andröceum im Vergleich mit den hochentwickelten Monocotylen reduziert, aber auf den Monocotylentypus P 3+3 A 3+3 G (3) zurückführbar. Man vereinigt unter die Glumifloren nur die beiden Familien der Gramineen und Cyperaceen.

Fam. 1. Gramineae. Gräser. Sie besitzen entweder ausdauernde Rhizome oder sind einjährige Pflanzen mit faseriger Wurzel. Die Halme sind dünn zylindrisch, durch Knoten gegliedert und meistens hohl, aber durch Sklerenchymringe gefestigt. Die Blätter von charakteristisch schmaler Form, umfassen den Halm mit einer eng anschließenden Blattscheide und besitzen an der Basis der Blattspreite einen häutigen Auswuchs (Ligula). Die Blüte der Gräser besteht nur aus dem mit zwei, seltener drei federförmigen Narben gekrönten Fruchtknoten und meist drei Staubgefäßen mit dünnen Filamenten und großen beweglichen Antheren. An der Basis des Fruchtknotens sitzen zwei kleine saftige Schüppchen (Lodiculae). Blütenformel gewöhnlich $P0\ A3+0\ \underline{G}(2)$; Ausnahmen: vergl. die Diagramme.

Die Sexualorgane sitzen in der Achsel eines kleinen Deckblattes (Deckspelze) und werden von einem zweiten (der Vorspelze) bedeckt. Die Deckspelze ist oft mit einer Granne versehen. Vielfach stehen zwei oder mehrere solcher Blüten an einer gemeinsamen kurzen Achse und werden zusammen von einigen weiteren Spelzen eingehüllt. So entsteht ein kleiner Blütenstand, den man Ährchen nennt. Aus diesen Ährchen setzen sich die Grasähren und Rispen zusammen, welche als charakteristische Blütenstände der Gramineen bekannt sind. Die Frucht der Gramineen

Fig. 28 Diagramme der Grasblüten

von Bambusa. der meisten Gramineen. von Nardus.

ist eine durch Verwachsung der Fruchtwand mit dem Samen entstandene Schließfrucht (Caryopse), selten, bei Bambusen, nuß- oder beerenartig. Der Keim ist mit einem schildförmigen Saugorgane (Scutellum) versehen und liegt dem Endosperm seitlich an.

Die Gräser, reich an Arten (3900), sind über die ganze Erde verbreitet. Unsere europäischen Wiesengräser bilden durch ihre zahlreichen Arten und durch ihr geselliges Vorkommen bei uns einen wichtigen Bestandteil der Vegetation. Die tropischen Gräser bilden keinen zusammenhängenden Wiesenteppich und sind oft vermischt mit eingestreuter Staudenvegetation (Grassteppen) oder Baumwuchs (Savannen).

Man teilt die Gräser in zahlreiche Unterfamilien auf Grund der Zusammensetzung und Gestalt der Ährchen. 1. *Maydeae* (mit diklinen Blüten): hierher gehört der in Südamerika einheimische türkische Weizen, *Zea Mays*, der in den Tropen und bei uns in verschiedenen Kulturformen kultiviert wird. 2. *Oryzeae* (Blüten mit 6 A): *Oryza sativa*, der Reis, Kulturpflanze der Tropenländer, zum Teil auch in Südeuropa gebaut. 3. *Andropogoneae: Saccharum officinarum*, das Zuckerrohr in Ost- und Westindien, Brasilien, Spanien kultiviert. *Sorghum vulgare*, Mohrenhirse oder *Dhurra*, vorzüglich in Afrika gebaut. 4. *Phalarideae:* hierher gehört *Phalaris arundinacea*, *Phalaris canariensis* (Kanarische Inseln) und die Wiesengräser *Phleum, Alopecurus, Anthoxanthum.* 5. *Paniceae*: *Panicum miliaceum*, die Hirse, und *Setaria italica*, die Kolbenhirse (Südeuropa, Asien gebaut). *Spinifex squarrosus*, charakteristische Dünenpflanze Indiens. 6. *Agrostideae*: die Wiesengräser *Agrostis*, *Milium*, das Steppengras *Stipa tenacissima* (Halfa) in Algier und Spanien geerntet und zur Papierfabrikation und zu Flechtwerken exportiert. *Psamma arenaria*, auf deutschen Meeresdünen. 7. *Arundinaceae:* Meist größere Gräser (Rohre), *Arundo Donax*, Südeuropa. *Phragmites communis*, Schilf, *Gynerium argenteum*, Pampasgras (Südamerika). 8. *Festucaceae*: Teils Wiesengräser *Poa*, *Glyceria*, *Briza*, *Dactylis*, *Festuca*, teils Unkräuter, *Bromus*, und Waldgräser, *Melica*. 9. *Bambuseae:* (Blüten mit 6 A): Das baumartige Bambusrohr, *Bambusa arundinacea* (Indien). *Bambusa Metake* (Japan), *Chusquea* (Südchile). 10. *Avenaceae*: *Avena sativa*, Hafer, *Avena pubescens*, *flavescens*, *pratensis*, *Holcus lanatus*, Futtergräser. 11. *Hordeaceae: Lolium perennc*, engl. Raygras, *Agropyrum repens*, Quecke, *Secale cereale*, der Roggen, *Triticum sativum*, der Weizen mit vielen Varietäten *(Trit. durum, Trit. dicoccum, Emmer)*, *Hordeum sativum*, die Gerste mit Varietäten *(Hordeum vulgare*, vierzeilige Gerste, *distichum*, zweizeilige, *hexastichum*, sechszeilige G.).

Fam. 2. Cyperaceae. In der Tracht und durch ihre ährenähnlichen, mit unscheinbaren Blüten besetzten Blütenstände den Gräsern gleichend, wie diese zum Teil einjährig, meist mit Rhizomen ausdauernd. Ihre Halme von denen der Gräser durch die oft dreikantige Form und Mangel der Knoten unterschieden, ihre Blätter meist hart und stechend. Blüten nur durch eine Spelze geschützt, häufig diklin, meist monöcisch. P0 (oft durch Borsten ersetzt) A2 oder 3+0 $\underline{G}$(2) oder (3).

Fig. 29

Diagramm der Scirpus-Blüte.

Die *Cyperaceen* sind mit 2600 Arten über die ganze Erde, vorwiegend in der kalten und gemäßigten Zone, aber auch in den Tropen verbreitet, bei uns Bewohner sumpfiger und unfruchtbarer Gelände. Man kann sie in zwei Unterfamilien einteilen: 1. *Scirpeae* mit meist zwittrigen Blüten und borstenähnlichem Perigon. *Scirpus lacustris*, die Teichbinse, *Eriophorum*, das Wollgras; *Cyperus Papyrus*, die Papyrusstaude, früher im Nildelta verbreitet, jetzt nach Nubien zurückgedrängt, in Europa ein Rest früherer Kultur auf Sizilien bei Syrakus. 2. *Caricineae:* Blüten diklin, gewöhnlich monöcisch ohne Perigon. Männliche Blüten P0 A3+0, weibliche P0 $\underline{G}$(3) oder (2). Unterhalb der weiblichen Blüte steht bei Carex ein Deckblättchen, welches nach der Befruchtung zu einem die Frucht umhüllenden Schlauch (Utriculus) heranwächst. *Carex*, Segge, in zahlreichen Arten (800), Moore und sumpfige (saure) Wiesen, besonders die ausgedehnten sumpfigen Niederungen Mitteleuropas (Ungarn) besiedelnd. *Rynchospora.*

2. Reihe. Enantioblastae (Commelinoideae).

Zum Teil Pflanzen von binsenähnlichem Habitus (Fam. 1—4) oder krautig (Fam. 5), Blütenformel P3+3 A3+3 $\underline{G}$3. Blüten meistens klein in dichten Blütenständen. Der Name Enantioblastae (ἐναντίος gegenüberliegend, βλαστός Keim) bezieht sich auf die abweichende Keimlage im Samen. Da die Samenknospe aufrechtsteht, liegt der Keim dem Nabel gegenüber, während er bei den andern Monocotylen mit anatroper Samenknospe an der Nabelseite liegt.

Fam. 1. Centrolepideae (30 Arten), Australien. Fam. 2. Restiaceae (250 Arten), am Kap. Fam. 3. Xyridaceae (50 Arten), tropisches Amerika, alle drei Steppenpflanzen (Xerophyten) oder Sumpfpflanzen. Fam. 4. Eriocaulaceae (500 Arten), Sumpfpflanzen des tropischen Amerikas und Australiens mit Blütenständen ähnlich den Compositen. Fam. 5. Commelinaceae (320), in der warmen Zone, besonders Amerika, mit größeren blauen Blüten.

Commelina edulis (Abyssinien), *Commelina coelestis* (Mexiko), *Tradescantia virginica* (Nordamerika).

3. Reihe. Spadiciflorae.

Pflanzen von sehr verschiedenem Habitus, teils Bäume (Palmen), teils Stauden mit großen Laubblättern (Aroideen); die Najadeen sind Wasserpflanzen, mit dünnen verzweigten Stengeln, die Lemnaceen blattlose kleine Wasserpflanzen. Blüten mit kleinem oder ganz ohne Perigon, meist diklin und zu einem kolbenförmigen Blütenstand (Spadix) vereinigt, welcher gewöhnlich von einem großen, zuweilen blumenblattähnlichen Hüllblatt (Spatha) umgeben ist. Die Blütenformel ist sehr verschieden; bei der Pothosgruppe (Orontieen) nach dem Monocotylentypus P3+3 A3+3 $\underline{G}$(3), bei den übrigen Familien sind die Blüten diklin mit verschiedener Anzahl der Glieder, eine allgemeine Formel daher nicht möglich.

Fam. 1. Araceae. Mit Knollen und Rhizomen oder mit oberirdischen Stämmen wachsende Pflanzen, ausgezeichnet durch große herzförmige, langgestielte, saftige manchmal gefleckte Blätter. Manche Aroideen bilden Luftwurzeln und klettern. Die Blütenverhältnisse sind mannigfaltig, die Blüten entbehren meist jeder Blumenkrone, als Schutzorgan dient die Spatha. Staubfäden und Fruchtknoten in ganz verschiedener Anzahl, P0—6 A(1—9) G(1—6). Die Blüten sind teils zwitterig, P3—3 A3+3 G(3), teils diklin, doch immer an demselben Kolben vorhanden im Gegensatz zu den Typhaceen.

1060 Arten, überwiegend in den Tropen, besonders im indischen Archipel und im tropischen Amerika in feuchten Urwäldern. Viele leben als Epiphyten, andere als Sumpfpflanzen. Sie enthalten scharfe, giftige Stoffe. Unsere Flora besitzt nur wenige Formen (*Arum, Acorus, Calla*).

Man teilt die Familie in mehrere Unterabteilungen: I. Pothosgruppe. *Pothos scandens*, Ostindien. *Anthuriumarten* mit sehr großen Blättern und roten Spathen, tropisches Amerika. *Acorus Calamus* aus dem Orient, bei uns eingebürgert an Flußufern. II. Monsteragruppe. *Rhaphidophora decursiva*, Epiphyt in den Wäldern des Himalaja. *Monstera deliciosa*, mit durchlöcherten Blättern und eßbaren Früchten. III. Callagruppe. *Calla palustris*, bei uns in Sümpfen. IV. Lasiagruppe. *Dracontium Gigas* erzeugt aus seinen Knollen jährlich einen mächtigen Blütenkolben und danach ein einziges gefiedertes Blatt von 3 m Höhe. *Amorphophallus campanulatus*, Indien. V. Philodendrongruppe. *Philodendron Selloum* und andere Arten, tropisches Amerika. *Zante deschia aethiopica*, die Zimmercalla, Südafrika. VI. Colocasiagruppe. *Colocasia antiquorum*, wichtige Nährpflanze der Tropen (Taro). *Caladium bicolor*, Amazonas, buntblättrige Formen in Warmhäusern kultiviert. VII. Arumgruppe. *Arum maculatum* in Buchenwäldern, *Dracunculus*, *Arisarum*, Mittelmeerländer. *Pistia Stratiotes*, schwimmende Wasserpflanze der Tropen.

Fam. 2. Lemnaceae. (Wasserlinsen.) Vegetationsorgane linsenförmig, ohne Gliederung in Stengel und Blätter; Blüten diklin. In einer seitlichen Tasche des flachen Laubkörpers stehen zwei männliche Blüten, jede nur aus einem Staubfaden, und eine weibliche Blüte, aus einem Fruchtknoten bestehend, von einer dünnen Spatha umhüllt. Schwimmende Wasserpflanzen (19 Arten).

Lemna minor, *L. trisulca*, *L. arrhiza*, *L. gibba* (Wasserlinsen).

Fam. 3. Typhaceae. Sumpfpflanzen mit schmalen Blättern. Blüten diklin, monöcisch, auf walzigen oder kugeligen Kolben. P0 oder 3 (zuweilen nur borstenförmig) A1—3 $\underline{G}$1.

Typha latifolia, Rohrkolben, *Sparganium ramosum*, Igelkolben, Pflanzen unserer Teiche und Gräben (30 Arten).

Fam. 4. Pandanaceae. Baumartige Tropenpflanzen häufig mit verzweigten, manchmal kletternden und mit Stelzwurzeln versehenen Stämmen. Einen auffallenden Habitus erhalten die Pandanusarten dadurch, daß der unterste Teil des Stammes abstirbt, so daß der Stamm auf einem Wurzelgestell steht, Blüten diklin, monöcisch oder diöcisch, in Kolben vereinigt. Die Früchte sind kopfförmige Sammelfrüchte. Die Pandanaceen sind den Typhaceen näher verwandt als den Palmen und Aroideen.

Pandanus odoratissimus u. a. Arten an den Küsten des Indischen und Stillen Ozeans (220 Arten).

Fam. 5. Palmae. Meistens hohe Bäume mit einer Krone großer gefiederter oder fächerförmiger Blätter am Gipfel des säulenförmigen Stammes. Die Stämme sind häufig durch Narben der abgefallenen Blätter geringelt oder mit Blattstielresten, seltener mit Dornen, bedeckt. Einige haben einen kurzen, im Boden kriechenden Stamm, andere sind Kletterpflanzen. Blüten selten Zwitter (Sabaleen, Calamus), in der Regel diklin, monöcisch oder diöcisch, männliche Blüte: P 3+3 A 3+3, selten zahlreichere Staubfäden, weibliche Blüte P 3+3 $\underline{G}$(3).

Der Blütenstand ist in der Regel ein verzweigter, mit vielen Blüten besetzter Spadix, der innerhalb der Blätterkrone steht oder herabhängt. Die Kolben sind meist achselständig, seltener endständig.

Typische Tropenpflanzen, zirka 1200 Arten bekannt. Palmenvegetation findet sich am üppigsten in Südamerika und auf den Sundainseln, weniger in Afrika, in Australien einige Arten. In Südeuropa ist nur die Zwergpalme, *Chamaerops humilis*, einheimisich und die Dattelpalme durch Einführung verbreitet. Die Palmen zerfallen in eine Anzahl Unterfamilien. 1. *Coryphinae* (mit drei völlig freien Fruchtblättern). *Phoenix dactylifera*, Dattelpalme, in den Oasen Nordafrikas, am Nil, Mesopotamien, *Phoenix canariensis*, Kanaren. *Trachycarpus excelsa*, China. *Chamaerops humilis*, Südeuropa. *Corypha umbraculifera* (Ceylon). *Livistona australis* (Australien). *Pritchardia filifera*. Kalifornien. *Sabal Palmetto*, Florida. *Copernicia cerifera*, Wachspalme (Brasilien). 2. *Borassineae*. (Fruchtknoten aus drei Carpellen verwachsen, große Steinfrüchte, Fächerblätter.) *Hyphaene thebaica* (Ägpypten). *Borassus flabelliformis* (Indien). *Lodoicea Sechellarum* (Seychellen). 3. *Lepidocaryinae*. (Drei verwachsene Carpelle mit Schüppchen bedeckt, Frucht mit Schuppenpanzer.) *Mauritia vinifera* und *flexuosa* (tropisches Amerika). *Raphia vinifera* (Westafrika und tropisches Amerika). Raphiaarten liefern Bastfasern, als Piassava die braunen Fasern der Blattbasen. *Metroxylon Rumphii*, Sagopalme (Neuguinea, Sundainseln). *Calamus Rotang*, Rohrpalme (Ostindien). 4. *Ceroxylinae*. (Drei verwachsene Carpelle ohne Schuppen, Fiederblätter.) *Caryota urens*, Indien *Arenga saccharifera*, Ostindien. *Iriartea* mit Stelzwurzeln, Südamerika. *Oreodoxa regia*, Kuba. *Euterpe edulis*, Brasilien. *Kentia* und *Jubaea spectabilis*, Chile. *Areca Catechu* (Sundainseln). *Ceroxylon andicola*, Wachspalme (Anden). *Cocos nucifera*, Kokospalme, an allen tropischen Küsten. *Elaeis guineensis*, Ölpalme (tropisches Westafrika). 5. *Phytelephantinae*. (Stammlos mit walzen- und kopfförmigen Blüten- und Fruchtständen.) *Phytelephas macrocarpa* (tropisches Amerika), liefert vegetabilisches Elfenbein.

Fam. 6. Cyclanthaceae. Pflanzen von palmenähnlichem Wuchs im tropischen Amerika (44 Arten).

Carludovica palmata liefert das Material zu den Panamahüten.

Fam. 7. Najadaceae. Meist untergetauchte Wasserpflanzen. Blüten zwitterig, monöcisch oder diöcisch. Blütenformel verschieden, P0 A1—4 $\underline{G}$1—4 einfächerig (80 Arten).

Najas major. Potamogeton, zahlreiche Arten in Gräben. *Zostera marina,* Seegras. *Posidonia, Ruppia, Zannichellia,* im Meere und im Brackwasser.

4. Reihe. Liliiflorae.

Pflanzen von verschiedenem Habitus mit oberirdischen holzigen Stämmen oder Rhizomen, Zwiebeln und Knollen, welche krautige Jahrestriebe bilden. Die Blätter sind gewöhnlich schmal und lang, meist saftig grün, ganz ausnahmsweise denen der Dicotylen ähnlich. Blüten radiär, groß und schön gefärbt und nur bei einigen Familien klein und unscheinbar. Fruchtknoten meist dreifächerig.

Fam. 1. Juncaceae. Pflanzen von binsenähnlichem Aussehen, den Gräsern wohl von den Liliifloren am nächsten stehend, aber durch ihren Blütenbau von jenen ganz verschieden. Blütenformel wie die der Liliaceen, die Blüten sind aber sehr klein, bräunlich und unscheinbar und die Juncaceen windblütig.

In 290 Arten über die ganze Erde verbreitet, hauptsächlich in den gemäßigten und kalten Regionen als Bewohner steriler Böden gesellig auftretend. Besondere Formen im Kapland und Amerika. *Juncus effusus, J. glaucus, J. conglomeratus,* allgemein auf feuchten Triften. *Luzula albida* und *campestris* in Wäldern. *Prionium serratum,* Palmietteschilf, an Flußufern des Kaplandes Dickichte bildend.

Fam. 2. Liliaceae. P3+3 A3+3 $\underline{G}$(3) dreifächerig.

Wenige haben holzige Stämme, in der Regel besitzen sie unterirdische Zwiebeln oder Rhizome, seltener Knollen. Blätter ganzrandig, krautartig, seltener dornig gesägt, bei den aloëartigen dick und fleischig. Blüten bald getrenntblätterig, bald verwachsenblätterig auf endständigen oder achselständigen Blütensprossen.

Fig. 30

Diagramm der Liliaceen-Blüte.

Die *Liliaceen* sind mit ihren 2600 Arten über die ganze Erde verbreitet, besonders in den warmen Gegenden. Reich an *Liliaceen* sind z. B. die Mittelmeerländer, Südafrika und Australien. In den tropischen Ländern treten baumartige Formen auf. Bei uns finden sich *Liliaceen* in der Wald- und Wiesenflora, als Unkräuter. Die *Liliaceen* zerfallen in mehrere Unterfamilien.

a) *Melanthioideae.* Frucht eine an den Scheidewänden aufreißende (septicide) Kapsel.

Heimat vorwiegend am Kap und in Nordamerika. *Colchicum autumnale,* Herbstzeitlose, giftiges, lästiges Unkraut auf Wiesen. *Veratrum album* auf Alpenwiesen Europas und Asiens. *Sabadilla officinarum* (Mexiko). *Gloriosa superba,* Ostindien.

b) *Lilioideae.* Frucht eine fachspaltige (loculicide) Kapsel. Blüten meist groß, weiß oder mit schön gefärbtem Perigon.

Hierher gehören die Tulpen, *Tulipa Gesneriana,* Gartentulpe (aus Kleinasien), *Tulipa silvestris, Gagea arvensis, Fritillaria imperialis,* Kaiserkrone (aus

Persien), *Lilium candidum*, weiße Lilie (aus dem Orient), *Lilium Martagon*, Türkenbund, in unseren Wäldern, *Lilium bulbiferum*, Feuerlilie, Gebirgswiesen Deutschlands und der Alpen, *Hyacinthus orientalis*, Südeuropa, in Holland kultiviert, *Scilla bifolia, S. sibirica* u. a., Frühlingspflanzen. *Ornithogalum umbellatum*, Europa. *Muscari comosum* und *botryoides* (Südeuropa). Die Alliumarten liefern wichtige Küchenkräuter, *Allium sativum*, Knoblauch, *A. Cepa*, Zwiebel. *A. ascalonicum*, Schalotte. *A. Porrum*, Porré. *A. Schoenoprasum*, Schnittlauch. *Agapanthus umbellatus* (Kap).

c) *Asphodeloideae.* Blüten in langen Trauben.

Hemerocallis fulva und *flava* (Südeuropa). *Funkia ovata* (China, Japan), Zierpflanzen. *Asphodelus ramosus* (Südeuropa). *Anthericum ramosum*, Mittel- und Südeuropa. *Eremurus spectabilis*, Steppen Persiens und Turkestans. *Chlorophytum Sternbergianum*, *Bowiea volubilis* und *Kniphofia Uvaria* am Kap. *Aloë ferox* u. a. Arten vorwiegend im Kapland. *Phormium tenax* (Neuseeland), die zähen Blattgefäßbündel liefern den neuseeländischen Flachs. *Xanthorrhoea hastilis* und andere Arten mit baumartigem Stamm, langen grasähnlichen Blättern und hohen Blütenschäften treten in Australien gesellig auf (grasstrees).

d) *Dracaenoideae.* Meist stammbildende Pflanzen (baumartige Liliaceen) mit langen, lederigen Blättern, stattlichen Blütenständen, glockenförmigen oder getrenntblättrigen Blüten.

Die *Dracaena*-ähnlichen *Liliaceen* sind baumartig, *Dracaena Draco*, Drachenbaum der kanarischen Inseln, andere Arten im tropischen Asien und Afrika, ferner *Cordyline* in Neuseeland und auf den Südseeinseln; die *Yucca* -und *Dasylirion*-Arten in den Südstaaten der Union, besonders Mexiko. niedrige Bäume mit dickem Stamm, den australischen *grasstress* ähnlich. Die Yuccaarten werden von Motten befruchtet.

e) *Asparagoideae.* Rhizompflanzen. Frucht eine Beere. Bemerkenswert ist die Familie dadurch, daß einige Gattungen rudimentäre Blätter, dafür aber fadenförmige oder blattähnliche Sprosse, Cladodien, haben, z. B. Asparagus, Ruscus.

Convallaria majalis, Maiblume. *Majanthemum bifolium* in unseren Wäldern, ebenso *Paris quadrifolia* (P4+4 A4+4 G4). *Asparagus officinalis*, Spargel. *Ruscus aculeatus* u. a., Sträucher Südeuropas. *Aspidistra elatior* (Japan).

f) *Smilacoideae.* Blüten diklin, Frucht eine Beere.

Kletternde Sträucher, hauptsächlich in den Tropen, zirka 200 Arten. *Smilax medica*, *Smilax Sarsaparilla* u. a. (Mexiko, Venezuela). *Smilax aspera* (Südeuropa).

Fam. 3. Amaryllidaceae. Den Liliaceen in den Blüten und in der Tracht sehr ähnlich, zum Teil mit Zwiebeln, zum Teil mit Rhizomen. Blütenformel wie die Liliaceen, Fruchtknoten jedoch unterständig P3+3 A3+3 $\overline{G}$(3).

Die *Amaryllideen* mit 700 Arten kommen vor in Südeuropa, weniger bei uns, zahlreicher in Südamerika, in größerer Menge am Kap. *Galanthus nivalis*, Schneeglöckchen. *Leucojum vernum*. *Amaryllis Belladonna* und *A. princeps*, Westindien. *Brunswigia Josephinae*, *Haemanthus coccineus*, *Clivia nobilis*, alle am Kap. *Crinum asiaticum* (Ostindien). *Pancratium maritimum*, *Narcissus poëticus*, *N. Jonquilla*, *N. Tazetta* in Südeuropa, *Alstroemeria psittacina* (Mexiko), Zierpflanzen. Außerlich sehr verschieden, von den übrigen *Amaryllideen* erscheinen die *Agaven* mit ihren kurzen Stämmen und dicken, fleischigen Blättern vorzugsweise in Süd- und Zentralamerika. *Agave americana* (Mexiko) ist im Mittelmeergebiet eingeführt und jetzt heimisch. *Fourcroya gigantea* (Mexiko). Die *Agaven* liefern Gespinstfasern.

Fam. 4. Iridaceae. Häufiger mit Rhizomen als mit Zwiebeln ausgestattet. Die Blätter sind vielfach aufrecht schwertförmig und von isolateralem Bau. Zusammensetzung der Blüte wie bei den Amaryllideen, aber nur drei Staubfäden. Blüten radiär, groß und gefärbt, bei Iris mit blumenblattähnlichen Narben. P3+3 A3+0 $\overline{G}$(3).

Fig. 31

Diagramm der Iradeen-Blüte.

950 Arten, meist am Kap einheimisch. Die Gattung *Iris* in Mittel- und Südeuropa und Nordamerika. *Crocus* im Mittelmeergebiet. *Crocus sativus*, Safran. *Iris florentina, I. germanica, sambucina* und *pallida* (Südeuropa). *Iris pumila, graminea* und *Pseudacorus* bei uns. *Tigridia pavonia* (Mexiko). *Gladiolus communis* (Südeuropa), die Gattungen *Ixia, Tritonia,* alle mit schönen Blüten, am Kap.

Fam. 5. Dioscoreaceae. Diöcische Schlingpflanzen mit knolligen Rhizomen; ihre Blätter gleichen denen der Dicotylen. Blüten grünlich und unscheinbar. Fruchtknoten unterständig.

Im tropischen Amerika und Asien (200 Arten). *Dioscorea batatas* und andere Arten, Yamswurzel, in den Tropen als Nahrungsmittel kultiviert. *Tamus communis* (Südeuropa), *Testudinaria elephantipes* (Kap), mit halbkugeligem Stamm, dessen Oberfläche mit Korkschildern bedeckt ist.

Fam. 6. Pontederiaceae. Kleine Familie, krautartige Sumpf- und Wasserpflanzen des tropischen Amerikas. Fruchtknoten der Blüten oberständig (24 Arten).

Pontederia crassipes, wärmeres Amerika. Die hohlen Blattstiele dienen diesen Wasserpflanzen als Schwimmblasen.

Fam. 7. Bromeliaceae. Pflanzen mit kurzem Stamm und harten Blättern mit scharf gezähntem Rande. Die Blätter mit merkwürdigen wasseraufsaugenden Haaren versehen. Die Blüten stehen in ährigen Blütenständen und sind oft von lebhaft gefärbten Hochblättern umhüllt, welche den Blütenständen besondere Farbenpracht verleihen. Von den Perigonblättern ist der äußere Kreis meist kelchähnlich grün, G unterständig oder ganz oder halb oberständig. Früchte: Kapseln oder Beeren, welche oft zu ansehnlichen Sammelfrüchten miteinander verwachsen, z. B. bei der Ananas.

Die *Bromeliaceen* sind eine für das tropische Amerika charakteristische, in der alten Welt seltene Familie von ca. 1000 Arten. Sie leben teils auf trockenen sonnigen Ebenen, die meisten als Epiphyten in den Urwäldern. Arten von *Bromelia, Pitcairnia, Bilbergia, Aechmea* u. a. in unseren Gewächshäusern beliebt. *Ananassa sativa,* Ananas, in allen Tropenländern angepflanzt und als Obst und Faserpflanze kultiviert. *Tillandsia usneoides* bedeckt in Mexiko und den Südstaaten der Union mit ihren grauen fadenförmigen Blättern ganze Bäume als wurzelloser Epiphyt.

5. Reihe. Scitamineae.

Echte Tropenpflanzen. Aus ihren Rhizomen entspringen krautige, großblätterige Triebe, zuweilen von größten Dimensionen (Musaceen), so daß sie wie Bäume aussehen. Blüten zygomorph, in ährigen Blütenständen. Blütenformel P3+3 A3+3 $\overline{G}$(3). Doch zeichnen sich die Familien in verschiedenem Grade dadurch aus, daß Staubfäden fehlen oder in Blumenblätter oder Staminodien umgewandelt sind.

Die *Scitamineen* sind ausgezeichnet durch Produktionen aromatischer Stoffe, daher viele von ihnen Gewürzpflanzen (*scitamenta*, eigentlich Leckerbissen, mittelalterlich für Gewürzpflanze gebraucht).

Fam. 1. Musaceae. Mächtige Stauden von Baumhöhe, deren sehr kurz bleibender Stamm meterlange Blätter mit parallelen Seitennerven auf langen Blattstielen bildet. Durch das dichte Zusammenschließen der Blattscheiden entsteht bei den Bananen der Anschein, als ob die Musaceen einen Hochstamm besäßen. Bei der Gattung Ravenala ist dagegen ein holziger Stamm vorhanden. Die zygomorphen Blüten bilden meistens mächtige ährenförmige Blütenstände. In der Blüte ist gewöhnlich der hintere Staubfaden steril oder fehlt, die fünf anderen sind zu einer hinten offenen Röhre verwachsen.

Fig. 32

Diagramm der Musaceen-Blüte.

Die Musaarten (76), *Bananen*, in den Tropen der alten Welt einheimisch, sind in alle Tropenländer verpflanzt. Die Früchte der zahlreichen Kulturvarietäten bilden dort eines der wichtigsten Volksnahrungsmittel. Werden bei uns als Obst meist aus Jamaika eingeführt. *Musa sapientium*, *Musa paradisiaca*, *Banane* oder *Pisang*, die kultivierten Arten mit samenlosen Früchten. *Musa textilis* (Molukken) liefert den Manilahanf, *Musa Ensete* (Abyssinien), *Ravenala madagascariensis* (Madagaskar und Isle de France), *Strelitzia reginae* (Kap), *Heliconiaarten* (Südamerika).

Fam. 2. Zingiberaceae. Pflanzen mit Rhizomen, denen oberirdische Sprosse mit breiten Blättern entspringen. Die Blüten in den Achseln oft schöngefärbter Hochblätter (800 Arten). Die Blüte besitzt nur einen Staubfaden, die drei Staubfäden des äußeren Kreises fehlen oder sind zu einem dreilappigen Blumenblatt mit größerem Mittellappen umgebildet, vom inneren Staubfadenkreis sind zwei zu Staminodien reduziert, nur einer ist normal. (Vgl. Diagramm.)

Zingiber officinale, Ingwer. *Curcuma Zedoaria*, *Curcuma longa* (Ostindien, China), *Amomum Cardamomum* (Sumatra, Java), *Elettaria Cardamomum* (Ostindien), *Alpinia Galanga* (Sundainseln), *Hedychium Gardnerianum* (Indien).

Fig. 33

Diagramm der Zingiberaceen-Blüte.

Fig. 34

Diagramm der Cannaceen-Blüte.

Fam. 3. Cannaceae. Pflanzen mit Wurzelstöcken und großen Blättern. Die Staubgefäße sind alle in blumenblattähnliche Organe umgewandelt und nur eines von diesen trägt eine halbe Anthere.

60 Arten. In den Tropen der neuen Welt. *Canna edulis* (Peru), Nahrungspflanze. *Canna indica* (Ostindien), Zierpflanze. Nahe verwandt mit den *Cannaceen* sind die tropischen ***Marantaceen*** (280 Arten) mit ähnlichem Blütenbau und stattlichen, schöngezeichneten Blättern. *Maranta arundinacea* (Westindien), liefert Arrowroot.

6. Reihe. Gynandrae.

Blüten meist zygomorph. Blütenformel P3+3 A3+3 $\overline{G}$ (3). (Staubfäden zum Teil zu Staminodien reduziert.)

Andröceum mit dem Gynäceum verwachsen (daher Gynandrae, aus γυνή Weib und ἀνδρεία Mannheit), Samen klein, ohne Endosperm mit unvollkommenem Embryo.

Fam. 1. Orchidaceae. Perennierende krautige Pflanzen, zuweilen mit Rhizomen oder fleischigen Wurzeln; die meistens einheimischen mit zwei rundlichen oder handförmig verzweigten Knollen, von denen die eine den blühenden Stengel trägt, die andere im nächsten Jahr den neuen Trieb erzeugt. Die tropischen epiphytischen Orchideen besitzen meistens knollenförmig verdickte Stämme (Luftknollen), welche die Blätter und Blüten erzeugen. Ihre Klammerwurzeln sind mit einer wasseraufsaugenden Hülle (Velamen) umgeben. Einige dieser Epiphyten (Campylocentrum, Polyrrhiza) haben gar keine Blätter, ihre Wurzeln sind grün, assimilieren und erzeugen auch die Blüten. Die Orchideen zeichnen sich durch starke Samenbildung aus (Orchis maculata 180000 Samen). Die Samen sind sehr klein, der Embryo unvollkommen gebildet. Blüten zygomorph. Von den Perigonblättern ist das eine (das Labellum) stets größer und anders geformt, oft mit einem Sporn versehen. Von den Staubgefäßen ist gewöhnlich nur eines vom äußeren Kreise, seltener (bei Cypripedium) zwei des inneren Kreises vorhanden; die anderen fehlen oder sind Staminodien. Fruchtknoten unterständig. Staubgefäße mit den Griffeln zu einer Säule (Gynostemium) verwachsen. Die Pollenkörner sind gewöhnlich zu zwei gestielten keulenförmigen Pollenmassen verklebt, welche am Rüssel der die Befruchtung vermittelnden Insekten haften bleiben. Sehr selten ist der Pollen pulverförmig (Cephalanthera).

Fig. 35 Fig. 36

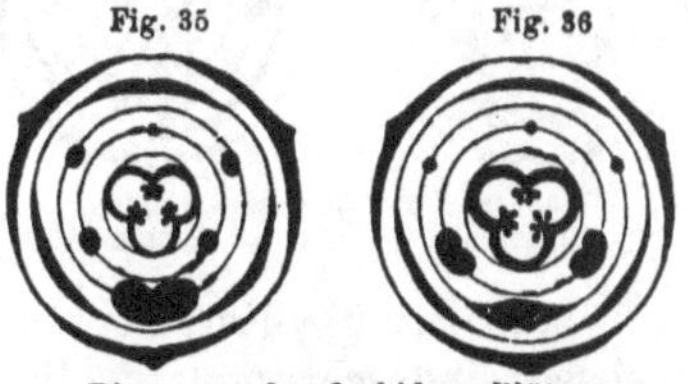

Diagramm der Orchideen-Blüte.

Fig. 35: Gewöhnliche Form. Fig. 36: Cypripedium. Die schwarzen Punkte bedeuten gänzlich fehlende, die schraffierten Figuren zu Staminodien reduzierte Staubgefäße. NB. Die Orchideenblüten werden meistens bei ihrem Wachstum durch eine Drehung des Fruchtknotens um 90° gedreht (Resupination).

Die Orchideen sind über die ganze Erde mit 8000 Arten verbreitet, in Mittel- und Südeuropa, einige noch in Grönland, ganz vorzugsweise aber Pflanzen der Tropen, besonders Amerikas und Asiens, weniger in Afrika und Australien. Die tropischen Orchideen leben als Epiphyten auf Bäumen; die einheimischen Orchideen wachsen in Wäldern oder auf feuchten Wiesen. Bei uns die Arten der Gattungen *Orchis, Gymnadenia, Platanthera, Ophrys, Listera, Cephalanthera, Himantoglossum, Neottia, Cypripedium* u. a. Tropische Gattungen sind *Vanda, Stanhopea, Oncidium, Dendrobium, Angraecum* u. a. *Vanilla planifolia* in Mexiko einheimisch, in den Tropen kultiviert, liefert die Vanillen-Früchte. Von Interesse sind die saprophytischen chlorophyllfreien Orchideen *Neottia Nidus avis, Coralliorrhiza innata, Epipogon aphyllus*.

Die kleine im tropischen Asien und Amerika heimische Familie der ***Burmanniaceen*** ist einerseits mit den *Orchideen*, anderseits mit den *Amaryllideen* verwandt.

7. Reihe. Helobiae.

Sumpf- und Wasserpflanzen (ἕλος Sumpf, βιόω ich lebe). Blüten radiär gebaut, zum Teil mit grünem Kelch und farbiger Krone, mit zahlreichen Staubgefäßen und Fruchtknoten und dadurch von den gewöhnlichen Monocotylenblüten abweichend. Von manchen Systematikern werden die Helobiae als Monocotylen angesehen, welche mit den Polycarpicae unter den Dicotylen zusammenhängen. *Engler* stellt die Helobiae vor die Glumifloren.

Es ist in der Tat wahrscheinlicher, daß die Monocotylen sich von den Dicotylen auf deren frühester Entwicklungsstufe phylogenetisch abgezweigt haben, als daß die Dicotylen von den Monocotylen abstammen. Die Dicotylen hängen genetisch mit den Gymnospermen zusammen, vielleicht durch die Amentaceen.

Fig. 37

Diagramm der Juncagineen-Blüte (Triglochin).

Fam. 1. Juncaginaceae. $P3+3\ A3+3\ \underline{G}3+3$. Pflanzen mit linealen, binsenähnlichen Blättern, ährenförmigen Blütenständen, deren Blüten grün, kelchähnlich aussehen. Kleine, in den gemäßigten und kälteren Gegenden vorkommende Familien (35 Arten).

Triglochin palustre an Meeresküsten und an Salinen. *Scheuchzeria palustris* auf Torfmooren. *Ouvirandra fenestralis* eine Wasserpflanze Madagaskars mit merkwürdigen gitterartig durchbrochenen Blättern.

Fam. 2. Alismaceae. $K3\ C3\ A6-\infty\ \underline{G}6-\infty$. Stattliche Sumpfpflanzen unserer Flora, zum Teil mit langgestielten eirunden oder pfeilförmigen Blättern. Die Blüten in doldenähnlichen ansehnlichen Blütenständen. Blüten mit drei Kelch- und Blumenkronblättern.

Fig. 38

Fig. 39

Diagramm der Alismaceen-Blüte. Butomus. Alisma.

72 Arten. *Alisma Plantago* und *Sagittaria sagittifolia*, meist mit eingeschlechtigen Blüten. Beide durch die Formenmannigfaltigkeit ihrer Blätter ausgezeichnet, welche alle erdenklichen Übergänge von linealen Formen zur eigentlichen Blattform zeigen. *Butomus umbellatus.*

Fam. 3. Hydrocharitaceae. $K3\ C3$ oder $0\ A3-\infty\ \overline{G}(3-6)$. Die meisten sind schwimmende Wasserpflanzen in stehenden Gewässern der gemäßigten und warmen Klimate. Blüten gewöhnlich diöcisch.

25 Arten. *Hydrocharis morsus ranae* und *Stratiotes aloides* bei uns. *Vallisneria spiralis* (Südeuropa, Orient), mit eigentümlichem Verhalten der Blütenstiele bei der Befruchtung. *Elodea canadensis* (Wasserpest), aus Nordamerika, bei uns eingeschleppt.

III. Teil.

Pflanzengeographie.

1. Die Pflanzengeographie erforscht die Gesetze der Pflanzenverbreitung auf der Erdoberfläche. Ihre ersten Anfänge wurden von A. von Humboldt so gefördert, daß er als Begründer dieser Wissenschaft angesehen werden kann, die von Grisebach, Drude, Engler, Schimper, Warming und zahlreichen andern Forschern im allgemeinem und einzelnen ausgebaut wurde.

2. Grundlagen der Pflanzengeographie bilden außer der Erdkunde die Phytopaläontologie, die Floristik, Boden- und Klimakunde und Ökologie. Die heutige Verbreitung der Pflanzen auf der Erde ist also abhängig von Zuständen früherer geologischer Epochen, von Boden und Klima, aber auch von den Lebenseigenschaften der Pflanzen, welche auf diese Ursachen mit ihrer Formenbildung antworten, indem sie zur Umgebung passende, d. h. lebenfördernde Gestalten annehmen. Diese allgemeine Lehre nannte Haeckel Ökologie, von der uns hier die Pflanzenökologie angeht.

Flora.

3. Die Aufgaben der Pflanzengeographie beginnen mit der Erforschung der gesamten Pflanzenwelt der verschiedenen Erdräume, welche man Flora nennt. Jeder Florenbestandteil oder jede Sippe hat eine bestimmte geographische Verbreitung, ihr Areal, dessen Größe sehr verschieden ist. Manche Arten oder Gattungen haben ein beschränktes Verbreitungsgebiet *(Cephalotus, Eucalyptus)*, andere sind überall zu finden (Kosmopoliten), z. B. der Adlerfarn *Pteris aquilina, Nasturtium officinale, Capsella B. pastoris, Taraxacum officinale, Chenopodium album, Cynodon Dactylon* u. a. Den mutmaßlichen Ausgangspunkt der Verbreitung nennt man das Verbreitungszentrum.

4. In jeder Flora treten aus der Formenfülle besonders auffallende Bestandteile hervor, welche die Verschiedenheit der Erdgebiete zum deutlichen Ausdruck bringen (Vegetation). Auf diese richtet sich die Aufmerksamkeit der Pflanzengeographie und, obwohl auf ihr fußend, ist ihr Ziel verschieden von dem der Floristik, welche alle Florenbestandteile aufzeichnet. Die Pflanzengeographie sucht also zunächst die charakteristischen Bestandteile der Flora zu erfassen. Charakteristisch für ein geographisches Gebiet sind in der Regel solche Pflanzen, welche als Nachkommen aus früheren Erdepochen örtlich erhalten blieben, und solche, die den jetzt herrschenden äußeren Bedingungen sich angepaßt haben und bodenständig (endemisch) sind.

5. Wo wirksame geographische Grenzen, Gebirge, Meere, Wüsten vorhanden sind, behalten die Floren dauernd ihren eigenen Charakter. Wo solche Grenzen fehlen, z. B. in Mitteleuropa, können sich die Floren vermischen durch Wanderung der Pflanzenarten mittels ihrer Samen, Früchte und anderer Verbreitungsmittel. Pflanzen können sogar, indem Schwimmeinrichtungen, Wind und Vögel mitwirken, über Meere wandern. Es sind in die deutsche Flora eine Anzahl Fremdlinge eingewandert *(Elodea canadensis, Erigeron canadensis, Oenothera biennis, Mimulus luteus u. a.)*. Durch menschliche Verkehrsmittel wurden zufällig die Samen verschleppt, und Kulturpflanzen wurden allmählich durch Menschen von einem zum andern Erdteil

verbreitet, viele in nicht mehr nachweisbarer Zeit. Aber auch da, wo keine geographischen Grenzen vorhanden sind, vermischen sich die Florenbestandteile nicht unbegrenzt, sondern machen zuweilen infolge klimatischer Einflüsse oder ohne erklärlichen Grund Halt mit ihrer Weiterverbreitung. Die Grenzlinien der Verbreitung nennt man Vegetationslinien der betreffenden Arten.

6. So haben sich auf der Erde mehrere deutlich voneinander geschiedene große Floren ausgestaltet, die man als Florenreiche unterscheidet. Man kann die Erde in drei Florenreiche teilen, von denen das Tropische Florenreich von den beiden Wendekreisen begrenzt wird, das Boreale die jenseits des nördlichen, das Australe die jenseits des südlichen Wendekreises sich ausdehnenden Länder umfassen. Diesen drei Reichen der festen Erdrinde setzt man das Ozeanische Florenreich, das Reich der Meerespflanzen, an die Seite (Drude). Jedes dieser Florenreiche, obwohl es mit den andern floristische Übereinstimmung zeigen kann, ist durch ganze Reihen von eigentümlichen Sippen (Klassen, Familien, Gattungen, Arten) ausgezeichnet und unterschieden.

Diese Übersicht ist jedoch nicht zureichend, daher hat man die Florenreiche in kleinere Unterabteilungen (Florengebiete, Provinzen, Bezirke) geteilt (Engler) und kann folgende Tafel aufstellen.

Übersicht der Florenreiche und Florengebiete.

I. Nördliches außertropisches Florenreich

(umfaßt die Länder der nördlichen kalten und gemäßigten Zone).

1. Arktisches Florengebiet;
2. Waldgebiet der nördlichen Halbkugel:
   - Nord- und Mitteleuropa, Sibirien, Ostasien.
   - Nordamerika:
     - Atlantischer Bezirk,
     - Pazifischer Bezirk,
     - Prärienbezirk;
3. Mittelmeergebiet (mit Makaronesien, d. h. den Kanaren, Kapverden, Madeira und Azoren);
4. Zentralasiatisches Gebiet.

II. Tropisches Florenreich der Alten Welt.

1. Tropisches Afrika:
   - Afrikanisch-arabisches Wüstengebiet,
   - Mittelafrikanisches Wald- und Savannengebiet,
   - Südafrikanisches Gebiet,
   - Madagassisches Gebiet,
   - Kalahari,
   - Burenländer und Natal,
   - Kapland;
2. Tropisches Asien:
   - Vorderindien,
   - Monsungebiet (Hinterindien, Malaiische Inseln);
3. Neu-Guinea (Papuasien);
4. Melanesien, Polynesien.

III. Tropisches Florenreich der Neuen Welt.

1. Mexiko;
2. Mittelamerika, Westindien;
3. Tropisches Südamerika:
   - Subäquatoriales Südamerika,
   - Brasilien („Hyläa"),
   - Südbrasilien,
   - Andengebiet.

IV. Australes Florenreich.

Australien,
Tasmanien,
Neuseeland.

V. Antarktisches Florenreich.

Südliches Südamerika,
Kerguelen und andere Inseln

Hauptformationen.

Wuchsformen	Formationen	Geographische Verbreitung
Bäume	1. Wald:	
	Tropischer Wald	Tropen der Alten und Neuen Welt
	Subtropischer Wald	
	Gemäßigter-Zonen-Wald: Laubwald, Nadelwald	Gemäßigte Zone
Sträucher	2. Gebüsch:	
	Heide *(Calluna, Erica, Juniperus)*	Nordwesteuropa
	Alpenrosen *(Rhododendron)* . .	Hochgebirge
	Maquis (*Pistacia, Myrtus, Phillyrea, Erica arborea*, Oleander usw.)	Italien und Inseln
	Tomillares (*Thymus* usw.) . . .	Spanien
	Jarales *(Cistus)*	
	Carrascos (*Acacia*, Myrtaceen, Melastomaceen)	Brasilien
	Espinales *(Colletia)*	Nordchile
	Chaparals *(Prosopis)*	Mexiko
	Scrub (*Acacia*, Myrtaceen, *Pimelea*, Epacrideen usw.)	Australien
Gräser	3. Grasfluren:	
	Wiesen (Gramineen, Blütenpfl.)	Europa
	Prärie	Nordamerika
	Pampas	Südamerika
Gräser und Bäume oder Sträucher	4. Gemischte Formationen:	
	Savannen	Afrika
	Llanos	Südamerika
	Campos	Brasilien
Gräser und Stauden	Steppen	Ungarn, Rußland, Vorder- u. Zentralasien
Wasserpflanzen, Sumpfpflanzen, Moorpflanzen	Rohrdickichte, Hochmoore, Grasmoore, Mangrove	Rußland, Ungarn, Deutschland, Tropenküsten
	Schwimmende Formationen (*Nymphaea, Potamogeton, Pistia, Victoria, Nelumbium* usw.)	Alle Erdteile
	Ozeanische Formation (Algen, Seegräser)	Meer
Moose und Flechten	Tundra	Arktische Länder
	Pflanzenarme und pflanzenleere Gebiete:	
	Halbwüsten	Alle Erdteile außer Europa
	Wüsten	
	Sand- und Steinwüsten . . .	
	Eiswüsten	Arktis u. Antarktis

Die Florenreiche, Florengebiete usw. fallen nicht mit den geographischen Grenzen der Erdteile zusammen, z. B. greift das afrikan. Tropengebiet nach Indien, das europäische Mittelmeergebiet nach Nordafrika und Kleinasien über. Man stellt diese Abweichungen von den geographischen Grenzen auf pflanzengeographischen Karten dar.

7. Die Pflanzengeographie erkannte von Anfang, daß Pflanzen meistens nicht einzeln, sondern in Vereinigungen zusammenwachsen (Humboldt), welche reine oder gemischte Genossenschaften einer kleineren Anzahl von Pflanzenarten mit ähnlichen biologischen Ansprüchen darstellen. Man hat diese Genossenschaften pflanzengeographische Formationen genannt.

In den Formationen treten einige Glieder dominierend hervor, so z. B. in jedem Wald die Bäume usw. Die Form der Bäume kann aber in einem Bestande ganz verschieden sein (Laubbäume, Nadelhölzer, Schopfbäume, wie Palmen, Pandanus, Liliaceenbäume) und verleiht in jedem Fall der Genossenschaft eine bestimmte Physiognomie.

8. Die Ursachen des Auftretens der Formationen sind mehrfache. Ein wichtiger Faktor bei sonst gleichen Verhältnissen ist die verschiedene klimatische Feuchtigkeit. Wald verlangt die größte Jahresfeuchtigkeit; Grasfluren, Steppen treten auf, wo diese sich vermindert. Bei einem Minimum von Regen treten Halbwüsten und Wüsten auf (Klimatische Formationen). Bei vielen Formationen spielt die Bodenunterlage eine Rolle (Chthonische Formationen)*). Doch ist die Grenze zwischen beiden keine scharfe. Die Formationen kehren in verschiedenen Zonen wieder (z. B. Wälder, Steppen), jedoch in örtlich verschiedener Zusammensetzung.

9. So ist vom Äquator bis zu den Polen ein in die Augen fallender Wechsel von Vegetationszonen zu verfolgen. Entsprechend dem Klimawechsel bei senkrechter Erhebung in Gebirgen, findet man dort einen ähnlichen, nur schnelleren Wechsel der Pflanzendecke, wie beim Vordringen in höhere Breiten, und die äußerste Hochgebirgsflora ist der arktischen ähnlich. Während die Geographie die Erde in Temperaturzonen teilt, teilt die Pflanzengeographie auf Grund ihrer Begriffe die Erde in Vegetationszonen.

Vegetationszonen.

I. Zone der arktischen Pflanzen, südlich ungefähr vom Polarkreis begrenzt, genauer durch die Linie der arktischen Baumgrenze. (Arktische Inseln und Länder Asiens und Amerikas, Grönland, Spitzbergen). Fehlen jeden Baumwuchses. Von Holzpflanzen nur kriechende (Polarweiden) oder niedrige Sträucher (Beerensträucher) und blühende Kräuter aus den Gattungen der Hochgebirgsflora, harte Laubmoose und Flechten *(Polytrichum, Dicranum, Cladonia rangiferina).* Kurzer, höchstens einige Monate dauernder Sommer mit hellen Nächten, eisige dunkle Winter.

II. Nördliche Zone der winterharten Nadelhölzer und blattwechselnden Laubbäume (Nord- und Mitteleuropa, Nordamerika). Im Norden mit kälterem Winter und kühlerem Sommer, durch ausgedehnten Nadelwald (Fichte, Kiefer, Tanne, Lärche) bezeichnet — im Süden mit kürzerem Winter und wärmerem

*) In den meisten Lehrbüchern edaphische Formationen genannt, was philologisch unkorrekt ist. (Vergl. Kerner, Pflanzenleben, Bd. III, S. 206.)

Sommer, ausgezeichnet durch sommergrüne Laubwälder, Regen zu allen Jahreszeiten. Die Menge des Regens bestimmt vorwiegend in dieser Zone das Auftreten der Wälder oder des Graslandes (Steppen).

III. Zone der immergrünen Laubhölzer mit mildem Winter und heißem trocknem Sommer (Mittelmeerländer, Ostasien, Kalifornien). Die Abnahme der Regenmenge läßt im Innern der Kontinente große Steppengebiete und Wüsten, ohne Baumwuchs mit Steppenpflanzen und Wüstensträuchern, entstehen (Zentralasien, Sahara, Steinwüsten Nordamerikas).

IV. Zone der tropischen Pflanzenfamilien. Charakteristische Tropenformen sind Baumfarne, Musaceen, Zingiberaceen, Araceen, Palmen, Terminalia, Dipterocarpeen, Tectonia. Wo die Regenmenge abnimmt, verschwindet der Wald (afrikanische Savannen, südamerikanische Pampas, Campos usw.). Die Zone ist ziemlich gut begrenzt durch die beiden Wendekreise, mit gleichbleibenden Jahreszeiten, hat fast gleiche Tag- und Nachttemperaturen in der Ebene und Temperaturabnahme in den Gebirgen. Man unterscheidet immerfeuchte Tropengebiete mit immergrünen, feuchten Urwäldern oder Regenwäldern (tropisch-afrikanisches, indisch-malaiisches und südamerikanisches Urwaldgebiet) und Tropengebiete mit Trockenzeiten mit laubwechselnden Monsunwäldern.

V. Südliche Zone immergrüner Laubhölzer von anderer Form wie auf der nördlichen Halbkugel, mit Sommerregen und Winterregen. (Südafrika, Australien, Südspitze Amerikas). Immergrüne Wälder oder Gesträuchformationen, Steppen und Wüsten.

VI. Zone der antarktischen Pflanzen, überwiegend von kalten Meeresflächen eingenommen. Das noch unerforschte antarktische Festland ist Eiswüste, an den Rändern von Kryptogamen, Algen, Moosen, Flechten schwach besiedelt. Die Inseln besitzen eine Vegetation von Gräsern und Polsterpflanzen (Bolax) und wenigen Blattpflanzen (Pringlea).

Ökologie.

10. Das Klima, wenn auch von maßgebender Bedeutung für die Vegetation, kann doch eine Pflanzenwelt nicht schaffen, sondern, wie andere äußere Faktoren, die vorhandenen Pflanzen nur in ihrer Entwickelung und Gestaltung beeinflussen. Äußere Bedingungen können den durch die Abstammung gegebenen (phylogenetischen) Charakter einer Pflanze nicht umwandeln, sondern nur die Form ihrer Organe, besonders die Vegetationsorgane, Wurzeln, Stämme und Blätter. Man bezeichnet die gewonnene Übereinstimmung der Organe mit den Bedingungen der Umgebung als Anpassung und die passenden Organformen selbst als ökologische. In vielen Fällen bilden sie einen unmittelbaren Ausdruck der Verhältnisse. Nicht alle Pflanzen eines Gebietes zeigen aber eine ausgesprochene ökologische Reaktion, es treten meist wenige Formen ökologisch hervor, die ihrem Gebiet eine besondere Physiognomie verleihen. Humboldt hatte versucht, die Pflanzengeographie mittels solcher physiognomischen Formen zu begründen, da er jedoch ökologische Formen, die Cactusform, die Aloëform mit systematischen Typen, Palmenform, Bananenform, Mimosenform, Nadelholzform, Malvaceenform u. a., als gleichwertig vermischte, so lieferte diese praktische Physiognomik keine streng wissenschaftliche Grundlage, denn: die systematischen Formen sind

den ökologischen unterzuordnen. Wenn auch nicht das Vorkommen gleicher ökologischer Formen bei ganzen Familien (Crassulaceen) zu verkennen ist, so sind ökologische Formen doch unabhängig vom systematischen Charakter der Pflanzen. Glieder derselben Gattung können ganz verschiedene (Euphorbia) und Glieder verschiedener Sippen gleiche ökologische Eigenschaften besitzen (Cacteen und fleischige Euphorbien, Aloë und Agaven). Die neuere Pflanzengeographie hat eine Anzahl rein ökologischer Typen aufgestellt, doch weichen die Autoren in ihrer Auswahl stark voneinander ab (vgl. Drude, Ökologie). Durch Verbindung der Ökologie mit Geographie entstand die geographische Ökologie oder ökologische Pflanzengeographie.

11. Gleiche klimatische Faktoren erzeugen zwar begrifflich gleiche Anpassungen, z. B. Trockenheit des Klimas, Transpirationsschutz, die von den Pflanzen angewandten Mittel sind aber mehrfache. Transpirationsschutz kann erlangt werden durch anatomischen Bau (Hartlaubgewächse), durch Verkleinerung der Oberfläche (Nadelblätter, Blattarmut) oder durch Fleischigwerden der Organe (Succulenz). In jedem Falle kann die ökologische Anpassung morphologisch verschieden sein, d. h. verschiedene Organe betreffen (Blatt- und Stammsucculenten, Sproß- und Blattranken).

12. Von allen Existenzbedingungen spielt die Wasserversorgung bei allen Pflanzen eine Hauptrolle, und ökologische Einrichtungen zu deren Regulierung treten am meisten hervor.

13. Wasserpflanzen können entweder ganz untergetaucht leben oder mit ihren Blättern auf dem Wasser schwimmen. Im ersten Fall ist keinerlei Verdunstung vorhanden. Daher fehlen alle Einrichtungen zur Wasserleitung und Abgabe von Wasserdampf, was die übereinstimmende Einfachheit im Bau der Wasserpflanzen bedingt (schwache Gefäßbündel, keine Verholzung, schmale oder fadenförmige Blätter, keine Cuticula. Die Schwimmblätter sind dagegen oft sehr groß (Victoria regia, Nymphaea) bedürfen aber keiner holzigen Stiele und keines histologischen Transpirationsschutzes. Sie sind meist von Wasser schwer oder nicht benetzbar, damit ihre Spaltöffnungen nicht verstopft werden.

14. Bei den Landpflanzen erfolgt die Wasseraufnahme durch die Wurzeln aus dem Boden und die Verdunstung durch die Lauborgane, welche daher bei dem Wechsel der klimatischen Feuchtigkeit die allergrößte Mannigfaltigkeit ihrer Form zeigen.

15. Pflanzen, die in gleicher oder wechselnder Luftfeuchtigkeit leben (Hygrophyten) haben dünne, flache, wenig behaarte Blätter, in den Tropen mit Träufelspitze zur schnellen Ableitung des Regenwassers.

16. In dauernder oder längerer Zeit währender Trockenheit lebende Pflanzen (Xerophyten) besitzen verschiedene Einrichtungen zur Hemmung der Verdunstung: a) Blattlosigkeit oder Blattarmut (Aphyllie), z. B. *Ephedra, Spartium, Colletia, Calligonum, Alhagi).* Dahin gehören auch Pflanzen mit Cladodien und Phyllocladien (Wüstenpflanzen, Flora Neuhollands). b) Hartlaub (Sklerophyllen), immergrüne, lederartige Blätter mit starker Cuticula (Pflanzen der Mittelmeerländer, des Kaplandes, Westaustraliens, Kaliforniens). c) Succulenz der Stamm- oder Blattorgane, *Asclepiadeen, Cacteen, Euphorbien, Crassulaceen, Mesembrianthemum, Aloë, Agave)* (Südafrika, Canaren, Mexiko). d) Starke Behaarung (Steppenpflanzen). e) Nadelblätter oder schmale eingerollte Blätter bei den Nadelhölzern, Heidepflanzen, Grä-

sern (Australien, Kap, nordische und südliche Länder mit winterlicher Trokkenheit). f) Laubfall (Länder mit winterlicher oder tropischer Trockenzeit. g) Überdauern mit unterirdischen Knollen und Zwiebeln (Steppenpflanzen), desgl. mit oberirdischen Knollen (tropische Orchideen). h) Starkes Austrocknungsvermögen ohne Schädigung (Wüstenpflanzen, Moose und Flechten).

17. Ein ökologischer Faktor ist der Wind, da er austrocknend wirkt und die Blätter zerstört. Als Schutzeinrichtungen sind zu beobachten: niederliegender Wuchs, Kleinheit der Pflanzen, Rosettenwuchs und Polsterwuchs (Dünenpflanzen, Hochgebirgspflanzen, Alpen, Paramos, der Anden, arktische und antarktische Flora. Feine Verteilung des Laubes und Schirmwuchs, z. B. *Acacia*, Savannenbäume). Wassergewebe auf den Blättern (Mangrovebäume).

18. Alle Chlorophyllpflanzen bedürfen des Lichtes. Im Wald, besonders im tropischen Urwalde, wird dieser Kampf um das Licht Ursache von zwei ökologischen Formengruppen, der Epiphyten und Kletterpflanzen (Lianen).

19. Epiphyten heißen Pflanzen, deren Samen nicht im Erdboden, sondern auf der Oberfläche anderer Pflanzen (Bäume) keimen und weiterleben und ohne Parasiten zu sein, auf jenen nur einen dem Licht zugewandten Sitz suchen, die Epiphyten sind vorwiegend in den Tropenwäldern verbreitet (Orchideen, Araceen, Bromeliaceen, Farne). Ihre ökologischen Einrichtungen sind: a) Verbreitungsmittel der Samen oberhalb des Walddaches (leichte Samen, Flugapparate). b) Klammerwurzeln zum Festhalten. c) Einrichtungen zum Auffangen des Regenwassers, z. B. in Blattnischen mit Haaren zum Aufsaugen. d) Einrichtungen zum Aufsammeln von Humus (Platycerien und Polypodien). e) Eine besondere Form der Epiphyten bilden die Lianen, mit Einrichtungen zum Klettern: Windende oder mit Ranken begabte Stämme, bei den Rotangpalmen lange mit Haken versehene Flagellen, bei anderen zum Klettern bestimmte Wurzeln. Merkwürdig sind die Ficusarten, die nur einen Teil ihres Lebens Epiphyten sind, später so erstarken, daß sie ihren Wirt ersticken und dann als selbständige Bäume weiterleben, die sich durch Produktion stammähnlicher Luftwurzeln auszeichnen (*Ficus bengalensis*, Banian).

20. Ernährungsgenossenschaften. Es gibt, wie im Tierreich, auch im Pflanzenreich physiologische Genossenschaftsverhältnisse, bei denen sich zwei Organismen verschiedener Art vereinigen und sich gegenseitig in der Lebenshaltung nützlich sind (Symbiose). Dahin gehören die Flechten (S. 85). Sehr auffallend und nach Schimpers Theorie von Bedeutung für die pflanzengeographische Auslese sind die Ameisenpflanzen der Tropen. Hohle Stämme oder in anderen Organen entstehende Höhlungen (Blattdornen von Acacien) werden von unschädlichen Ameisenarten bezogen, welche andere blattzerstörende Ameisenarten von den Pflanzen abwehren und deren Erhaltung im Bestande gewährleisten. Die Pflanzen liefern den Schutzameisen Nährkörper, welche sie abgliedern, und die von den Ameisen gesammelt werden. (Cecropia, Acacia spadicigera, Myrmecodia.)

21. Eine einseitige Ernährungsgenossenschaft auf Kosten der sog. Wirtspflanze sind die Parasiten, deren größte Anzahl zu den Pilzen gehört. Pflanzengeographisch treten nur einige Formen phanerogamer Parasiten hervor, meist in den Tropen und Subtropen (*Rafflesia, Cassytha, Loranthus, Myzodendron*). Einige Halbparasiten (*Melampyrum, Euphrasia, Thesium, Alectorolophus, Pedicularis*) treten auf Wiesen genossenschaftlich auf.

22. Chthonische Formationen. Schon die ältere Floristik kannte den Zusammenhang von Pflanzenvorkommen und Bodenart (Unger) und unterschied Sumpfpflanzen, Moorpflanzen, Geröllpflanzen, Felsenpflanzen (Krustenflechten), Sandpflanzen (Psammophile), Salzpflanzen (Halophyten), Kalkpflanzen, Kieselpflanzen. Die Beeinflussung durch die chemische Zusammensetzung des Bodens ist allgemein jedoch schwer zu erweisen. Alle Saprophyten (Humuspflanzen) verlangen einen Boden mit organischen Nährstoffen. Im Walde fallen die Hutpilze als besondere Vegetation auf, die meisten anderen Saprophyten spielen im Vegetationsbilde keine Rolle. Die Halophyten wachsen auf salzhaltigem Boden, daher auch am Meeresstrande. Die Armut der Moorböden an Stickstoff erzeugte die merkwürdige Gruppe der Insektivoren *(Drosera, Nepenthes, Darlingtonia)*, welche ihre Blätter für den Insektenfang umgestaltet haben, deren Körper durch pepsinähnliche Enzyme verdaut werden und die Stickstoffzufuhr aus dem Boden ersetzen.

Wichtig ist die Erkenntnis, daß auch der Boden durch das Klima verändert und umgebildet wird, was namentlich für die Kulturpflanzen von Bedeutung ist (klimatische Bodenzonen).

Eine große Rolle spielt der Wassergehalt des Bodens (Bindungsvermögen). Auf kaltem Moorboden trifft man eine besondere Genossenschaft von Moorpflanzen *(Sphagnum, Ledum palustre, Eriophorum, Drosera, Empetrum nigrum, Vaccinium uliginosum, Andromeda polifolia, Calluna, Malaxis paludosa)*. Die Sumpfpflanzen auf wasserbedecktem Boden haben xerophilen Bau und oft isolateralen Blattbau *(Phragmites, Acorus, Typha, Iris Pseudacorus, Alisma, Butomus)*. Auf periodisch überschwemmter Meeresküste der Tropen tritt in Buchten die Mangrove und die Pandanusformation auf, beide mit Stelzwurzeln. Den trockenen Sandstrand besiedeln harte Gräser *(Psamma arenaria* bei uns, *Spinifex squarrosus* in den Tropen) (Strandformationen).

23. Als Schutz gegen Tierfraß werden Stacheln und Dornen (Cacteen, Acacia) angesehen, welche ganze Genossenschaften (Dornbusch, Catingas, Scrub) charakterisieren.

24. Jede pflanzengeographische Einteilung der Erde nach einem der angegebenen Prinzipien bleibt einseitig. Nur die Verbindung von Geographie mit der Florenentwicklung, Ökologie und den Formationsbegriffen führt zu einer befriedigenden Pflanzengeographie, deren Schwierigkeit in der Form dieser Verbindung liegt. Die folgende Übersicht schließt sich an Engler und Drude an.

Übersicht über die Vegetation der Erde.

A. Nördliches außertropisches Florenreich

(arkto-tertiär).

I. Das Arktische Gebiet umfaßt die Polarländer und Inseln jenseits der Baumgrenze mit einer westlichen Amerikanischen und einer östlichen Sibirischen Provinz. Die Flora ist arktisch-alpin (Glacialpflanzen). Baumwuchs fehlt, Formation der Tundra.

II. Waldgebiet der nördlichen Halbkugel mit einer Nordeuropäischen, Nordsibirischen und Amerikanischen Provinz. Man kann das Gebiet weiter in zwei Zonen einteilen:

a) die Subarktische Coniferenzone, mit überwiegenden Nadelwäldern und arktischen Florenbestandteilen (Charakterpflanzen: Betula nana, Rubus Chamaemorus); die Zone umfaßt Island, Faer-öer, Nordskandinavien, Finnland, Nordrußland (Fichte, Kiefer, Lärche), Nordamerika von Labrador bis Alaska mit zahlreichen Arten zum Teil riesenhafter Coniferen (Picea- und Abiesarten, Tsuga, Pseudotsuga Douglasii, Thuja gigantea, Libocedrus, Chamaecyparis);

b) die Zone der gemischten Wälder mit vorwiegendem Laubwald. In Europa umfaßt sie Mitteleuropa bis zum Kaukasus, besonders die waldreichen Mittelgebirge (Buche, Eiche, im Schwarzwald und Vogesen Weißtanne), die Hochgebirge der Pyrenäen, Alpen, Karpathen, das südliche Rußland. Die europäische Flora ist eine Mischflora aus westlichen (atlantischen), mittleren (baltischen) und östlichen (pontischen) Formen. Von Glacialpflanzen nur sog. Relikten aus der Eiszeit auf Torfmooren.

In Asien reicht das Waldgebiet vom Ural bis Kamtschatka (Lärche, Picea obovata, Pinus silvestris). Der Wald wird in Südwestsibirien zum großen Teil durch die Steppe (Kirgisensteppe, aralo-kaspische Steppenprovinz) verdrängt.

In Amerika wird das Waldgebiet durch die von Süden eindringende Prärie in den Atlantischen Wald der großen Seen, der Alleghanies, des Mississippi und den Pacifischen Wald des Kaskadengebirges, und der kalifornischen Sierra Nevada (Sequoia gigantea) geteilt. In den Südstaaten der Union immergrüne Eichen. In Florida die Palme Sabal Palmetto und Nordgrenze der Kokospalmenkultur. Großen Raum nimmt die westamerikanische Wüsten- und Steppenprovinz (Mohavewüste, Great Basin) ein.

III. Das Mediterrane Gebiet, mit milden, feuchten Wintern und sehr warmen, trockenen Sommern, ist bezeichnet durch die mediterrane Flora immergrüner Bäume und Sträucher und eine reiche Blütenflora. Immergrüne Eichen: Quercus Ilex, Q. Suber, Korkeiche, Pinus Halepensis und Pinus Pinea, Myrte, Lorbeer, Cistus, Ruscus, Smilax aspera, Olea Europaea; eingeführt sind die Orangengewächse, Cypresse, Agave und Opuntie. Das Mediterrangebiet erstreckt sich von Makaronesien (Canaren, Azoren, Madeira) mit Succulenten, Dracaena Draco, Lorbeerwald, Pinares über Südeuropa bis Kleinasien und Persien (Steppengebiete) und umfaßt einen Teil des Nordrandes von Afrika. (Im Atlas Cedrus atlantica.)

IV. Zentralasiatische Wüstensteppen. Das Tarimbecken, die Gobi und Tibet — wasserarme, baum- und pflanzenleere Gebiete (Haloxylon Ammodendron). Nur in großen Oasenstädten bewohnt und kultiviert.

V. Ostasiatisches Gebiet, umfaßt das Amurland, die Mandschurei, China und Japan. Das Amurland besitzt Nadelwald auf den Gebirgen und Laubwald in der Amurebene mit charakteristischen Bäumen (Betula Dahurica, Quercus Mongolica, Phellodendron Amurense, Juglans Mandschurica). Außer Wäldern gibt es Parklandschaften und Staudenprärien. Das Amurland schließt sich noch an das nördliche Waldgebiet an, die Mandschurei bildet ein Übergangsgebiet zum wärmeren Ostasien. Südchina reicht schon in die Tropenzone hinein, ohne eine ausgesprochene Tropenvegetation zu besitzen. China, durch artenreiche Gattungen ausgezeichnet, zeigt im Norden eine nordische Vegetation laubwechselnder Bäume (Birken, Pappeln,

Ailanthus, Catalpa, Gleditschia, Juglans Chinensis), im Süden eine immergrüne Laubflora (immergrüne Eichen, Camellia, Kampherbäume (Formosa), Bambus, einige Fächerpalmen (Trachycarpus, Livistona Chinensis) Thee u. Reiskultur, Ipomoea Batatas, von Obstbäumen: Diospyros Kaki, Orangen, von Nutzpflanzen: Fatsia papyrifera, Rhus. Japan ist im Norden reich an eigenen Coniferen (Ginkgo, Sciadopitys, Cryptomeria, Pinusarten) hat auch sommergrüne Laubwälder mit Aralia, Hydrangea als Unterholz und Schlingpflanzen, Akebia, Wistaria, Actinidia).

B. Tropisches Florenreich der alten Welt
(palaeotropisch).

a) Afrika.

I. Afrikanisch-Arabisches Wüstengebiet. Wird in Nordafrika ganz von der gewaltigen Sahara eingenommen, umfaßt auch Ägypten und Nubien und erstreckt sich über Arabien bis zur vorderindischen Wüste (Tharr). Regenlose Gebiete mit zerstreuten, niedrigen, dornigen Wüstensträuchern, Gräser mit drahtharten Blättern (Aristida pungens), blattlose oder blattarme Sträucher mit Polsterwuchs (Calligonum comosum, Nitraria retusa, Ephedra elata, Retama Raetam, Anastatica Hierochuntica, Asteriscus pygmaeus), zerstreute Tamariskenbäumchen, Citrullus Colocynthis, Lecanora esculenta, Mannaflechte. In den Oasen ist die Dattelpalme, Phoenix dactylifera, Kulturpflanze, die noch bis Nordindien geht.

II. Mittelafrikanisches Wald- und Steppengebiet. Das tropische Afrika ist vorwiegend ein ungeheures Savannenland.

a) Provinz des Sudan vom Südrand der Sahara (Nordgrenze des Affenbrotbaums) bis zum Äquator. Der Sudan reicht von Senegambien bis zum Somaliland, der Heimat der Balsambäume (Commiphora Myrrha, Balsamodendron, Boswellia Carteri, Weihrauch). Senegambien ist vegetationsarm (Gummiakazien, Acacia Verec). Auch im feuchten Oberguinea (Pfefferküste, Amomum Melegueta) sind die Urwälder (Chlorophora excelsa, Khaya senegalensis) von Savannen (Pennisetum Benthami, Elefantengras mit Borassus flabelliformis) verdrängt.

Kulturpflanze ist in erster Linie die Ölpalme, Elaeis Guineensis, die Weinpalme, Raphia vinifera, die Kolanuß, Cola acuminata, der Kapockbaum, Ceiba pentandra, der Affenbrotbaum, Adansonia digitata. Im Osten erhebt sich das Abyssinische Alpenland als besonderes Gebiet aus dem Tropenklima (mit Kaffeekultur) zum gemäßigten Klima mit sommergrünen und immergrünen Wäldern und Grasland (Hagenia Abyssinica, Juniperus procera) und Steppe.

b) Westafrikanische Waldprovinz. In Kamerun große Urwälder neben Baumsteppe. Zusammenhängender Urwald von riesenhafter Ausdehnung und Steppe mit Affenbrotbäumen im Kongobecken. Angola schließt sich mit Urwald und Steppe hier an. Kultur von Liberiakaffee.

c) Ostafrikanische Steppen- und Waldprovinz, Ostafrika und Rhodesia. Steppen nehmen den größten Raum ein, während der Urwald der Küste und Gebirge ein relativ kleines Areal besitzt. Die Flüsse begleitet häufig ein schmaler Uferwald (Galeriewald). Der Wald hat den Charakter des tropischen Regenwaldes, doch tritt in der Höhe der Gebirge ein anderer Wald (Nebelwald) mit Coniferen (Juniperus procera, Podocarpus) auf. Einen Übergang zur Steppe bildet der Trockenwald (Myombowald). Die Steppe (Savanne) ist sehr mannigfaltig: Hochgrassteppe, Dornbusch, Euphorbiensteppe, Baumsteppe mit Hyphaene, Borassus, Adansonia, Acacia). Kulturpflanzen: Kokospalme und Tropenbäume, Kakao u. a., Vanille, Taro. Neben dem eingeführten Mais, Durrha oder Mohrenhirse (Andropogon Sorghum), Trachylobium verrucosum, Kopalbaum. Auf Zanzibar Gewürznelken.

III. Madagassisches Gebiet. Madagaskar, Maskarenen, Komoren, Seychellen. Madagaskar ist durch viele endemische Gattungen ausgezeichnet, die in Afrika nicht vorkommen (Ravenala und endemische Palmen). Die Urwälder haben indischen, die Savannen afrikanischen Charakter. Auf den Seychellen die Palme Lodoicea Seychellarum.

IV. Südafrikanisches Gebiet (zum Teil außertropisch).

a) Provinz der Kalahari und Südwestafrikas. Die Kalahari ist im Norden Savanne (Copaifera Mopane, Acacia detinens), im Süden wüstenähnlich, sie geht nach Westen in das südwestliche Wüstengebiet über (Welwitschia mirabilis, Aloë dichotoma, Sarcocaulon rigidum).

b) Burenländer und Natal. Transvaal und Orange sind trockene Hochländer, teils mit baumlosen Grassteppen oder niedriger Buschsteppe (Acacia horrida), teils mit baumreicher Savanne (Buschveld) im Norden. Natal, obwohl nicht mehr tropisch, ist vegetationsreicher, mit dichten artenreichen Urwäldern. Kultur von Zuckerrohr, Bananen, Ananas. Südliche Palmengrenze (Phoenix reclinata).

c) Kapland. Im Westen mit Winterregen, im Osten Regen zu allen Zeiten. Große steppenartige Gebiete, von Elythropappus Rhinocerotis und anderen Sklerophyllen. Im Kapland überwiegt die immergrüne Gebüschformation mit schmalem Laube. Am Tafelberg Wäldchen von Silberbaum (Leucadendron argenteum). Außer den Sklerophyllen großer Reichtum an Succulenten (Aloë). An Flüssen Palmiettformation (Prionium Palmita). Immergrüner Wald findet sich nur im Süden (Knysnawald). Das Kapland liefert uns viele Zierpflanzen: Zantedeschia (Calla) Clivia, Gladiolus, Asparagus plumosus, Pelargonien u. a. Das innere Kapland (die Karroo) ist Wüste mit blattarmen Sträuchern (Acacia horrida, Euclea undulata, Guarri) und interessante Succulenten (Portulacaria Afra, Cotyledon, Mesembrianthemum, Aloë). Bemerkenswert sind Testudinaria elephantipes, und Encephalartosarten.

b) Asien.

I. Vorderindisches Gebiet nebst Ceylon. Das vorderindische Tiefland ist zum großen Teil Wüste oder Steppe (Pendschab, Radschputana). Die Gangesebene ist durch künstliche Bewässerung eine reiche Kulturebene geworden mit Reis, Indigo, Jute (Corchorus capsularis), Mohn (Papaver somniferum, Opium) und tropischen Obstbäumen. Tropische Üppigkeit ist erst an der Malabarküste (Travancore) am Fuße der Ghats zu finden, welche Wälder tragen (Forste von Tectona grandis, Tiekholz). In den Nilgherries Kultur von Kaffee, Chinabäumen, Tee, Ingwer, Pfeffer. Die Koromandelküste ist trocken, mit Reis- und Baumwollenkultur (Borassus, Euphorbia antiquorum). Das Plateau von Dekan erhebt sich in rauheres Klima mit baumarmen Savannen. Ceylon ist Indien nicht unähnlich, im Norden steppenartig, mit Dornbüschen (Acacia) im Süden an der Küste Kokoswälder und tropischer Urwald (Dipterocarpus), im Hochland mit anders zusammengesetztem Urwald (Litsea, Calophyllum) und Grasland (Patnas) mit Rhododendron arboreum. In Flüssen Podostemaceen.

II. Das Monsungebiet umfaßt alle Länder mit regelmäßigem Wechsel von trockenem Passat und regenbringendem Monsun.

a) Provinz des Himalaja. Bis zur Höhe von 900 m trägt der Himalaja Tropenwald. Höher hinauf ändert sich der Wald. Der östliche Himalaja gleicht mehr Hinterindien und Ostasien, der westliche mehr Westasien. Im Westen treten in der Höhe Coniferen auf (Cedrus deodara, Abies Webbiana). Im Osten Birken, Ahorne, Eichen, Kastanienarten. Neben Ficus, Baumfarnen und Epiphyten (Raphidophora).

b) Hinterindische Provinz mit Regenwäldern und laubwechselnden Monsunwäldern (Tectona, Dipterocarpus, Acacia Catechu). In Assam Teekultur.

c) Malayische Provinz. Malacca, Sundainseln, Philippinen, Molukken. Auf den Sundainseln entwickelt sich die größte Üppigkeit der Tropenvegetation (200 Palmenarten): Kultur von Kokos, Kautschukbäumen und aller tropischen Nutzpflanzen. Auf den Molukken der Muskatnußbaum, Myristica fragrans und der Gewürznelkenbaum (Caryophyllus aromaticus). Die Philippinen mit reicher Flora und Beziehungen zu Neuguinea und Formosa.

III. Inselwelt des großen Ozeans.

a) Papuasische Provinz, umfaßt Neuguinea und die benachbarten Archipele. Sie schließen sich zwar an das Monsungebiet an, doch hat Neuguinea soviel eigenen Charakter, und viele Endemismen, daß es als besondere Provinz bezeichnet wird. Feuchte Regenwälder bedecken die ganze Insel, Savannen treten zurück. (Myristicaarten, Sagopalme, Metroxylon Rumphii).

b) Melanesien, Polynesien. Besitzen im allgemeinen Ähnlichkeit mit der Flora des Monsungebietes, haben aber zum Teil eigenartigen Charakter. Neukaledonien hat eine artenreiche Flora mit australischen Typen, Casuarina, Araucaria) und viele endemische Coniferen und Palmen. Auch auf den Neuen Hebriden ist der indisch-malayische Charakter durch neuseeländische Elemente (Dammara, Podocarpus, Araucaria u. a. verändert. Dasselbe gilt für die Fidschiinseln. Das übrige Polynesien zeigt indisch-malayische Pflanzenwelt, wird aber nach Osten zu immer artenärmer. Die vulkanischen Inseln sind dicht bewaldet. Auf den Koralleninseln ist die Kokospalme Charakterbaum geworden. Die Hawaiigruppe ist von besonderem Interesse wegen vieler endemischer Formen ($^3/_4$ der Flora) die mit australischen Formen (Acacia Koa, Metrosideros polymorpha) und asiatischen und amerikanischen Formen vermischt sind (Piper methysticum, Kawa).

c) Zum Monsungebiet gehört auch Nordaustralien mit tropischem Urwald und bemerkenswerten Baumformen (Adansonia Gregorii, Brachychiton rupestris, Kentia, neben australischen Formen Livistona australis, Araucaria, Grevillea).

C. Zentral- und Südamerikanisches Florenreich
(neotropisch).

I. Das Mexikanische Gebiet, vom Gilabecken bis zum Isthmus von Tehuantepec, bildet ein Übergangsgebiet zum tropischen Amerika. Zum größten Teil ist es Hochland mit xerophiler Vegetation von Dornsträuchern, Agaven, Fourcroyen, Yucca, Dasylirion, Kakteen (Cereus gemmatus, C. giganteus, Opuntia). Agave americana ist eine alte Kulturpflanze (Pulque). Auf den Randgebirgen herrscht artenreicher Eichen- und Coniferenwald (17 Kiefern, Taxodium mucronatum). Zur Golfküste zieht tropischer Urwald hinab mit Ficus, Palmen (Chamaedorea), Cycadeen (Dioon, Ceratozamia), Orchideen, Bromeliaceen, Sarsaparilla. Drei Kulturregionen (tierra caliente, templada, fria) werden unterschieden, erstere mit Kultur von Zuckerrohr, Kaffee, Bananen, Anacardium, Carica Papaya, Mango, Ananas, Manihot, Kakao, Vanille u. a.

II. Gebiet des tropischen Amerika.

a) Provinz Mittelamerika. Obwohl unter gleichem Klima gelegen, zeigt Mittelamerika mannigfache Gegensätze benachbarter Teile. Die durch den Passat regenreichere Ostküste ist feuchter als die Westküste. Doch ist die Halbinsel Yucatan wegen des Fehlens von regenauffangenden Gebirgen dürre Steppe mit Kakteen, Yucca, Agaven (Sisalagave, Hennequen). Nur an der Küste finden sich Wälder von Haematoxylon (Blauholz). Feuchter ist die Campechebai (Haematoxylon Campechianum, Cedrela odorata, Swietenia Mahagoni, Guajacum officinale). Guatemala, teils bewaldet, teils steppenartig, hat Kultur von Kaffee, Castilloa elastica u. a. bemerkenswert sind Attalea Cohune und Cheirostemon platanoides. San Salvador, die Heimat des Perubalsambaumes (Myroxylon Pereirae) ist trocken, dagegen Honduras, Nicaragua, Costa rica und Panama feucht und durch Wälder mit vielen Palmenarten und Baumfarnen ausgezeichnet (Phytelephas macrocarpa).

b) Provinz Westindien. Die großen Antillen sind durch Kultur stark verändert, die Wälder von Mahagoni- und Cedrelabäumen sind vermindert, und an Stelle der alten Wälder ist vielfach sekundärer Wald mit Cecropia u. a. Bäumen getreten. Bemerkenswert ist das Auftreten von Pinusarten im Tropenwalde der Antillen. Durch Kultur von Zuckerrohr, Kaffee, Tabak, Bananen, Kokos sind die Antillen wichtige Ausfuhrländer.

c) Provinz des nordäquatorialen Südamerika. In Venezuela treten neben den an amerikanischen Arten, besonders an Palmen, reichen Urwäldern der Kordilleren (Attalea, Oenocarpus, Astrocarya, Ceroxylon) zwei neue Formationen auf, die Paramos und die Ljanos. Paramos sind baumlose, über der Waldzone liegende Gebirgskämme und Hochflächen unterhalb der höchsten Kordillerengipfel. Kaltes, stürmisches, wechselndes Wetter duldet nur niedrige Sträucher schön blühender Bejarien und behaarter Kompositen (Espeletia grandiflora, Frailejon) u. a. Die Ljanos sind unermeßliche Ebenen des Orinokogebiets, deren Boden mit Gräsern und Cyperaceen, Mimosa sensitiva und Psidium Guajava dicht bedeckt ist, auf dem Hunderttausende von Palmen (Copernicia tectorum, Mauritia flexuosa) zerstreut sind. Feuchte, artenreiche Urwälder finden sich im Orinokodelta und in Guayana (Nectandra, Mora excelsa, Caryocar butyrosum, Carapa Guyanensis, Machaerium, Jacaranda, Dipteryx odorata, Palmen: Manicaria saccifera, Maximiliana regia, Oenocarpus Bataua, Mauritia flexuosa). Im Hochland ist Guayana Savannenland.

d) Die Provinz Hylaea (benannt von Humboldt nach dem griechischen hylä, Wald), umfaßt das regenreiche Amazonasbecken, ein gewaltiges zusammenhängendes, nur spärlich von Indianern besiedeltes, durch Überschwemmungen des Stromes sumpfiges Urwaldgebiet (außer zahlreichen Arten von Bäumen und Palmen der Wälder des Orinoko und Guyanas: Caesalpinia echinata, Fernambukholz, Hevea Brasiliensis, Bertholletia excelsa, Paranuß, Lecythis Ollaria, Cephaëlis Ipecacuanha).

e) Provinz des Berglandes von Ostbrasilien. Der Ostabhang trägt tropischen Urwald von amerikanischem Charakter und erhebt sich zu einem Tafelland mit vorwiegenden Savannen (Campos), mit niedrigen Bäumen (Erythrina Crista Galli, Campomanesia, Curatella, Genipa, einzelne Palmen: Cocos Romanzoffiana) und kleinen Waldinseln. Eine zweite Formation sind die Catingas, xerophile Buschwälder mit Ceiba, Kakteen und Dorngestrüpp. An den Flüssen Copernicia cerifera, Wachspalme.

f) Provinz Südbrasilien. Auch hier an der Ostküste tropischer Regenwald, der sich bis nach Paraguay (Ilex paraguayensis, Maté) erstreckt, auf dem Plateau Wald von Araucaria Brasiliana und Campos mit eingestreuten Laubwäldern, in den Stromschnellen Podostemaceen.

III. Andines Gebiet.

a) Provinz der tropischen Andenstaaten. Dichter Urwald erfüllt die Gebirgsschluchten der Andenstaaten, doch treten bei verschiedenem Regenklima auch andere Formationen auf, z. B. in Colombia Buschwald und Strauchformation (Monte), um Bogota die weite Savanne. Ecuador ist reich an palmenreichen Wäldern (die Cyclanthacee Carludovica palmata), doch geht Südecuador in das regenarme Gebiet von Peru über. Nordperu ist Wüste mit dürftiger Grassteppe, Succulenten, Fourcroya. Nur die Flußufer zeigen Baumwuchs und tropische Kulturpflanzen. Auf den Gebirgshöhen Heliotropium peruvianum, Bougainvillea, neben Zuckerrohr, Bataten und der hier heimischen Kartoffel, die Quinoa (Chenopodium Quinoa) und Oca (Oxalis tuberosa). Große Flächen oberhalb der letzten Kulturregion nimmt die Puna ein, eine Grassteppe ähnlich den Paramos (Puya gigantea). Der Ostabhang der Kordilleren ist von Ecuador bis Bolivia mit tropischem Regenwalde bedeckt, der eine Fortsetzung der Hylaea ist. In Peru heißt er Montaña, an die sich höher ein Nebelwald, Ceja de la Montaña, ein Buschwald mit Chusquea, anschließt. Im unteren Rand dieses Waldes ist die Heimat der Cinchonen. Auch Erythroxylon Coca wird hier kultiviert.

IV. Außertropisches Argentinisches oder Pampasgebiet.

a) Argentinische Provinz. Nur im Norden, dem Gran Chaco, ist die Provinz bewaldet, während sich bis zur Südspitze ein unermeßliches Steppengebiet, die Pampas und die Patagonische Geröllsteppe ausdehnt. Der nördliche Teil des Gran Chaco besteht aus dichten, zum Teil während der Trockenzeit laublosen Wäldern, aus Buschwald und Weideland. Auch Bestände von Palmen (Copernicia cerifera, Cocos Yatai) sind noch vorhanden. Den östlichen Abhang der Anden ersteigt der subtropische Wald, charakterisiert durch die Quebrachobäume (Aspidosperma Quebracho, Schinopsis Lorentzii, Piptadenia Cebil). Über dem Walde dehnt sich die Puna aus. Die

Pampas des Südens ist eine unermeßliche Grasebene, fast ohne Baumwuchs, nur an den Flüssen mit schmalem Galeriewald. Palmen finden hier ihre Südgrenze. Im Westen gehen die Pampas in eine Strauchsteppe, die Chanarsteppe (Gourliea decorticans und andere Sträucher) über. Eingewandert sind aus Europa und bewachsen große Strecken: Silybum Marianum, Foeniculum officinale und Cynara Scolymus.

b) Provinz Patagonien. Wüste und unbewohnte Geröllsteppe. Ohne größere Formationen, nur in den feuchten Tälern der Kordilleren-Abhänge kleine Waldinseln von Nothofagus.

V. Chilenisches Übergangsgebiet. Nur der nördliche Teil Chiles liegt in der Tropenzone, schließt sich aber wegen seiner Regenlosigkeit der peruanischen Wüste an (Atacama). In Mittelchile nimmt der Regen zu, fördert aber nur eine xerophile Strauchformation (Myrtaceen), der Wald ist noch spärlich (Quillaja Saponaria). Kleine Wäldchen bildet die Palme Jubaea spectabilis. Von den zu Südamerika gerechneten Inseln sind die Galapagos und Juan Fernandez wegen ihrer Endemismen besonders zu beachten, wie überhaupt die Inselfloren meistens einen eigenartigen von dem der benachbarten Festländer abweichenden Charakter besitzen.

D. Australes Florenreich
(austral-antarktisch).

I. Antarktisches Waldgebiet Südamerikas. Südchile ist ein regenreiches Waldland mit teils laubwechselnden, teils immergrünen antarktischen Buchen (Nothofagus). Auf den Kämmen der Anden tritt Araucaria imbricata auf. Dies Waldgebiet setzt sich in Feuerland fort. In den feuchten Tälern treten solche Wälder von immergrünen Buchen (Nothofagus betuloides) und Drimys Winteri auf.

II. Gebiet von Australien. Wälder von tropischem Charakter mit epiphytischen Farnen und Lianen finden sich noch: a) in Ostaustralien bis zum Wendekreise. Südlicher tritt subtropischer Regenwald auf, in den auch das Wahrzeichen Australiens, der Eucalyptus, eindringt. Anziehend werden diese Wälder durch die Menge von Baumfarnen (Dicksonia antarctica, Todea, Alsophila). Im Küstenlande wachsen die australischen Coniferen Phyllocladus, Podocarpus, Dacrydium, Callitris, auch die Palmen Kentia und Livistona kommen noch vor.

b) Provinz Westaustralien. Hier tritt die Eigenartigkeit der australischen Flora in einer charakteristischen Hartlaubflora hervor (Banksia, Hakea, viele Acaciaarten). Der Eucalyptus bildet dichte Wälder, gemischt mit Casuarina. Hier ist die Heimat der merkwürdigen Grasbäume, Kingia australis, Xanthorrhoea Preissii). In den Wäldern wächst auch die Cycadee Makrozamia Fraseri. Große Strecken nimmt das Savannenland mit Eucalyptus ein. Nach dem Innern dehnt sich Grasland mit kleinen Acacien und Eucalypten aus. Im Süden und Westen Australiens bedeckt verworrene Gestrüppformation (Scrub) Hunderte von Quadratmeilen. Das Innere Australiens nehmen große Wüsten ein. Berüchtigt ist die Spinifex-Formation (Triodia).

c) Provinz Tasmania. Tasmanien, mit mildem Klima, durch australische Hartlaubflora dem Festland ähnlich, hat durch das Fehlen aller Palmen und durch eigenartige Coniferen (Arthrotaxis, Fitzroya) einen besonderen Charakter. Die Wälder sind reich an Baumfarnen.

III. Gebiet von Neuseeland. Neuseeland, mit mildem Winterklima, ist so reich an endemischen Arten, daß bei aller Ähnlichkeit mit australischer Flora ein selbständiger Charakter des Gebiets hervortritt. Die Nordinsel ist fast ganz bewaldet, auf der Südinsel bedeckt dichter, immergrüner Wald die westlichen Gebirge, während die Ebene bis zur Ostküste baumlos ist. Das Grasland ist mit mächtigen Grasbüscheln (Tussok, Poa caespitosa) bewachsen. Pteris esculenta bedeckt weite Strecken. Die Urwälder, in denen die prachtvollen neuseeländischen Coniferen (Dacrydium cupressinum, Podocarpus dacrydioides, Agathis australis) eine Rolle spielen, sind mit Lianen durchwachsen und bergen eine Fülle von Baumfarnen (Dicksonia squarrosa, Cyathea dealbata). Auch kleine Palmen kommen noch vor (Kentia, Areca sapida). Reine Bestände bildet Nothofagus fusca. An den Flußufern wächst der neuseeländische Flachs (Phormium tenax). Eigenartig ist die alpine Flora (strauchige Veronicaarten, die merkwürdigen Polsterpflanzen Raoulia und Haastia pulvinaris, „vegetable sheep").

IV. Antarktisches Gebiet. Das antarktische Festland liegt unter Eis begraben, nur Algen und endemische Moose bilden die dürftige Pflanzenwelt. Manche Formen sind den arktischen ähnlich. Auf den Kerguelen-inseln wächst die Crucifere Pringlea antiscorbutica, die polsterförmige Azorella Selago und Acaena adscendens.

V. Ozeanisches Gebiet. Die Meeresflora besteht vorwiegend aus Rot- und Brauntangen und Siphoneen, wenigen Monocotylen (Seegräser) und der Schwebeflora von Diatomeen und Peridineen und Coccolithophoroïden (Plankton).

Verzeichnis der wichtigsten Arzneipflanzen.

Bezüglich der Namen der Stammpflanzen ist hervorzuheben, daß eine große Anzahl der Arzneipflanzen, ebenso wie andere Pflanzenarten, keine unveränderlichen Arten sind und in mehreren Formen vorkommen, die äußerlich oft durch merkliche, oft nur durch kleine Unterschiede in der Größe der Blüten, der Blattform, Behaarung usw. voneinander abweichen. Die Formverschiedenheit ist oft auch mit Unterschieden im Gehalt an wirksamen Stoffen verbunden. Die wissenschaftliche Ungenauigkeit, daß man im allgemeinen nur einen Namen für den Formenkreis einer Stammpflanze angibt, hat wenig auf sich, wenn man nur weiß, daß z. B. unter Valeriana officinalis mehrere Formen begriffen werden usw. Eine andere Schwierigkeit liegt darin, daß in vielen Fällen Pflanzennamen von neueren Autoren geändert werden. Die wissenschaftliche Systematik folgt mit diesen Namensänderungen ihren besonderen Prinzipien. Für die Praxis ist es im Grunde gleichgültig, unter welchem Namen man sich eine offizinelle Pflanze merkt, die Hauptsache ist, daß man sie kennt, und nicht ihr Name. Um den Verwirrungen vorzubeugen, welche durch diese wechselnde Nomenklatur für den praktischen Apotheker hervorgerufen werden können, sind mehrfach doppelte Namen in Klammern beigefügt*).

Abies pectinata. Weißtanne. Abietineen. Gymnospermen.

Liefert Terpentin und dessen Destillationsprodukte. Besonders im Elsaß wird von der Weißtanne der sogenannte Straßburger Terpentin gewonnen. Terpentin ist ein Gemenge von ätherischem Terpentinöl (Pinen) und Harzsäuren (Abietinsäure). Aus dem Terpentin wird durch Destillation das Terpentinöl, Oleum Terebinthinae, gewonnen. Dabei bleibt das gewöhnliche gelbe, wasserhaltige Harz zurück, welches durch vorsichtiges Schmelzen vom Wasser befreit werden kann und dann Kolophonium heißt. Eine nordamerikanische Tanne, Abies balsamea, liefert den Kanadabalsam. (Vgl. Pinus silvestris p. 174.)

Acacia Catechu und **Acacia Suma.** Mimosaceen. Dicotylen.

Bäume mit schirmförmiger Krone und gefiederten Blättern, gelbblühend, in den Wäldern Ostindiens und des tropischen Afrikas. Durch Auskochen des Kernholzes und Eindampfen des Extrakts wird das offizinelle Catechu gewonnen. Bestandteile Catechin und Catechugerbsäure. Das technisch verwandte Gambir-Catechu gewinnt man durch Auskochen der Stengel und Blätter einer kletternden Rubiacee Hinterindiens, Ourouparia Gambir. Wenig Catechu ist im Handel von der Arecapalme. Gerbemittel.

Acacia Senegal, Acacia Verek und andere Arten. Mimosaceen. Dicotylen.

Bäume mit gefiederten Blättern in Arabien, Nubien und Ägypten, Senegambien. Droge: Gummi arabicum, welches aus der geborstenen Rinde quillt. Hauptbestandteil des Gummis ist Arabinsäure.

---

*) Ausführlichere Auskunft über die Produkte der Arzneipflanzen, die Drogen, findet man in Hansen, Repetitorium der Pharmakognosie. 2. Aufl. 1909.

Aconitum Napellus. Eisenhut. Ranunculaceen. Dicotylen.

Perennierende Pflanze mit aufrechtem 60—90 cm hohem Stengel, tiefeingeschnittenen Blättern und großen violettblauen Blüten. Blüht im Sommer. In Bergwäldern Deutschlands. Giftpflanze. Droge: Die Wurzelknollen. Tubera Aconiti. Aconitin. Anwendung bei Neuralgien, Epilepsie.

Acorus Calamus. Kalmus. Araceen. Monocotylen.

Sumpfpflanze mit schwertförmigen Blättern und kolbenförmigem Blütenstand. Stammt aus Asien, wächst wild in Europa. Droge: das aromatische Rhizom, Rhizoma Calami. Ätherisches Öl und ein bitteres Glycosid, Acorin.

Aloë ferox, africana und andere Arten. Aloë. Liliaceen. Monocotylen.

Im Kaplande kultiviert. Pflanzen mit dicken fleischigen Blättern und langer Blütenähre. Andere Arten, z. B. Aloë vulgaris, werden auf Jamaika Barbados, Curaçāo, in Ostindien kultiviert, Aloë Perryi auf Socotra. Der eingedickte Saft der Pflanze ist die Aloë, welche Aloëharz, Aloïn und Emodin enthält. Starkes Abführmittel.

Alpinia officinarum. Galgant. Zingiberaceen. Monocotylen.

Wildwachsend und kultiviert auf der chinesischen Insel Hainan. Droge: Rhizoma Galangae. Ätherisches Öl. Magenmittel.

Althaea officinalis. Eibisch. Malvaceen. Dicotylen.

Perennierende Pflanze. Stengel aufrecht 1—1½ Meter hoch, mit weichhaarigen Blättern. Angebaut in Deutschland, Frankreich, Belgien. Blüht im Sommer mit hellrosa Blüten. Droge: Folia und Radix Althaeae. Schleim.

Andira Araroba. Papilionaceen. Dicotylen.

Baum Brasiliens. Droge: eine harzige Substanz, welche sich in großen Hohlräumen im Holz ansammelt. Chrysarobin gegen Hautkrankheiten.

Arachis hypogaea. Papilionaceen. Dicotylen.

Einjährige ästige Pflanze mit gefiederten Blättern und gelbroten Schmetterlingsblüten. Die Früchte reifen, nach dem Eindringen der Blütenstiele in den Boden, unterirdisch (Erdnuß). Die rotbraunen Samen enthalten fettes Öl, welches ausgepreßt wird, Oleum Arachidis. Kulturpflanze Indiens, Südamerikas, Nordamerikas, Afrikas.

Archangelica officinalis. Engelwurz. Umbelliferen. Dicotylen.

Zweijährige Pflanze mit großen gefiederten Blättern, und aufgeblasenen Blattscheiden. Nördliches Europa. Blüht im Sommer mit kugelrunden Blütendolden. Droge: Radix Angelicae. Ätherisches Öl und Harz. Magenmittel.

Arctostaphylos Uva Ursi. Bärentraube. Ericaceen. Dicotylen.

Kleiner Strauch mit lederartigen Blättern. Heiden und Nadelwälder der nördlichen Hemisphäre. Blüht im Frühjahr mit krugförmigen rötlichen Blüten. Droge: Folia Uvae Ursi. Glycosid Arbutin. Harntreibend.

Areca Catechu. Betelpalme. Palmen. Monocotylen.

Palme mit schlankem Stamm und großen gefiederten Blättern. Im ganzen malayischen Archipel und Ostindien kultiviert. Die Samen (Betelnüsse) dienen in den Tropen zusammen mit Kalk und den Blättern von Piper Betle als Genußmittel (Kaumittel). Offizinell die gerbstoff- und alkaloidhaltigen Samen. Semen Arecae.

Arnica montana. Arnica. Compositen. Dicotylen.

Perennierende krautige Gebirgspflanze Deutschlands und der Schweiz mit dünnem Rhizom. Blüht im Sommer orangegelb. Droge: die Blüten des Blütenkopfes, Flores Arnicae. Ätherisches Öl. Wundmittel.

Artemisia Absinthium. Wermut. Compositen. Dicotylen.

Perennierende 60—90 cm hohe Pflanze mit kantigem Stengel. Ganze Pflanze grauhaarig. Blüht im Sommer mit vielen kleinen gelben Blütenköpfchen. Deutschland, sonnige Berglehnen, auf Felsen. Droge: Herba Absinthii. Thujonhaltiges, giftiges ätherisches Öl und Bitterstoff (Absinthiin).

Artemisia Cina. Compositen. Dicotylen.

Steppenpflanze Asiens (Kirgisensteppe). Droge: Flores Cinae, die ungeöffneten Blütenköpfe der Pflanze. Santonin. Wurmmittel.

Aspidium Filix mas. Wurmfarn. Farne.

In schattigen Wäldern Deutschlands. Droge: das Rhizom, Rhizoma Filicis. Auch die wirksamen Basen der Blattstiele werden gesammelt. Grünes fettes Öl, ätherisches Öl, Harz, Gerbstoff, Filixsäure. Bandwurmmittel.

Astragalus creticus. Traganthstrauch. Papilionaceen. Dicotylen.

Dorniger Strauch auf Gebirgen Griechenlands und Kretas. Liefert wie viele andere Astragalusarten Kleinasiens den Traganth, ein eingetrocknetes gummiartiges Umwandlungsprodukt der Markstrahlen, welches aus der geborstenen Rinde hervorquillt.

Atropa Belladonna. Tollkirsche. Solanaceen. Dicotylen.

Perennierende Pflanze. Stengel 1—1½ Meter hoch mit abstehenden Asten, an denen ein kleineres Blatt stets neben einem größeren steht. Blüht im Sommer. Blüten glockenförmig, schmutzig gelb, mit violetten Adern und violettbraunem Saum. Die im Herbst reife, glänzend schwarze Beere ist noch vom grünen Kelch umgeben. In lichten Laubwäldern, an Waldrändern in Mittel- und Südeuropa. Droge: Folia und Radix Belladonnae. Alkaloide Hyoscyamin und Atropin, besonders in der Wurzel. Atropin wirkt pupillenerweiternd.

Brassica nigra. Schwarzer Senf. Cruciferen. Dicotylen.

Einjährige Pflanze. In Deutschland an Flußufern. Für die Senffabrikation kultiviert. Blüht gelb im Sommer. Offizinell: Semen Sinapis, aus dem das Senföl, Oleum Sinapis, dargestellt wird. Das Senföl ist nicht in den reifen Samen enthalten, sondern bildet sich erst beim Zusammenbringen derselben mit Wasser. Durch ein im Samen enthaltenes Enzym, das Myrosin, wird das myronsaure Kali in den Senfsamen gespalten in Senföl, Zucker und Kaliumbisulfat. Zu Senfteig benutzt.

Capsicum annuum. Spanischer Pfeffer. Solanaceen. Dicotylen.

Aufrechter krautiger Stengel. Einjährig, blüht weiß im Sommer. Im tropischen Amerika einheimisch, in allen wärmeren Ländern, besonders in Ungarn, kultiviert. Die lederartigen 5—6 cm langen Früchte werden als „spanischer Pfeffer“, Fructus Capsici, benutzt. Enthalten das brennend schmeckende, kristallisierende Capsaïcin. Reizmittel.

Carum Carvi. Kümmel. Umbelliferen. Dicotylen.

Zweijährige, krautige Doldenpflanze. Auf Wiesen in Europa, wird auch angebaut. Blüht weiß im Sommer. Droge: Fructus Carvi. Ätherisches Öl (Carvon).

Cassia angustifolia. Sennastrauch. Caesalpiniaceen. Dicotylen.

Wird in Vorderindien kultiviert und liefert die nach dem Hafen Tinnevelly benannte Handelssorte. Die Sennesblätter enthalten Cathartinsäure und Senna-Emodin. Eine andere Art, Cassia acutifolia, Oberägypten und Nubien. Droge: die nach dem Ausfuhrhafen so benannten Alexandrinischen Sennesblätter, Folia Sennae Alexandrinae. Abführmittel.

Cetraria islandica. Isländische Flechte. Flechten.

Fälschlich Isländisches Moos genannt. Polarzonen beider Hemisphären, Gebirge Deutschlands. Wird im Harz und Fichtelgebirge gesammelt (dient in

Island, wo sie gemein ist, als Nahrungsmittel). Enthält den Bitterstoff Cetrarin oder Cetrarsäure und sogen. Flechtenstärke, welche mit heißem Wasser eine Gallerte bildet. Katarrhmittel.

Chondrus crispus. Carageen. Algen.

An felsigen Küsten Westeuropas und Ostküste Nordamerikas. Droge: die getrocknete Pflanze, Carageen, welche außer Chondrus auch Gigartina mamillosa enthält. Bassorin, Jod, Brom. Katarrhmittel.

Cinchona succirubra und zahlreiche andere Cinchonaarten. Rubiaceen. Dicotylen.

Bäume auf den Kordilleren von Südamerika, seit 1854 auch nach Java, später von den Engländern nach Ceylon und Ostindien verpflanzt. Liefern die Chinarinden in zahlreichen Handelssorten. Die Rinden enthalten Alkaloide, von denen das wichtigste das fieberwidrige Chinin, dessen Salze offizinell sind. Die Chinarinden enthalten bis 13% Chinin und andere Alkaloide, unter diesen Chinidin und Cinchonin, ferner Chinagerbsäure, die in Chinarot übergeht.

Cinnamomum Camphora (Camphora officinarum). Kampferbaum. Lauraceen. Dicotylen.

China und Japan. Bildet große Wälder auf der Insel Formosa. Durch Destillation wird aus dem Holze der Kampfer dargestellt, welcher nochmals sublimiert (raffiniert) wird.

Cinnamomum ceylanicum. Zimtbaum. Lauraceen. Dicotylen.

Wächst wild in den Bergwäldern Ceylons, wird aber auf der Insel in sogen. Zimtgärten sorgfältig kultiviert. Droge: Cortex Cinnamomi, ceylanici. Ätherisches Öl (Zimtaldehyd). Von Cinnamomum Cassia, der in China und auf Jamaika kultiviert wird, kommt der weniger feine Cassiazimt. Cortex Cinnamomi Cassiae. Gewürz.

Citrullus Colocynthis. Koloquinte. Cucurbitaceen. Dicotylen.

Wie der Kürbis auf dem Boden kriechende afrikanische Wüstenpflanze. In Südspanien kultiviert. Droge: die geschälten, äußerst bitteren Früchte, Fructus Colocynthidis. Bitteres Glycosid Colocynthin. Starkes Abführmittel.

Citrus Aurantium. Orange, Pomeranze. Aurantiaceen. Dicotylen.

Kultiviert in den Mittelmeerländern. Gebräuchlich: die Fruchtschalen, Cortex Aurantii Fructus, die ganzen unreifen Früchte, Fructus Aurantii immaturi und das durch Destillation der wohlriechenden Blüten gewonnene Orangeblütenwasser, Aqua florum Aurantii. Ein dem vorigen ähnlicher, jetzt in Südeuropa, Kalifornien, Afrika kultivierter Baum liefert die Apfelsinen.

Citrus Limonum. Limone. Aurantiaceen. Dicotylen.

Kultiviert in den Mittelmeerländern. Aus dem sauren Safte der Früchte wird Zitronensäure fabrikmäßig dargestellt, aus den Schalen das Zitronenöl. Gebräuchlich: die Schalen der Früchte, Cortex Citri Fructus, Acidum citricum und Oleum Citri. Die Schalen der Früchte eines anderen Baumes, Citrus medica, werden ebenfalls getrocknet und sind eingezuckert als Zitronat bekannt.

Claviceps purpurea. Mutterkorn. Pilze.

Das sogenannte Mutterkorn entsteht auf Roggenähren als länglicher schwarzvioletter Körper, welcher an Stelle eines Roggenkornes sitzt. Das Mutterkorn ist kein vollständiger Pilz, sondern nur ein Entwicklungsstadium. Es ist ein Dauermycelium, ein sogenanntes Sklerotium, aus welchem erst die Fruchtträger des Pilzes entstehen. Offizinell ist nur das Sklerotium (Secale cornutum), welches neben fettem Öl eine Anzahl Alkaloide enthält, unter anderen das Cornutin und das sehr giftige Ergotoxin. Gegen innere Blutung.

Cnicus benedictus. Kardobenediktenkraut. Compositen. Dicotylen.

Einjähriges stacheliges Kraut mit gelben, von stacheligen Hüllblättern umgebenen Blütenköpfen. Einheimisch im Orient, in Deutschland auch angebaut. Droge: Herba Cardui benedicti. Bitterstoff Cnicin. Magenmittel.

Colchicum autumnale. Herbstzeitlose. Liliaceen. Monocotylen.

Knollenpflanze. Auf feuchten und trockenen Wiesen in Deutschland. Aus der unterirdischen Knolle erhebt sich im Herbst nur die rosarote mit langer Kronenröhre versehene Blüte über dem Boden. Der befruchtete Fruchtknoten überwintert unterirdisch, und erst im folgenden Frühjahr erscheinen Laubblätter und Frucht über der Erde. Droge: Semen Colchici. Giftiges Alkaloid Colchicin: Gegen Gicht.

Commiphora Myrrha (Balsamodendron Myrrha). Burseraceen. Dicotylen.

Kleiner Baum Arabiens und Ostafrikas. Droge: die Myrrha, ein aus Rindenspalten ausfließendes Gummiharz. Enthält 28—35 % Harz, viel Gummi, ätherisches Öl, Bitterstoff. Zu Mundwässern.

Copaïfera officinalis, guyanensis, coriacea. Caesalpiniaceen. Dicotylen.

Bäume Brasiliens mit ansehnlichen gefiederten Blättern und weißen Blütenrispen. Droge: Balsamum Copaivae, welcher nach Verwundung der Stämme reichlich ausfließt. Gegen Gonorrhoe.

Crocus sativus. Safran. Iridaceen. Monocotylen.

C. Pallasii, C. Fleischeri (Kleinasien). C. hiemalis (Syrien). C. vitellinus (Beirut). Knollenpflanze. Einheimisch im Orient. Angebaut in Spanien. Droge: die getrockneten, roten Narben der Blüten (Safran). 40000 Blüten geben 1/2 Kilo trockenen Safran. Ätherisches Öl und Farbstoff.

Croton Eluteria. Euphorbiaceen. Dicotylen.

Strauch auf den Bahama-Inseln. Droge: Cortex Cascarillae Ätherisches Öl. Cascarillin. Gerbstoff. Gegen Diarrhoe.

Croton Tiglium. Euphorbiaceen. Dicotylen.

Kleiner Baum Ostindiens. Aus dem Samen wird das fette Oleum Crotonis, von sehr stark drastischer Wirkung, dargestellt.

Curcuma Zedoaria. Zingiberaceen. Monocotylen.

Staude mit dickem Rhizom. Vorderindien kultiviert. Droge: Rhizoma Zedoariae. Ätherisches Öl, Harz. Magenmittel.

Datura Stramonium. Stechapfel. Solanaceen. Dicotylen.

Einjährige ästige Pflanze mit großen, buchtigen Blättern. Stammt vom Schwarzen Meere, wächst bei uns als Unkraut. Blüht fast den ganzen Sommer mit großen, weißen, trichterförmigen Blüten. Droge: Folia Stramonii. Die Alkaloide Hyoscyamin und Atropin, besonders in den Samen. Gegen Asthma.

Digitalis purpurea. Roter Fingerhut. Scrophulariaceen. Dicotylen.

Zweijähriges Kraut mit großen, eiförmigen, unterseits grauen Blättern und zahlreichen, nach einer Seite gewendeten glockenförmigen Blüten. Blüht purpurrot oder weiß im Sommer. In Bergwäldern Deutschlands. Droge: Folia Digitalis. Die giftigen Glycoside Digitalin und Digitoxin. Herzmittel.

Dorema Ammoniacum. Umbelliferen. Dicotylen.

Große Staude mit wenigen Wurzelblättern und mächtigem Blütenschaft. Sandwüsten Persiens und der Tatarei. Droge: Ammoniacum, ein aus der Wurzel ausfließendes Gummiharz. Zu Pflastern.

Elettaria Cardamomum. Cardamomen. Zingiberaceen. Monocotylen. Kultiviert in Vorderindien. Droge: die lederartigen strohgelben Fruchtkapseln, Fructus Cardamomi, Malabarcardamomen, deren Samen als Gewürz benutzt werden. Die Ceyloncardamomen stammen von Elettaria major.

Erythraea Centaurium. Tausendgüldenkraut. Gentianaceen. Dicotylen. Zweijähriges 15—20 cm hohes, schlankes Kraut mit vierkantigem Stengel und gegenständigen Blättern. Auf Waldwiesen in Deutschland. Blüht im Sommer purpurrot. Droge: das blühende, bitterschmeckende Kraut, Herba Centaurii. Bittermittel.

Erythroxylon Coca. Cocastrauch. Erythroxylaceen. Dicotylen. 1—2 m hoher Strauch, in Peru und Bolivia kultiviert. Die Blätter werden in den Tropen als Anregungsmittel gekaut. Sie enthalten das Alkaloid Cocaïn.

Euphorbia resinifera u. **canariensis.** Euphorbiaceen. Dicotylen. Große, blattlose, cactusähnliche, milchsaftstrotzende Pflanzen. Auf den Bergen Marokkos und den kanarischen Inseln. Der getrocknete Milchsaft ist das Euphorbium, ein giftiges Harz. Zu Pflastern.

Exogonium Purga. Jalapenwinde. Convolvulaceen. Dicotylen. Schlingpflanze vom Habitus unserer Gartenwinden mit großen violettroten Blüten. Am östlichen Abhang der mexikanischen Anden, dort auch kultiviert. Droge: die knollig verdickte Tubera Jalapae. Glycosidähnliches Jalapenharz. Abführmittel.

Fagus silvatica. Buche. Cupuliferen. Dicotylen. Wichtiger Waldbaum Europas mit wertvollem Nutzholz, die Früchte (Bucheckern) liefern das technisch und als Speiseöl benutzte fette Öl. Aus dem Holzteer wird durch Destillation Kreosot gewonnen.

Ferula Asa foetida. Umbelliferen. Dicotylen. Staude des Orients, besonders Persiens. Droge: Asa foetida, ein Gummiharz, welches nach dem Abschneiden des oberirdischen Stengels aus der Pfahlwurzel ausquillt und nach dem Erhärten gesammelt wird. Zu Pflastern.

Ferula galbaniflua. Umbelliferen. Dicotylen. Große Staude auf Gebirgen Persiens. Droge: Galbanum, ein aus dem Stengel austretendes Gummiharz. Zu Pflastern.

Foeniculum vulgare. Fenchel. Umbelliferen. Dicotylen. Zweijährige Pflanze mit charakteristischen, in fadenförmige Zweige geteilten Blättern. Blüht mit gelber Dolde im Sommer. Südeuropa. Auch angebaut. Droge: Fructus Foeniculi. Ätherisches Öl. Aromatisches Mittel.

Fraxinus Ornus. Mannaesche. Oleaceen. Dicotylen. Unserer Esche ähnlicher Baum. Südeuropa. Anbau auf Nordsizilien beschränkt. Droge: Manna (Mannit), welche aus Einschnitten in die Rinde ausquillt und an der Luft erhärtet. Gelindes Abführmittel.

Garcinia Hanburyi. Clusiaceen. Dicotylen. Baum Indiens. Liefert das giftige gelbe Gummiharz Gutti, welches aus Einschnitten in den Stamm reichlich ausfließt und in Bambusröhren gesammelt wird. Farbstoff, starkes Drasticum.

Gentiana lutea. Gelber Enzian. Gentianaceen. Dicotylen. Perennierende Alpenpflanze mit dicker, walzenförmiger Wurzel. Blüht gelb im Sommer. Droge: Radix Gentianae, welche aber auch von anderen Arten, G. pannonica, purpurea, punctata, gesammelt wird. Kristallisierbarer Bitterstoff, Gentiopikrin. Bittermittel.

Glycyrrhiza glabra. Süßholz. Papilionaceen. Dicotylen.

Perennierende mannshohe Pflanze mit langen, horizontal hinkriechenden unterirdischen Ausläufern. In Südeuropa angebaut. Blüht violett im Sommer. Droge: Radix Liquiritiae und das aus derselben dargestellte Extrakt, Succus Liquiritiae (Lakritzen). Das russische Süßholz stammt von der Varietät Glycyrrhiza glandulifera. Katarrhmittel.

Gossypium herbaceum. Baumwolle. Malvaceen. Dicotylen.

Diese krautige und mehrere andere Arten liefern die Baumwolle. In fast allen Ländern der wärmeren Zone (Südstaaten der Union, Ägypten) angebaut. Die Baumwollfasern sind Haare, welche die Oberfläche der kleinen Samen so dicht umgeben, daß die aufspringende Kapselfrucht ganz davon erfüllt ist.

Guajacum officinale. Zygophyllaceen. Dicotylen.

Hoher Baum Südamerikas und Westindiens. Droge: das sehr harte Pockholz, Lignum Guajaci. Enthält ein grünbraunes, schwach aromatisches Harz.

Hagenia abyssinica. Rosaceen. Dicotylen.

Baum des abyssinischen Berglandes mit männlichen und weiblichen Blütenrispen. Die weiblichen Blütenstände sind die offizinellen Flores Koso (Bandwurmmittel). Kosotoxin.

Hevea brasiliensis. Euphorbiaceen. Dicotylen.

Stattlicher Baum mit dreiteiligen Blättern und kleinen, grünlichen eingeschlechtigen Blüten in den Urwäldern des Amazonas und Orinoko. Wird aber auch in allen Tropenländern kultiviert. Liefert in seinem koagulierten und getrockneten Milchsaft den besten Kautschuk (Para-Kautschuk).

Hydrastis canadensis. Ranunculaceen. Dicotylen.

Krautige Pflanze Kanadas und Pennsylvaniens mit großen tiefgeteilten Blättern und grünlichweißen Blüten. Droge: der bittere gelbgefärbte Wurzelstock Rhizoma Hydrastis. Hydrastin. In der Gynäkologie gebraucht.

Hyoscyamus niger. Bilsenkraut. Solanaceen. Dicotylen.

Einjährige Pflanze, mit buchtigen, weichhaarigen, klebrigen Blättern. Deutschland, auf Schutthaufen, an Wegen, in der Nähe menschlicher Wohnungen. Blüht im Sommer. Blumenkrone blaßgelb mit violetten Adern und rotvioletten Flecken im Schlunde. Droge: Herba und Semen Hyoscyami. Hyoscyamin, besonders in den Samen. Giftpflanze.

Iris pallida, Iris germanica. Schwertlilien. Iridaceen. Monocotylen.

Pflanzen mit dickem, verzweigtem Rhizom. Südeuropa. Zierpflanzen in Deutschland. Droge: das geschälte, nach dem Trocknen veilchenähnlich duftende Rhizom (Veilchenwurzel). Als Kosmeticum.

Jambosa Caryophyllus (Caryophyllus aromaticus). Myrtaceen. Dicotylen.

Baum auf den Molukken. In allen Tropenländern kultiviert. Droge: Caryophylli, Gewürznelken, die getrockneten Blütenknospen, welche reich an ätherischem Öl (Nelkenöl) sind. Gewürz.

Jatrorrhiza palmata (Jateorrhiza Calumba). Menispermaceen. Dicotylen.

Schlingpflanze in den Wäldern von Mozambique. Kultiviert auf Ceylon. Droge: Radix Colombo. Schleim, Bitterstoff, Columbin und ein gelbes, kristallisierendes Alkaloid, gebunden an Colombosäure. Gegen Dyssenterie.

Juglans regia. Walnuß. Juglandaceen. Dicotylen.

Baum mit getrennten männlichen und weiblichen Blüten auf derselben Pflanze. Droge: die gerbstoffhaltigen Blätter, Folia Juglandis. Die Samen (Walnüsse) liefern durch Auspressen das Nußöl.

Juniperus communis. Wacholder. Cupressineen. Gymnospermen.

Strauch Europas. Blüht im Mai, reift die beerenähnlichen Zapfen im Herbst des zweiten Jahres. Droge: die aromatischen „Wacholderbeeren", Fructus Juniperi. Ätherisches Öl.

Krameria triandra. Caesalpiniaceen. Dicotylen.

Niedriger Strauch der Kordilleren. Droge: Radix Ratanhiae. Gerbsäure.

Laurus nobilis. Lorbeer. Lauraceen. Dicotylen.

Südeuropa. Droge: die aromatischen Früchte Fructus Lauri, aus denen durch Auspressen das Oleum Laurinum gewonnen wird. Dasselbe ist ein Gemenge von fettem und ätherischem Öl, welches durch beigemengtes Chlorophyll grün gefärbt ist.

Lavandula officinalis und **Lavandula Spica.** Lavendel. Labiaten. Dicotylen.

Kleine Sträucher mit schmalen Blättern. Küsten des Mittelmeeres. In England und Norwegen zur Gewinnung des Lavendelöls kultiviert. Blüht blau im Sommer. Zu Kataplasmen.

Levisticum officinale. Liebstöckel. Umbelliferen. Dicotylen.

Perennierende Gebirgspflanze Südeuropas mit zwei- bis dreifach fiederteiligen Blättern und gelben, flachen Dolden. Droge: Radix Levistici. Ätherisches Öl, Harz. Harntreibend.

Linum usitatissimum. Lein, Flachs, Linaceen. Dicotylen.

Einjährige Pflanze. 30—60 cm hoher dünner Stengel mit schmalen Blättern. Blüht blau oder weiß im Sommer. Zur Gewinnung der Leinfaser angebaut. Droge: Semen Lini; geben durch Auspressen das Leinöl, dessen Preßrückstände als Placenta seminis lini gebräuchlich sind.

Liquidambar orientale. Storaxbaum. Hamamelideen. Dicotylen.

Baum von platanenartigem Habitus. Orient. Aus dem Holze schmilzt man mit Hilfe warmen Wassers den dickflüssigen, schwacharomatischen Storaxbalsam aus. Styrax crudus und depuratus. Äußerlich gegen Krätze.

Lobelia inflata. Lobeliaceen. Dicotylen.

Milchsafthaltiges, bläulichweiß blühendes Kraut. Wild und kultiviert in Nordamerika. Droge: Herba Lobeliae. Alkaloid Lobelin. Gegen Asthma.

Lycopodium clavatum und andere Arten. Lycopodiaceen.

In Nadel-, Laubwäldern und auf Heiden Europas. Droge: die Sporen (Lycopodium). Als Streupulver benutzt.

Mallotus philippinensis (Rottlera tinctoria). Euphorbiaceen. Dicotylen.

Kleiner immergrüner diöcischer Baum Ostindiens und des Sundaarchipels mit länglich elliptischen Blättern. Die Fruchtkapsel ist mit roten Drüsenhaaren besetzt, welche als rotes Pulver (Kamala) in den Handel kommen (Bandwurmmittel). Mallotoxin.

Malva silvestris, Malva neglecta. Malve. Malvaceen. Dicotylen.

Einjährige und perennierende Pflanzen in Nord- und Mitteldeutschland an Ackerrändern und Wegen. Droge: die Blätter, Folia Malvae, enthalten Schleim.

Matricaria Chamomilla. Kamille. Compositen. Dicotylen.

Ein- und zweijährige Pflanze. Aufrechter, verästelter Stengel mit doppelt gefiederten Blättern. Auf Äckern. Blüht im Sommer. Droge: die aromatischen Blütenköpfe, Flores Chamomillae. Ätherisches Öl. Von anderen ähnlichen Compositenblüten sind die Kamillen durch den Geruch und den kegelförmigen, hohlen Blütenboden zu unterscheiden.

Melilotus officinalis. Steinklee. Papilionaceen. Dicotylen.

Zweijährige Pflanze mit zu dreien stehenden Blättern. Blüht im Sommer mit gelben, wohlriechenden Blütentrauben. Wiesenpflanze Europas. Droge: Herba Meliloti. Cumarin. Zu Kataplasmen.

Melissa officinalis. Melisse. Labiaten. Dicotylen.

Perennierende Pflanze. Blätter nach Zitronen riechend. Blüht weiß im Sommer. Südeuropa. Bei uns in Gärten gezogen. Droge: Folia Melissae. Ätherisches Öl.

Mentha piperita. Pfefferminze. Labiaten. Dicotylen.

Perennierende Pflanze. Blüht im Sommer rotviolett. In Deutschland, England, Nordamerika und Japan zur Gewinnung des Pfefferminzöles kultiviert. Droge: Folia Menthae piperitae.

Menyanthes trifoliata. Fieberklee, Bitterklee. Gentianaceen. Dicotylen.

Sumpfpflanze mit Rhizom und großen, langgestielten, dreiteiligen Blättern. Europa. Blüht im Frühjahr. Droge: Folia Trifolii fibrini. Bitterstoff Menyanthin.

Myristica fragrans. Muskatbaum. Myristicaceen. Dicotylen.

Baum mit männlichen und weiblichen Blüten auf verschiedenen Pflanzen. Kultiviert auf den Molukken, Sumatra und anderen Inseln. Droge: die geschälten Samen (Muskatnüsse) und die fälschlich so genannte Muskatblüte. Letztere ist keine Blüte, sondern eine zerschlitzte häutige Umhüllung (Arillus) des Samens. Aus dem Samen wird durch Auspressen das talgartige, orangegelbe Oleum Nucistae gewonnen, ein Gemenge von fettem und ätherischem Öl und Farbstoff. Das ätherische Öl wird rein dargestellt als Oleum Macidis.

Myroxylon balsamum (Pereirae). Papilionaceen. Dicotylen.

Ausschließlich auf der Küste von San Salvador in Zentralamerika einheimisch. Droge: der Perubalsam (nach seinem früheren Ausfuhrhafen Callao in Peru so benannt). Der wohlriechende Balsam enthält kein ätherisches Öl, dagegen ca. 60% Cinnameïn.

Myroxylon balsamum (genuinum). Papilionaceen. Dicotylen.

Baum Brasiliens, durch Anbohren der Stämme wird der Tolubalsam gewonnen. Cinnameïn. Wundmittel.

Olea europaea. Ölbaum. Oleaceen. Dicotylen.

In den Mittelmeerländern angebaut. Die Früchte (Oliven) liefern das bekannte Speiseöl.

Ononis spinosa. Hauhechel. Papilionaceen. Dicotylen.

Dorniger niedriger Strauch. Europa. Blüht hellrosa im Sommer. Droge: Radix Ononidis. Ononin. Harntreibend.

Orchis militaris, Orchis Morio, Orchis mascula und andere Arten. Orchidaceen. Monocotylen.

Wald- und Moorwiesen in Europa und Asien. Blühen im Sommer. Droge: die Wurzelknollen; kommen als Salep in den Handel. Schleim. Der meiste Salep kommt von orientalischen Orchideen (Smyrna).

Oryza sativa. Reis. Gramineen. Monocotylen.

Der Reis wird in tropischen und subtropischen Gegenden im großen, zum kleinen Teil auch in Südeuropa angebaut. Zu uns kommt meistens der Carolina-Reis aus der Union. Offizinell Amylum oryzae.

Palaquium Gutta (Isonandra Gutta). Sapotaceen. Dicotylen.

Baum der Bergwälder Singapores und der malayischen Inseln. Liefert die Guttapercha, den erstarrten Milchsaft, welcher aus Einschnitten der Rinde kultivierter Bäume gewonnen wird.

Papaver somniferum. Papaveraceen. Dicotylen.

Einjährige Pflanze. Meterhoher Stengel mit bereiften Blättern. Enthält weißen Milchsaft. Einheimisch im Orient. Wird dort und in Indien im großen zur Opiumgewinnung angebaut. Blumenblätter weiß oder schwach rotviolett, am Grund mit rotvioletten Flecken. Das Opium ist der eingetrocknete Milchsaft, welcher durch Anschneiden der unreifen Kapseln (Mohnköpfe) gewonnen wird. Beim Trocknen nimmt der Milchsaft eine braune Farbe an. Im Handel erscheint das Opium in Form runder Kuchen, welche in Mohnblätter eingewickelt oder mit Rumexfrüchten bestreut sind. Opium enthält zahlreiche Alkaloide, das wichtigste ist das Morphin. Aus dem Mohnsamen preßt man das Mohnöl.

Pilocarpus pennatifolius. Rutaceen. Dicotylen.

Strauch Brasiliens. Droge: die Blätter, Folia Iaborandi, welche das Alkaloid Pilocarpin enthalten. Schweißtreibend.

Pimpinella Anisum. Anis. Umbelliferen. Dicotylen.

Einjährige Pflanze. Blüht weiß im Sommer. Heimat Orient. Angebaut in Deutschland, Rußland. Droge: Fructus Anisi. Ätherisches Öl (Anethol).

Pimpinella Saxifraga und **Pimpinella magna.** Umbelliferen. Dicotylen.

Perennierende Pflanzen mit fiederteiligen und eingeschnittenen Blättern. Blüten weiß. Auf Waldwiesen Deutschlands. Droge: Radix Pimpinellae. Ätherisches Öl. Bei Halskatarrhen gebraucht.

Pinus silvestris, Pinus austriaca und andere Pinusarten. Abietineen. Gymnospermen.

Durch Verwundung der Rinde wird der aus Harzgängen ausfließende Terpentin, ein Gemenge von Harzen und ätherischem Öl, gewonnen. (Der sogenannte venetianische Terpentin stammt von der Lärche, Larix decidua.) Vgl. Abies pectinata. Durch trockene Destillation wird aus dem Holz der Coniferen Teer (Pix liquida) gewonnen.

Piper Cubeba (Cubeba officinarum). Cubebe. Piperaceen. Dicotylen.

Klimmender Strauch auf Java. Droge: Fructus Cubebae. Ätherisches Öl, Cubebin. Gegen Gonorrhoe.

Pistacia Lentiscus. Anacardiaceen. Dicotylen.

Kleiner immergrüner Baum mit unscheinbaren, diöcischen Blüten, besonders auf Chios kultiviert. Droge: Mastix. Zu Pflastern.

Podophyllum peltatum. Berberidaceen. Dicotylen.

Nordamerikanische Staude mit langgestielten, tief handförmig geteilten Blättern und größeren weißen Blüten. Aus dem Rhizom wird das harzartige Podophyllin dargestellt. Abführmittel.

Polygala Senega. Polygalaceen. Dicotylen.

Kleiner Strauch in Gebirgswäldern Nordamerikas mit lanzettlichen Blättern und weißen Blütentrauben. Droge: Radix Senegae. Enthält das dem Saponin ähnliche Glycosid Senegin. Bei Bronchialkatarrhen.

Prunus Amygdalus (Amygdalus communis). Mandelbaum. Amygdalaceen. Dicotylen.

Kultiviert in den Mittelmeerländern. Blüht rot im März und April. Droge: die Mandeln, Amygdalae dulces et amarae. Süße und bittere Mandeln stammen von zwei Varietäten derselben Pflanze. Die Mandeln enthalten Fett, welches durch Auspressen gewonnen wird (Mandelöl). Der größte Teil des Mandelöls des Handels wird aus syrischen Aprikosenkernen ausgepreßt. Die bitteren Mandeln enthalten außerdem das Glycosid Amygdalin, welches durch ein ebenfalls in den Samen enthaltenes Enzym, das Emulsin, bei Gegenwart von Wasser in Blausäure, Bittermandelöl und Zucker zerfällt. Daher enthält die durch Destillation der bitteren Mandeln mit Wasser dargestellte Aqua Amygdalarum Blausäure.

Punica Granatum. Granatapfel. Myrtaceen. Dicotylen.

Orient, in Südeuropa vielfach angebaut. Blüht mit schönen roten Blüten Die Frucht ist der Granatapfel, mit harter Schale und eßbarem, rosenrotem Samenfleisch. Droge: die Wurzelrinde, Cortex Granati (Bandwurmmittel).

Quassia amara und **Picrasma excelsa.** Simarubeen. Dicotylen.

Quassia amara ist ein Baum Nord- und Südamerikas mit rot geaderten Blättern und scharlachroten Blütentrauben. Droge: Lignum Quassiae Surinamense. Picrasma wächst auf Jamaica und liefert Lignum Quassia Jamaicense. Beide enthalten das bittere Quassiin. Bittermittel.

Quercus infectoria. Gallapfeleiche. Cupuliferen. Dicotylen.

Orient. Droge: die Galläpfel, Auswüchse an der Rinde junger Zweige und an Knospen, durch den Stich einer Gallwespe, Diplolepis gallae tinctoriae, hervorgerufen. Die Galläpfel kommen vorzugsweise aus der Levante. Hauptbestandteil: Galläpfelgerbsäure (Tannin).

Quercus Robur. Eiche. Cupuliferen. Dicotylen.

Waldbaum Europas. Mit diklinen Blüten. Blüht im Frühjahr. Droge: Cortex Quercus, die Rinde junger Äste. Eichengerbsäure.

Quillaja Saponaria. Rosaceen. Dicotylen.

Immergrüner Baum mit lederartigen Blättern und weißen Blüten. Südbrasilien, Chile, Peru. Cortex Quillajae. Saponin. Äußerlich bei Ekzemen.

Rhamnus cathartica. Kreuzdorn. Rhamnaceen. Dicotylen.

Strauch in Gebüschen und Wäldern Mitteleuropas. Äste endigen in einen Dorn. Droge: die schwarzen Früchte, Fructus Rhamni catharticae. Zur Herstellung des Sirupus Rhamni catharticae. Gelindes Abführmittel.

Rhamnus Frangula. Faulbaum. Rhamnaceen. Dicotylen.

Strauch in Waldungen Europas. Besitzt keine Dornen. Droge: Cortex Frangulae. Frangulin, welches in Rhamnose und Emodin zerfällt.

Rhamnus Purshiana. Rhamnaceen. Dicotylen.

Ein dornenloser aufrechter Strauch Nordamerikas. Droge: die Rinde, Cascara Sagrada. Enthält ähnliche, abführend wirkende Stoffe wie Frangularinde.

Rheum officinale und **palmatum.** Rhabarber. Polygonaceen. Dicotylen.

Staude mit dickem, holzigem Rhizom und sehr großen Blättern, dicker Blütenschaft und vielen kleinen unscheinbaren Blüten. Blüht im Frühjahr, trägt im Sommer die zahlreichen kleinen Früchte. Heimat: Tibet und Gebirgsländer Chinas. Droge: Rhizoma Rhei, Rhabarber, Rheopurgin, Emodin, Rheïn, Rheumgerbsäure. Abführmittel.

Ricinus communis. Euphorbiaceen. Dicotylen.

In den Tropen 10—15 m hoher, 30—50 cm dicker Baum, bei uns mannshohe Zierstaude mit großen handförmigen Blättern. Blüht im Sommer. Der Blütenstand trägt oben die weiblichen Blüten mit roten Narben, darunter die männlichen. In den Tropen kultiviert zur Gewinnung des Ricinusöls aus den Samen. Gelindes Abführmittel.

Rosa centifolia. Centifolie. Rosaceen. Dicotylen.

Überall als Zierpflanze kultiviert. Zur Gewinnung des Rosenöls wird südlich vom Balkan (Kasanlyk) vorwiegend die rote Rosa gallica var. damascena gezogen. Durch Destillation der Rosen wird das Rosenöl gewonnen.

Rosmarinus officinalis. Rosmarin. Labiaten. Dicotylen.

Strauch mit schmalen lederartigen Blättern. Südeuropa und Orient. Blüht bläulich-weiß im Sommer. Offizinell das ätherische Oleum Rosmarini.

Rubus Idaeus. Himbeere. Dryadaceen. Dicotylen.

Strauch an Waldrändern. Deutschland. Blüht im Sommer. Offizinell Syrupus Rubi Idaei.

Saccharum officinarum. Zuckerrohr. Gräser. Monocotylen.

Kulturpflanze in den Tropenzonen. Liefert den Rohrzucker.

Salvia officinalis. Salbei. Labiaten. Dicotylen.

Halbstrauch mit langgestielten, graugrünen Blättern. Blüht blauviolett im Sommer. Südeuropa. Bei uns in Gärten kultiviert. Droge: Folia Salviae. Ätherisches Öl. Gerbstoff. Adstringens.

Sambucus nigra. Holunder. Caprifoliaceen. Dicotylen.

Strauch oder Baum. Deutschland. Blüht im Sommer mit großen weißen Trugdolden. Droge: Flores Sambuci. Ätherisches Öl. Schweißtreibend.

Santalum album. Santalaceen. Dicotylen.

Baum Indiens, aus dessen Holz durch Destillation das ätherische Sandelholzöl Oleum Santali (98% Santalol) gewonnen wird. Gegen Gonorrhoe.

Sassafras officinale. Lauraceen. Dicotylen.

Waldbaum Nordamerikas mit diöcischen Blüten. Droge: Lignum Sassafras. Ätherisches Öl (Safrol). Schweißtreibend.

Schoenocaulon (Sabadilla) **officinale.** Liliaceen. Monocotylen.

Zwiebelgewächs Mexikos und Venezuelas Die Samen enthalten giftige Alkaloide, darunter das Veratrin. Zu antiparasitischen Salben.

Sesamum indicum. Gesneraceen. Dicotylen.

Einjährige Pflanze mit länglichovalen drüsigen Blättern und weißen rotüberlaufenen Blüten. In den Tropen (Indien) und im Orient angebaut. Die Samen liefern fettes Öl, Oleum Sesami.

Shorea Wiesneri. Dipterocarpeen. Dicotylen.

Hohe Bäume der indischen Tropen mit großen glänzenden Blättern, kleinen Blüten und geflügelten Früchten. Der Baum kommt im Innern Sumatras vor und liefert das offizinelle Dammarharz. Andere unter dem Namen Dammar in den Handel kommende Harze, die den Kopalen ähnlich sind, kommen von Agathis alba (Dammara orientalis), die in mehreren Varietäten auf den Philippinen und malayischen Inseln wächst, und Agathis robusta (Dammara australis, Kaurifichte), welche in Australien und Neuseeland heimisch ist.

Simaruba amara. Simarubeen. Dicotylen.

Stattlicher Baum des tropischen Amerikas, besonders Guyanas, mit gefiederten Blättern und kleinen grünlichweißen Blüten. Liefert die bittere Wurzelrinde Cortex Simarubae. Bitterstoff Simarubin. Bittermittel.

Smilax syphilitica, officinale und andere Arten. Liliaceen. Monocotylen.

Klimmende Pflanze in den Wäldern Mexikos, Zentral- und Südamerikas. Droge: Radix Sarsaparillae. Enthält Sarsa-Saponin. Antisyphiliticum.

Strophanthus Kombé. Apocynaceen. Dicotylen.

Kletternde behaarte Sträucher mit gegenständigen Blättern und durch ihre langzipfelige Blütenkrone charakteristischen gelben Blüten. Samen mit langer Haarkrone versehen. Tropisches Afrika. Semen Strophanthi. Strophantin. Auch von einer anderen Art, Strophanthus hispidus, sind die Samen im Handel. Herzmittel.

Strychnos Nux vomica. Loganiaceen. Dicotylen.

Baum Ostindiens mit glänzenden fünfnervigen Blättern und kleinen weißen, trichterförmigen Blüten. Droge: Semen Strychni, Brechnüsse, die orangerote Beere enthält die flachen, scheibenförmigen Samen. Enthalten die beiden sehr giftigen Alkaloide Strychnin und Brucin. Bei Darmkatarrhen.

Styrax Benzoin. Styraceen. Dicotylen.

Mittelgroßer Baum auf Sumatra, Java, Borneo, Siam mit eiförmigen, gezähnten, oben grünen, unterseits weißbehaarten Blättern und außen weißen, innen rotgefärbten Blüten. Droge: die aus Einschnitten in den Stamm ausfließende Benzoë. Enthält neben Harz Benzoësäure.

Tamarindus indica. Tamarinde. Caesalpiniaceen. Dicotylen.

Im tropischen Afrika einheimischer, durch Kultur in der heißen Zone verbreiteter Baum mit gefiederten Blättern und weißen, purpurrot geaderten Blüten. Die langen Hülsen enthalten ein dunkelbraunes sauer schmeckendes Mus, welches als Pulpa Tamarindorum gebräuchlich ist. Abführmittel.

Taraxacum officinale. Löwenzahn. Compositen. Dicotylen.

Perennierende Rasenpflanze, mit einer Rosette von Wurzelblättern. Früchte nach dem Verblühen mit einer Haarkrone (Pappus) versehen. Die ganze Pflanze enthält Milchsaft. Droge: die ganze getrocknete Pflanze Radix Taraxaci cum herba. Bitterstoff Taraxacin. Gelinde abführend wirkend.

Theobroma Cacao. Büttneriaceen. Dicotylen.

Im tropischen Amerika, Asien und Afrika kultivierter Baum mit aus älteren Stammteilen entspringenden Früchten. Die großen gelben oder buntfarbigen, gurkenähnlichen Früchte enthalten zahlreiche Samen (Kakaobohnen). Durch Auspressen wird aus ihnen das fette, bei gewöhnlicher Temperatur feste Öl (Kakaobutter) gewonnen. Die Samen enthalten Theobromin. Schokoladenfabrikation.

Thymus Serpyllum. Quendel. Labiaten. Dicotylen.

Am Boden kriechende Pflanze mit holzigen Stengeln. Europa und Asien. Blüht rotviolett im Sommer. Droge: Herba Serpylli. Ätherisches Öl.

Thymus vulgaris. Thymian. Labiaten. Dicotylen.

Kleiner kaum fußhoher Strauch. Südeuropa. Bei uns in Gärten kultiviert. Blüht hellila im Sommer. Droge: Herba Thymi. Ätherisches Öl.

Tilia cordata und **platyphyllos.** Linde. Tiliaceen. Dicotylen.

Blüht im Sommer. Droge: Flores Tiliae. Schleim, ätherisches Öl, Gerbstoff. Schweißtreibend.

Trigonella Foenum graecum. Papilionaceen. Dicotylen.

Einjährige Pflanze mit kleeähnlichen Blättern und weißen Blüten. Südeuropa und Orient. Droge: Semen Foeni graeci. Bitteres, fettes Öl, Gerbstoff, Farbstoff und ätherisches Öl. In der Tierheilkunde benutzt.

Triticum sativum. Weizen. Gramineen. Monocotylen.

Verbreitete Kulturpflanze. Liefert Amylum Tritici.

Tussilago Farfara. Huflattich. Compositen. Dicotylen.

Perennierende Pflanze. Blüht gelb im Februar, März, vor dem Erscheinen der großen Blätter. Deutschland. Droge: Folia Farfarae. Gerbstoff, Bitterstoff, Schleim. Zu Brusttee.

Uragoga Ipecacuanha (Cephaëlis Ipecacuanha). Rubiaceen. Dicotylen.

Kleine strauchartige Pflanze in den Wäldern Brasiliens. Droge: Radix Ipecacuanhae, Brechwurzel. Enthält das bittere, brechenerregende Alkaloid Emetin. Brechmittel.

Urginea maritima. Meerzwiebel. Liliaceen. Monocotylen.

Große Zwiebelpflanze. Mittelmeerländer. Droge: Bulbus Scillae, die fleischigen Zwiebelschalen. Enthalten ein giftiges Glycosid Scillaïn, dem Digitalin ähnlich wirkend.

Valeriana officinalis. Baldrian. Valerianeen. Dicotylen.

Perennierende Pflanze mit kurzem Rhizom. Gefurchter 1—1½ m hoher, hohler Stengel. Fiederteilige Blätter am Grunde des Stengels langgestielt, oben am Stengel ungestielt. Blüht im Sommer mit rötlichen Blüten. Deutschland auf Abhängen, Wiesen an Flußufern. Wird kultiviert. Droge: das mit Wurzeln besetzte Rhizom (Radix Valerianae) von charakteristischem Baldriangeruch. Untergeschoben wird zuweilen, statt der echten Baldrianwurzel, diejenige von Valeriana Phu. Nervenmittel.

Veratrum album. Nießwurz. Melanthiaceen. Monocotylen.

Pflanze mit kurzem, kegelförmigem Rhizom, aufrechtem Stengel und großen, stengelumfassenden Blüten. Blüht im Sommer. Blüten weiß mit grünen Adern. Alpenwiesen. Droge: Rhizoma Veratri. Enthält das dem Veratrin ähnliche Alkaloid Jervin. Gegen Krätze.

Verbascum phlomoides und **Verbascum thapsiforme.** Königskerze, Wollkraut. Scrophulariaceen. Dicotylen.

Zweijährige Pflanze mit steifem, verästeltem Stengel. Blätter an ihrer Basis dem Stengel angewachsen. Ganze Pflanze von verästelten Haaren zottig. Lange Blütenähre mit großen gelben Blüten. Droge: Flores Verbasci. Wenig ätherisches Öl. Zu Brusttee.

Viola tricolor. Stiefmütterchen. Violaceen. Dicotylen.

Einjährige Ackerpflanze. Droge: Herba Violae tricoloris. Violin.

Zingiber officinale. Ingwer. Zingiberaceen. Monocotylen.

Staude mit kriechendem Rhizom. Im tropischen Asien und Amerika kultiviert. Droge: das gewürzhafte Rhizoma Zingiberis. Ätherisches Öl, Gingerol. Gewürz.

Register.

Druck von C. G. Röder G. m. b. H., Leipzig. 842121.

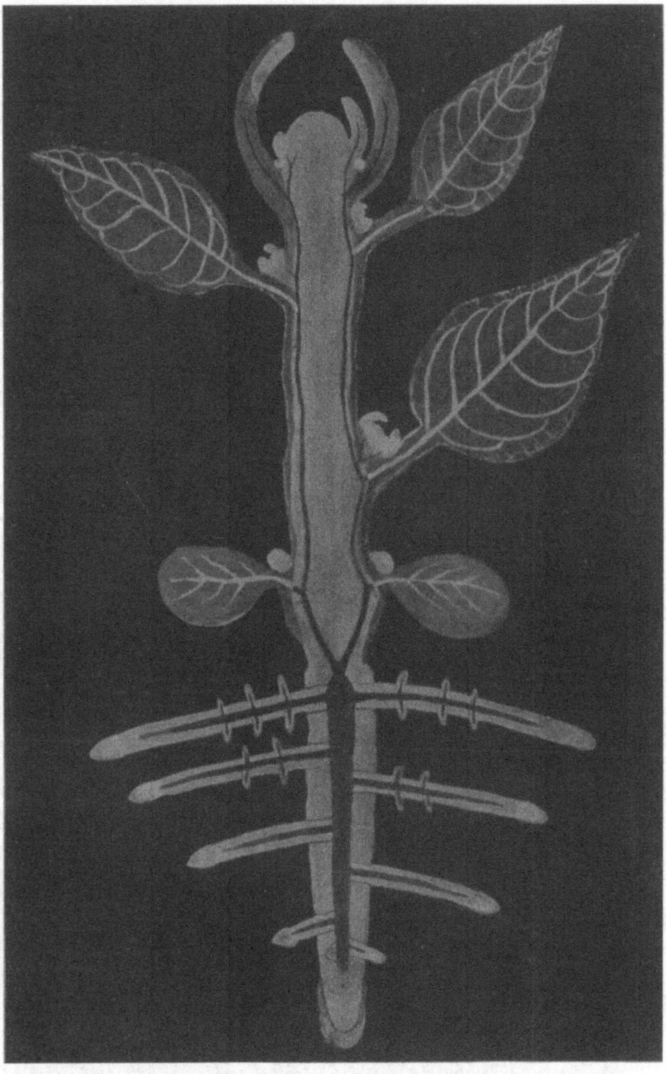

Schema einer dicotylen Pflanze.

An der Achse mit Endvegetationspunkt sitzen die Cotyledonen und Blätter verschiedenen Alters mit Achselvegetationspunkten. Das kurze hypocotyle Glied verbindet den Sproß mit der Hauptwurzel, die Seitenwurzeln verschiedenen Alters trägt. Am Ende der Wurzeln deren Vegetationspunkte mit Wurzelhauben. Der zentrale Gefäßbündelzylinder der Wurzel spaltet sich im Stengel in Stränge, die bis zum Endvegetationspunkt laufen und seitliche Stränge an die Blätter abgeben. (Nach einer Vorlage von Sachs gez. v. Verf.)

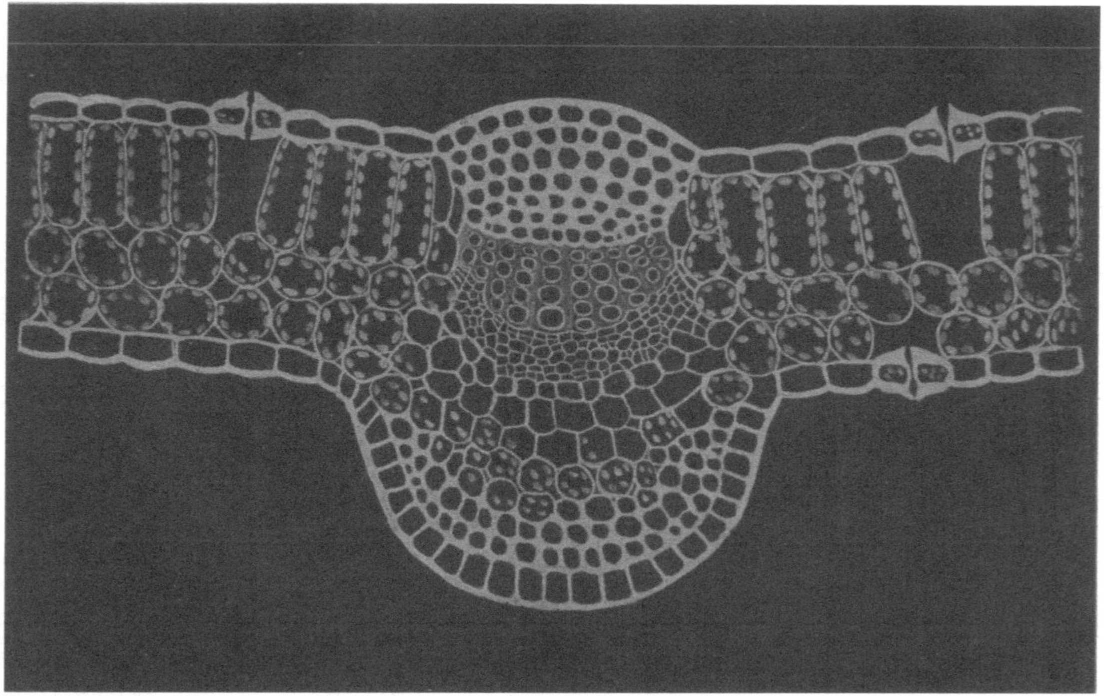

Durchschnitt durch ein flaches Blatt (mikroskopisch), gez. v. Verf.

Die hervortretende Mittelrippe zeigt in der Mitte den Querschnitt des Gefäßbündels und ist oben wie unten durch Collenchymbündel begrenzt. Rechts und links schließt sich die Blattfläche an, aus chlorophyllhaltigen Zellen verschiedener Form aufgebaut. An der Oberseite Palisadenparenchym, unten Schwammparenchym. Epidermis mit Spaltöffnungen überzieht beiderseits das Blatt.

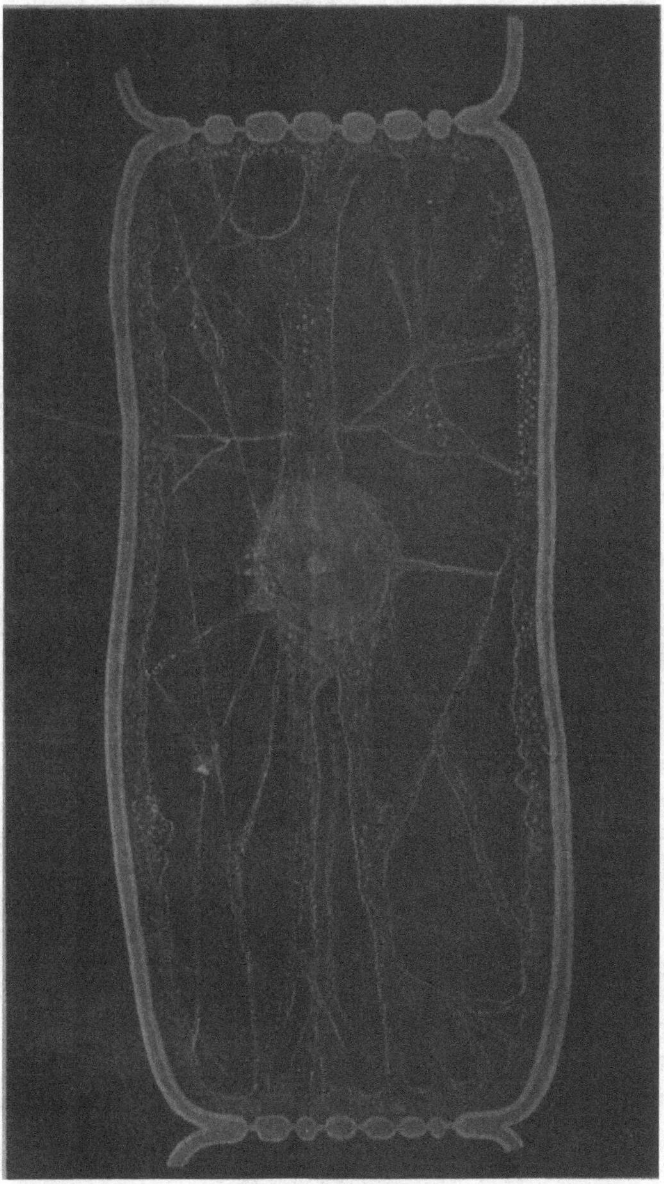

Schema einer Zelle.

Mit Benutzung einer Abbildung von Sachs, gez. v. Verf.

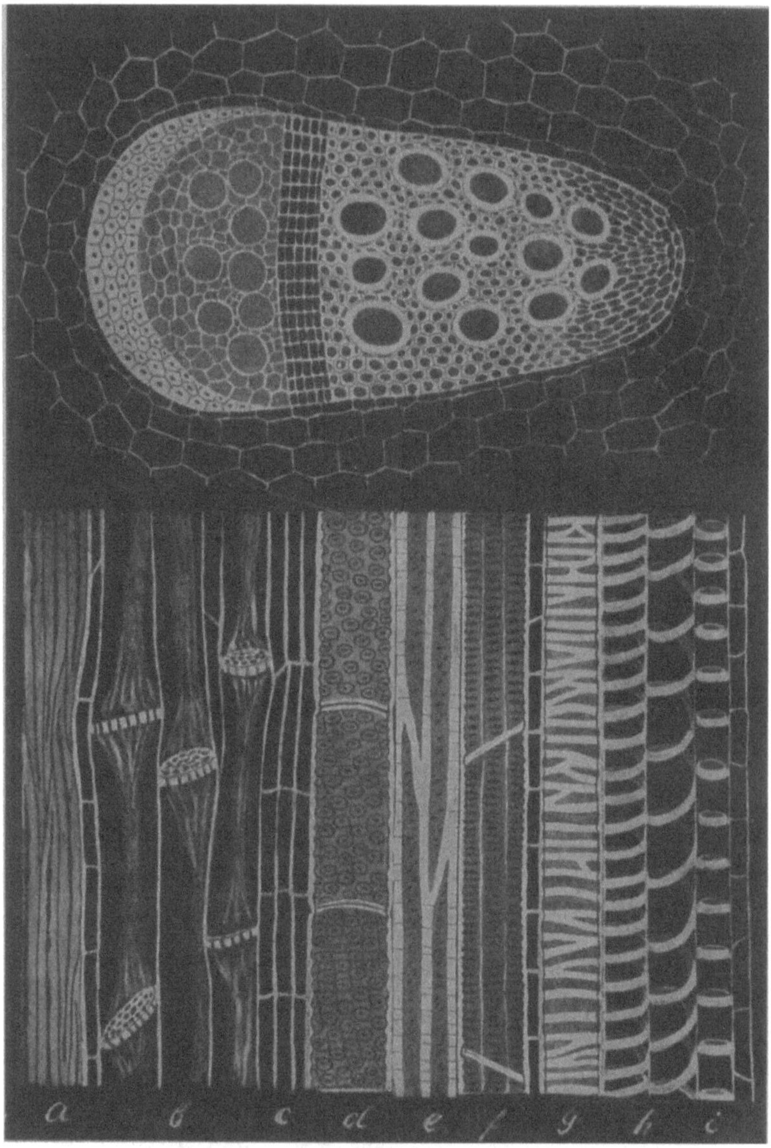

Schema des dicotylen Gefäßbündels
im Quer- und Längsschnitt, gez. v. Verf.

*Quer: Gefäßbündel umgeben vom Grundgewebe, rechts Gefäßteil, links Siebteil vom halbmondförmigen **Bastfaserstrang** begrenzt, Gefäßteil und Siebteil durch Cambium verbunden. Längs: a) Bastfasern, b) Siebröhren, c) Cambium, d) Gefäß mit gehöften Tüpfeln, e) Holzfasern, f) Tüpfelgefäß, g) Netzgefäß, h) Spiralgefäße, i) Ringgefäß.*

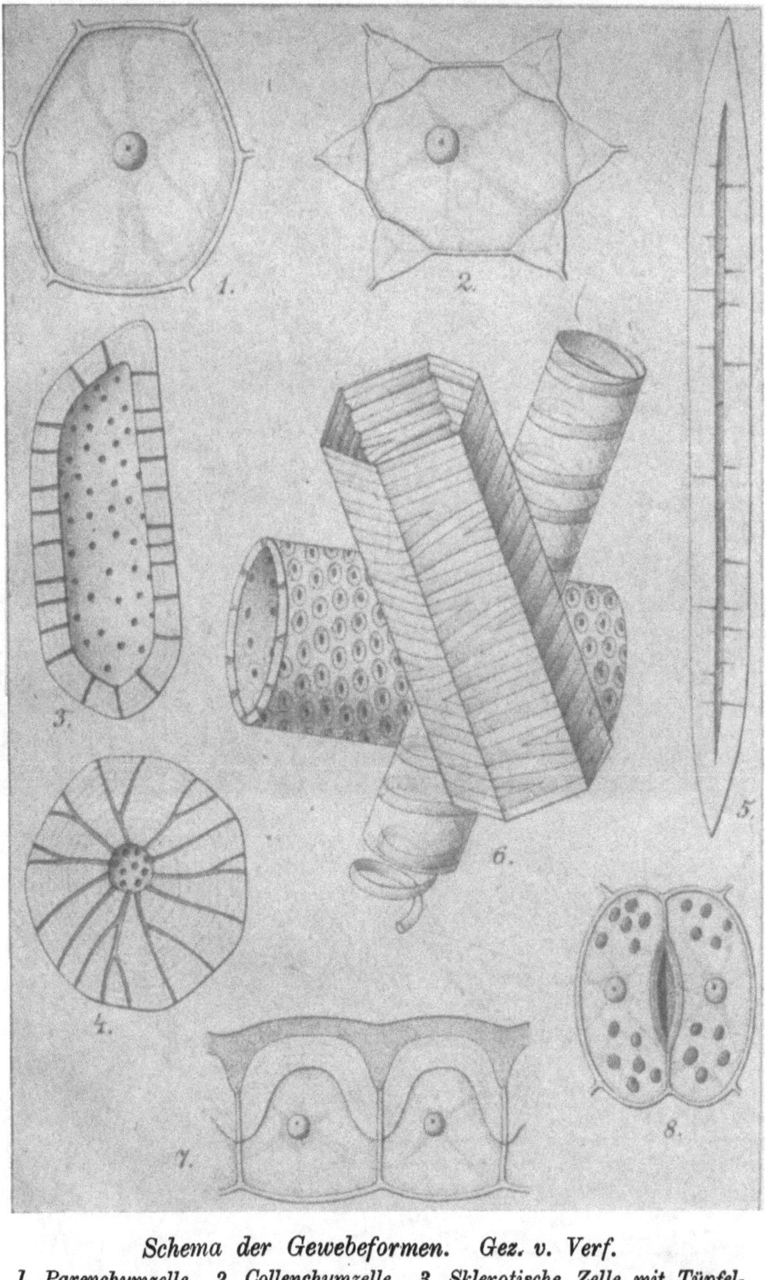

Schema der Gewebeformen. Gez. v. Verf.

1. Parenchymzelle. 2. Collenchymzelle. 3. Sklerotische Zelle mit Tüpfelkanälen. 4. Sklerenchymzelle (Steinzelle). 5. Sklerenchymfaser (Bastfaser). 6. Gefäßstücke. 7. Epidermiszellen mit Cuticula. 8. Spaltöffnung.

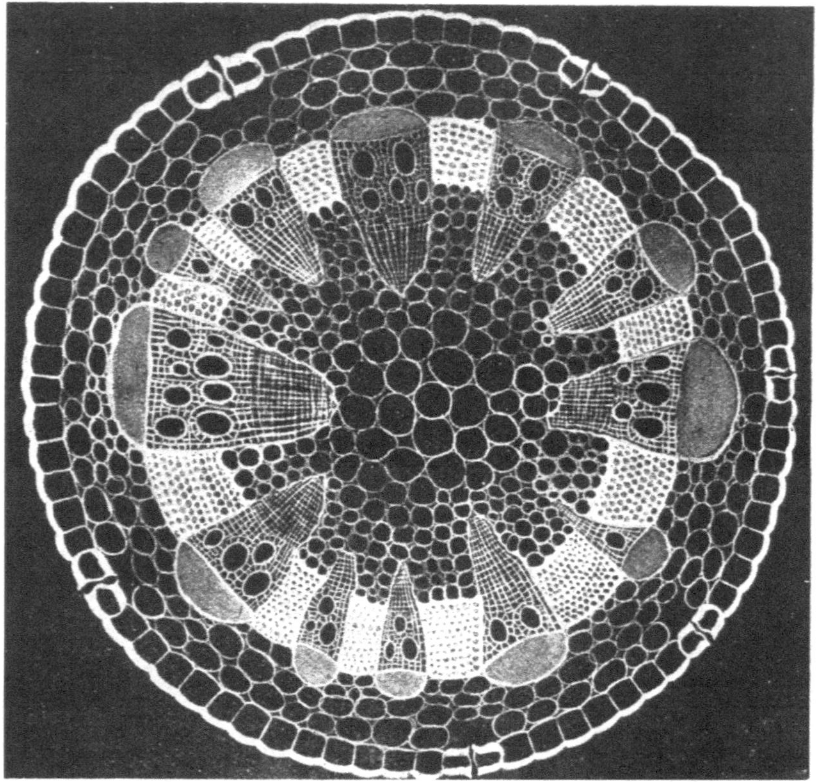

Fig. 1. **Stengelquerschnitt einer dicotylen Pflanze (Capsella),** zur Erläuterung der Gewebeformen. Die im Querschnitt keilförmigen Gefäßbündel sind durch Sklerenchymstränge zu einem Ring verbunden, der das Grundgewebe in Mark und Rinde scheidet. Die Epidermis mit Spaltöffnungen umschließt als äußerste Schicht das Ganze. Gez. v. Verf.

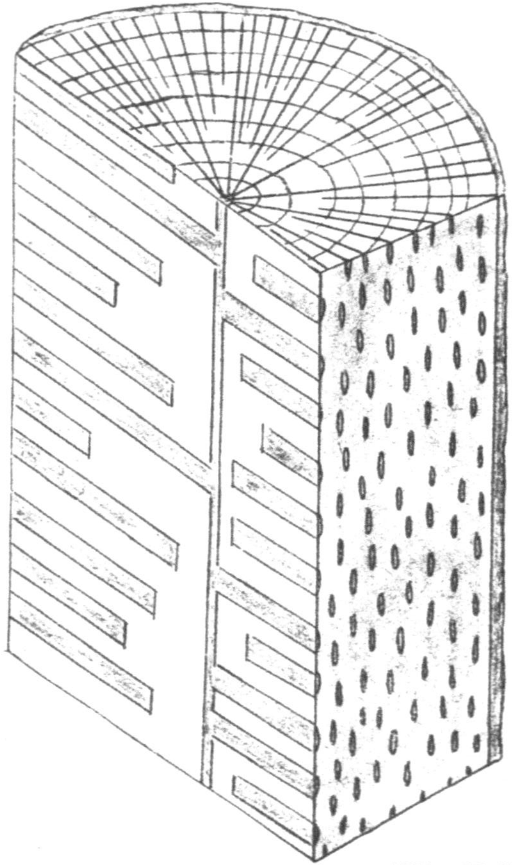

Fig. 2. Schematische Darstellung des Verlaufs der Markstrahlen im Holzkörper im Querschnitt, radialen und tangentialen Längsschnitt. Gez. v. Verf.

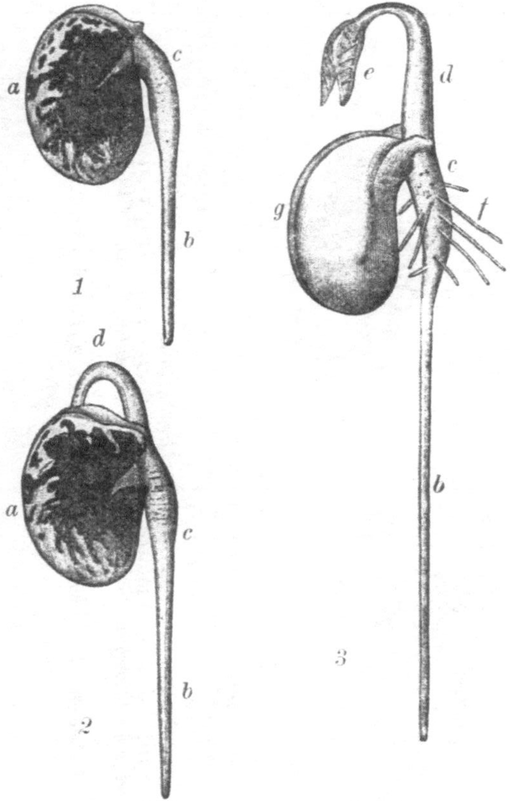

Fig. 1. **Keimung einer Gartenbohne. 1 u. 2: a) Samenschale, welche die Cotyledonen noch umschließt, aber schon gesprengt ist. b) Wurzel. d) Stengel. c) hypocotyles Glied, an welchem später reichliche Wurzeln entspringen. 3: g) die von der Schale befreiten Cotyledonen. d) Keimstengel mit den jungen Blättern. b) Wurzel. f) dem hypocotylen Gliede entsprungene Wurzeln. Später erzeugt auch die Wurzel selbst Nebenwurzeln. Gez. v. Verf.**

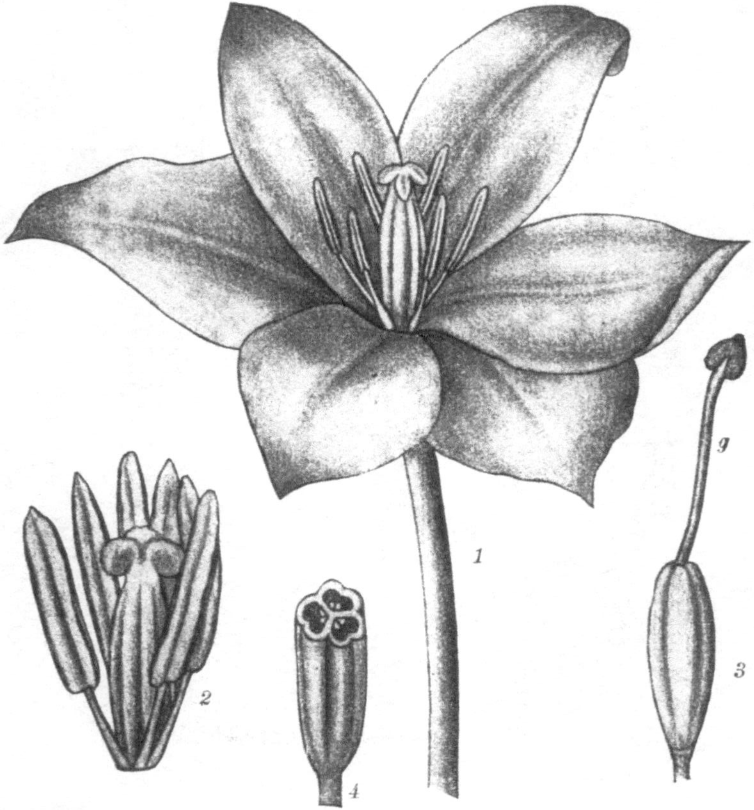

Fig. 2. **1. Geöffnete Blüte einer Tulpe. 2. Aus derselben Blüte Staubfäden und Fruchtknoten mit dreiteiliger Narbe. 3. Fruchtknoten einer Lilie, wo die Narbe auf einem langen Griffel (g) sitzt. 4. Durchschnitt des dreifächerigen Fruchtknotens mit Samenknospen in den Winkeln. Gez. v. Verf.**

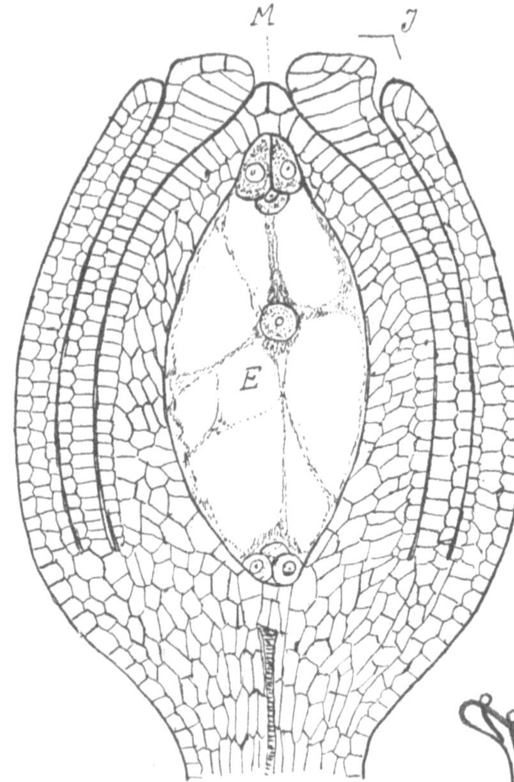

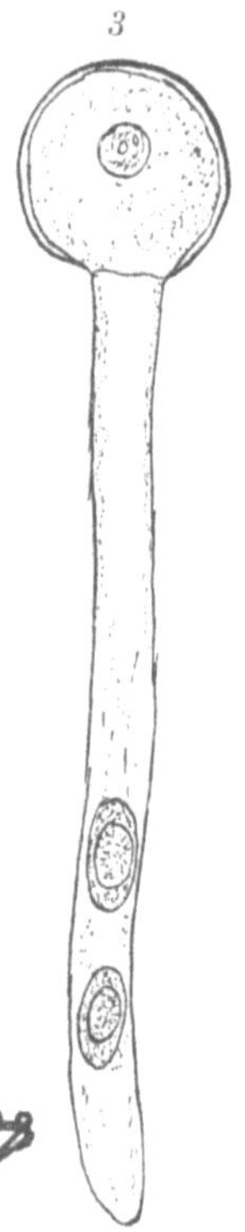

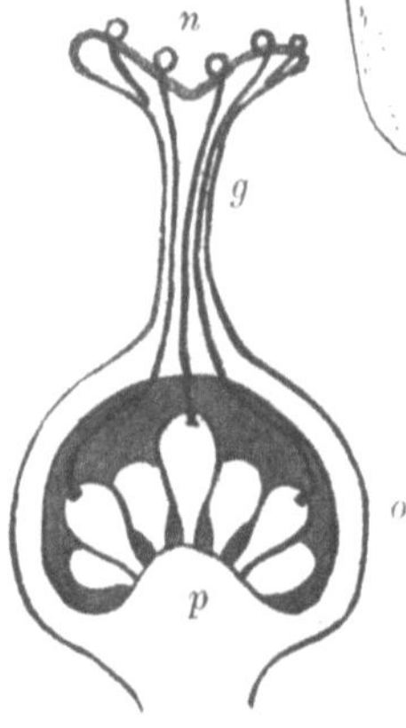

1. Durchschnitt eines Fruchtknotens, o) Ovarium, p) Placenta mit Samenknospen, g) Griffel, n) Narbe mit keimenden Pollenkörnern.

2. Unbefruchtete Samenknospe im Durchschnitt (mikroskopisch), M. Mikropyle, J. Integumente, E. Embryosack mit Eiapparat (Eizelle und zwei Synergiden) oben, und Antipoden unten, in der Mitte der Kern des Embryosackes.

3. Keimendes Pollenkorn mit Pollenschlauch und zwei generativen Zellen.

Gez. v. Verf.

FSC
www.fsc.org
MIX
Papier | Fördert gute Waldnutzung
FSC® C083411

Zeitfracht Medien GmbH
Ferdinand-Jühlke-Straße 7
99095 Erfurt, Deutschland
produktsicherheit@kolibri360.de